电力用油、气分析检验人员系列培训教材

电力用油

分析监督与维护

主　编　李烨峰

副主编　王应高　罗运柏　孟玉婵

参　编　刘永洛　路自强　王　娟

　　　　薛辰东　王笑微　唐金伟

　　　　冯丽苹　严　涛

审　稿　卢　勇　祁　炯　郑东升

　　　　钱艺华　明菊兰　姚　强

　　　　袁　平　张广文　曹杰玉

中国电力出版社
CHINA ELECTRIC POWER PRESS

内 容 提 要

本书全面系统地介绍了发、供电设备用油的运行、维护及监督与油处理过程中所涉及的基础知识。其主要内容包括变压器油、汽轮机油、抗燃油、密封油、电厂辅机用油及风力发电机齿轮油等六大油种的专业理论、监督与维护技术、油质标准与化验分析、油处理技术与设备等。

本书可作为电力行业油务专业岗位培训教材，也可作为大专院校电厂化学专业师生的教学参考书。

图书在版编目（CIP）数据

电力用油分析监督与维护/电力行业电力用油、气分析检验人员考核委员会，西安热工研究院有限公司编著．—北京：中国电力出版社，2018.11（2023.9 重印）

电力用油、气分析检验人员系列培训教材

ISBN 978-7-5198-2641-3

Ⅰ.①电…　Ⅱ.①电…　②西…　Ⅲ.①电力系统—润滑油—技术培训—教材　Ⅳ.①TE626.3

中国版本图书馆 CIP 数据核字（2018）第 260917 号

出版发行：中国电力出版社
地　　址：北京市东城区北京站西街 19 号（邮政编码 100005）
网　　址：http：//www. cepp. sgcc. com. cn
责任编辑：赵鸣志（010－63412385）　柳　璐
责任校对：朱丽芳
装帧设计：赵丽媛
责任印制：吴　迪

印　　刷：三河市航远印刷有限公司
版　　次：2018 年 11 月第一版
印　　次：2023 年 9 月北京第四次印刷
开　　本：787 毫米×1092 毫米　16 开本
印　　张：17.75
字　　数：427 千字
印　　数：8001—9000 册
定　　价：80.00 元

编　委　会

主　编　李烨峰

副主编　王应高　罗运柏　孟玉婵

参　编　刘永洛　路自强　王　娟　薛辰东
王笑微　唐金伟　冯丽苹　严　涛

审　稿　卢　勇　祁　炯　郑东升　钱艺华
明菊兰　姚　强　袁　平　张广文
曹杰玉

前言

Preface

电力行业使用大量的汽轮机油、齿轮油、磷酸酯抗燃油、变压器油等油品作为发供电设备运行的润滑、液压及绝缘工作介质。由于油品的质量直接关系到用油设备的安全运行，业内非常重视油品使用中的质量监督及使用维护，为此行业、国家及相关国际组织对油品的应用制定了严格的质量标准，作为电力设备用油的质量监督和维护管理工作的依据。

经过电力行业科技工作者的长期努力，我国已经建立了完善的油品质量监督标准体系和运行维护管理体制，配备了专门的仪器设备和人员进行油品质量的监督检测和维护。电力设备用油的质量监督和维护管理工作作为化学监督和电气绝缘监督的日常工作内容，对于保障电力设备的安全运行起到了良好的作用。但是随着电力工业的发展，高参数、大容量的设备投运越来越多，相应对油品的质量要求越来越高。近些年来风力发电发展迅速，用到越来越多的齿轮油，相应的需要拓展油品监督和维护的工作范围，完善和加强对设备用油的技术监督管理。为了进一步提高油品监督检测工作的水平，提高油品分析工作人员能力，由电力行业电力用油、气分析检验人员考核委员会和西安热工研究院有限公司组织行业内相关领域的专家收集有关资料，编写出版本教材，用于电力系统油品检测分析、监督管理与运行维护的教学和培训。本教材亦可作为冶金、化工、矿山、交通运输等领域电力设备油务监督及运行维护的参考读物。

本书共分四篇，涵盖电力系统常用各种油品的分析检测、技术监督和维护管理等主要内容。第一篇为电力用油专业理论，分七章分别讲述石油产品及汽轮机油、变压器油、磷酸酯抗燃油、密封油、辅机用油的功能、性能变化规律等基础理论知识；第二篇为油品监督与维护的基础知识，分六章分别论述汽轮机油、变压器油、磷酸酯抗燃油、密封油及辅机用油的质量监督、运行维护等的基础知识；第三篇分两章介绍油品相关试验项目检验分析及操作基础知识；第四篇分两章介绍油处理技术及油处理设备的相关知识内容。

本书第一章由薛辰东编写；第二章、第八章由李烨峰编写；第三章、第九章由路自强编写；第四章、第十章、第十六章由刘永洛编写；第五章、第十一章由王笑微编写；第六章、第十二章由唐金伟编写；第七章、第十三章由王娟编写；第十四章、第十五章由冯丽苹编写；第十七章由严涛编写。在本书的编写过程中，作者曾得到电力系统内电力用油领域多位有关专家的大力支持与倾情帮助，在此一并表示感谢。

作者力图将多年来对电力用油的质量分析和监督、运行维护和管理、标准的制定和修订以及电力用油的应用实践经验和研究成果进行总结，奉献给读者。由于编写人员知识水平有限，书中难免有不足之处，恳请相关专家和读者批评指正。

作者

2018 年 10 月

目录

Contents

第二篇　油品监督与维护

第三篇　油品检验分析及操作

第四篇　油处理技术及设备

第一篇

电力用油专业理论

第一章 石油产品基础知识

第一节 石油化学基础

一、石油的化学组成

（一）石油的元素组成

电力系统广泛使用的变压器油、汽轮机油、开关油、电缆油等主要由天然石油炼制而成。石油属可燃性有机岩，是由植物或动物等有机物遗骸生成的可燃性矿物，外观表现为流动或半流动的黏稠状液体，多为暗黑色、褐色或暗绿色，可发出暗绿色或蓝色荧光。石油的密度（20℃）一般小于 $1000kg/m^3$，多介于 $800 \sim 980kg/m^3$。

石油的化学组成十分复杂。不同产地或同一产地不同油井开采出来的石油其化学组成也不相同，因此其物理、化学性质也各不相同。但是，组成石油的元素并不复杂，主要由碳（C）和氢（H）这两种元素组成。在大部分石油中，主要元素碳的含量介于84%～87%，氢的含量介于12%～13%，而硫（S）、氮（N）及氧（O）的总含量一般约占1%～3%。硫、氮、氧与碳、氢形成的硫化物、氮化物、氧化物和胶质、沥青质等非烃化合物大都会对原油加工及产品质量带来不利影响，因此必须在炼制过程中加以去除。此外，石油中还有微量的铁、镍、矾、铜、钾、钠、钙等金属元素及氯、碘、磷、砷等非金属元素。在石油中这些元素并不以单质存在，而是以碳、氢两元素为主组成的有机化合物形式存在。

（二）石油的烃类组成

分子中只含有碳和氢两种元素的有机化合物叫“烃”，它是石油中基本的有机化合物，其他各类型的有机化合物都可看作由其相应的烃衍生出来的。按照分子结构的不同，天然石油的烃类化合物大体可分为烷烃、环烷烃和芳香烃。不同烃类对各种石油产品性质的影响各不相同。根据石油中所含烃类成分的不同，可分为石蜡基石油、环烷基石油和中间基石油三类。石蜡基石油含烷烃较多，环烷基石油含环烷烃、芳香烃较多，中间基石油介于两者之间。我国的原油以石蜡基居多，如大庆、南阳、中原原油，而新疆、辽河原油主要属中间-石蜡基，部分为环烷基原油，胜利、江汉原油属中间基。

1. 烷烃

烷烃是指分子中的碳原子之间以单键相连，碳原子的其余价键都与氢原子相结合形成的化合物。烷烃也称作饱和烃。如甲烷、乙烷、丙烷、丁烷等。在一系列烷烃中，每增加一个碳原子就相应增加两个氢原子，其化学通式为 C_nH_{2n+2}（n 为从1开始的正整数）。这些由相差一个或数个 CH_2 的化合物组成一个系列叫同系列。同系列中的各个化合物叫同系物。烷烃分子中碳原子成直链状的烃叫正构烷烃，直链上有分支的叫异构烷烃，结构式如图1-1所示。

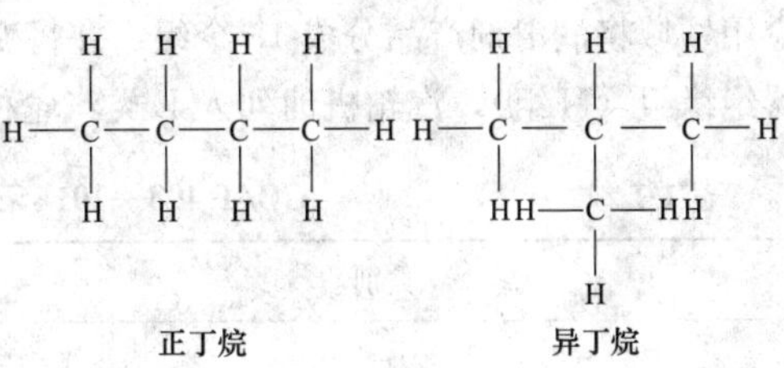

图 1-1　正构烷烃、异构烷烃结构式

通常在常温常压下，含 1～4 个碳原子的烷烃是气体；含 5～15 个碳原子的烷烃为液体，是石油的主要成分。十六烷（$C_{16}H_{34}$）及以上的烷烃是固体，称为蜡。随着烷烃分子量的增大，其沸点、折射率、密度依次增高。异构烷烃的沸点较正构烷烃低。

烷烃的化学性质比较稳定，通常与强酸、强碱、氧化剂等都不起反应。但在高温或有催化剂等条件下能与空气中的氧作用，生成一系列氧化产物，如醇、醛、酮、羧酸等化合物。

石油中所含的液态烷烃，其化学结构极其复杂。随着馏分的升高，烷烃的含量减少。含液态烷烃的石油馏分，广泛地用作生产润滑油及燃料等。

2. 环烷烃

环烷烃又称环状烷烃，其分子结构中含有三个或以上碳原子组成的环，其通式为 C_nH_{2n}（$n\geqslant3$）。由于碳原子上所有的价都已饱和，与烷烃相似，环烷烃也是一种化学性质很稳定的烃类，由于它的燃烧性较好、凝点低、润滑性好，因此环烷烃是润滑油的良好成分。石油中环烷烃的结构非常复杂，主要以五元环及六元环为主，它们可为单环、双环，也可为多环。润滑油中含单环环烷烃越多，则黏温性能越好。

3. 芳香烃

芳香烃的主要特征就是分子中至少有一个苯环（C_6H_6，⌬）。芳香烃的化学通式为 C_nH_{2n-6}（$n\geqslant6$）。苯是芳香烃中最简单的一个。此外，还有一些分子中至少含有两个共轭双键的四元、五元、七元及八元环都可归入芳香烃。芳香烃不溶于水，密度、折射率都较大。由于其结构中的共轭双键能相互作用，因此芳香烃分子具有特殊的稳定性，氧化后主要生成酚及其缩合物如胶质、沥青等。

润滑油中芳香烃的适量存在能起到天然抗氧化剂的作用，并能改善变压器油的析气性。芳香烃含量过多则会严重影响油的氧化安定性，因此国内许多炼油厂多采用深度精制加抗氧化剂的工艺生产普通变压器油，而以适度精制加抗氧化剂后，再调入适量浓缩芳香烃或人工合成芳香烃（如烷基苯）的办法，使调好的变压器油不但具有良好的氧化安定性，同时具有良好的析气性，以满足超高压和特高压变压器的要求。

4. 非烃化合物

石油中除含有大量烃类化合物外，还含有少量非烃化合物，如含硫化合物、含氧化合物、含氮化合物及胶质、沥青质等。它们的存在可对设备产生腐蚀或降低油品的化学稳定性。石油中此类化合物越多，则油的颜色越深。

二、石油产品、电力用油及添加剂的分类

（一）石油产品分类

我国修改采用国际标准 ISO 8681：1986 制定了石油产品和有关产品的总分类 GB/T 498—2014《石油产品及润滑剂　分类方法和类别的确定》，等同采用国际标准 ISO 6743 99：2002 制定了 GB/T 7631.1—2008《润滑剂、工业用油和有关产品（L 类）的分类　第 1 部分：总分组》等国家标准。两个标准的石油产品分类分别见表 1-1 和表 1-2。其中，GB/T 7631.1—2008 根据其

应用领域将润滑剂产品分成18个组，并将变压器油、开关油、电容器油、电缆油都并入L类电器绝缘组（N组），汽轮机油列入L类汽轮机组（T组）。

表1-1　GB/T 498—2014石油产品和有关产品的总分类

类别	类别的含义
F	燃料
S	溶剂和化工原料
L	润滑剂、工业润滑油和有关产品
W	蜡
B	沥青

表1-2　GB/T 7631.1—2008润滑剂、工业用油和有关产品（L类）的分类

组别	应用场合	组别	应用场合
A	全损耗系统	N	电气绝缘
B	脱模	P	风动工具
C	齿轮	Q	热传导
D	压缩机（包括冷冻机和真空泵）	R	暂时保护防腐蚀
E	内燃机	T	汽轮机
F	主轴、轴承和离合器	U	热处理
G	导轨	X	用润滑脂场合
H	液压系统	Y	其他应用场合
M	金属加工	Z	蒸汽气缸

我国等效采用国际标准IEC 1039—90制定了润滑剂和有关产品（L类）中N组（绝缘液体）产品的详细分类标准GB/T 7631.15—1998《润滑剂和有关产品（L类）的分类　第15部分：N组（绝缘液体）》。GB/T 7631.15—1998规定每个品种可由两个英文字母和数码组成的一组代号来表示。每个品种的第一个英文字母N表示该品种所属的组别，即为绝缘液体；第二个英文字母表示该产品品种的主要应用范围，其中C表示用于电容器、T表示用于变压器和开关、Y表示用于电缆。

两个英文字母和数码之间用“-”隔开，数码表示IEC出版物（标准）号，随后用“-”隔开的数码或英文字母，其意义在相应的IEC出版物中规定，单独无意义。例如，L-NT-296-ⅡA，其中L为类别（润滑剂和有关产品），NT为组别（绝缘液体、用于变压器和开关），296为IEC出版物号，ⅡA为IEC出版物小分类，在相应的IEC出版物（IEC 296，加抑制剂矿物油）中有其意义的规定。

我国修改采用国际标准ISO 6743-5：2006制定了润滑剂、工业用油和有关产品（L类）—T组（涡轮机）分类标准GB/T 7631.10—2013《润滑剂、工业用油和有关产品（L类）的分类　第10部分：T组（涡轮机）》。涡轮机组的分类代号见表1-3。

表 1-3 GB/T 7631.10—2013 润滑剂、工业用油和有关产品（L 类）—T 组（涡轮机）分类

组别符号	一般应用	特殊应用	更具体应用	产品类型及性能要求	符号 ISO-L
T	涡轮机	蒸汽	一般用途	具有防锈和抗氧化性的深度精制的石油基润滑油	TSA
			齿轮连接到负载	具有防锈、抗氧化性和高承载能力的深度精制的石油基润滑油	TSE
			抗燃	磷酸酯润滑剂	TSD
		燃气直接驱动或通过齿轮驱动	一般用途	具有防锈和抗氧化性的深度精制的石油基润滑油	TGA
			高温使用	具有防锈和抗氧化性的深度精制的石油基润滑油	TGB
			特殊用途	聚 α 烯烃和相关烃类的合成液	TGCH
			特殊用途	合成脂型的合成液	TGCE
			抗燃	磷酸酯润滑剂	TGD
			高承载能力	具有防锈、抗氧化性和高承载能力的深度精制的石油基润滑油	TGE
			高温使用高承载能力	具有防锈、抗氧化性和高承载能力的深度精制的石油基润滑油	TGF
		具有公共润滑系统，单轴连接循环涡轮机	高温使用	具有防锈和抗氧化性的深度精制的石油基润滑油	TGSB
			高温使用高承载能力	具有用高承载能力、防锈和抗氧化性的深度精制的石油基或合成润滑油	TGSE
		控制系统	抗燃	磷酸酯润滑剂	TCD
		水力涡轮机	一般用途	具有防锈和抗氧化性的深度精制的石油基润滑油	THA
			特殊用途	聚 α 烯烃和相关烃类的合成液	THCH
			特殊用途	合成脂型的合成液	THCE
			高承载能力	具有抗摩擦和/或承载能力的防锈和抗氧化性的深度精制的石油基润滑油	THE

（二）电力用油分类

1. 变压器油

变压器油是适用于变压器、电抗器、互感器、套管等充油电气设备中，起绝缘和冷却作用的

一种绝缘油品。GB 2536—2011《电工流体　变压器和开关用的未使用过的矿物绝缘油》将变压器油（矿物绝缘油）按抗氧化添加剂含量的不同，分为不含抗氧化添加剂油、含微量抗氧化添加剂油和含抗氧化添加剂油三个品种。变压器油除标明抗氧化剂外，还应标明最低冷态投运温度。变压器油的技术要求分为通用技术要求和特殊技术要求。对于在较高温度下运行的变压器或为延长使用寿命而设计的变压器的用油，应满足变压器油特殊技术要求。

2. 电容器油

电容器油是用于电力电容器，起绝缘作用的一种油品。我国尚无可实施的电容器油国家或行业标准。

3. 电缆油

电缆油用于充油电缆中起绝缘作用。我国尚无电缆油国家或行业标准，国际标准 IEC 60465—1988《充油电缆用的未使用过的绝缘矿物油规范》对新矿物电缆绝缘油质量做出了相应规定。

4. 开关油

开关油是用于油浸开关，起绝缘和灭弧作用的一种绝缘油品。GB 2536—2011 给出低温开关油的技术要求和试验方法。

5. 涡轮机油

汽轮机和燃气轮机等的用油统称为涡轮机油，涡轮机油是由精制矿物油或合成原料为基础油，加入抗氧剂、腐蚀抑制剂和抗磨剂等多种添加剂制成。GB 11120—2011《涡轮机油》规定了涡轮机油的产品品种及标记、要求和试验方法、检验规则、标志、包装、运输和储存。按国际惯例以 40℃运行黏度的中心值将油分为 32、46、68、100 四个黏度等级，按用途分为汽轮机油、燃气轮机油、燃/汽轮机油等品种。在技术要求中规定了 A 级和 B 级两个质量指标。

（三）石油添加剂分类

根据我国石油化工行业标准 SH/T 0389—1992《石油添加剂的分类》的体系划分，石油添加剂产品的类别名称用汉语拼音字母“T”表示，并按应用场合分成润滑剂添加剂、燃料添加剂、复合添加剂和其他添加剂四部分。将每一部分添加剂按相同作用分为一个组，同一组内根据其组成或特性的不同分成若干品种。

电力用油中使用的添加剂基本上都属于润滑剂添加剂部分（见表 1-4）。

石油添加剂的名称用符号表示。石油添加剂的品种由 3 个或 4 个阿拉伯数字所组成的符号来表示，其第 1 个阿拉伯数字（当品种由 3 个阿拉伯数字所组成时）或前 2 个阿拉伯数字（当品种由 4 个阿拉伯数字所组成时），总是表示该品种所属的组别（组别符号不单独使用）。

石油添加剂名称的一般形式为：类品种。

例如：T501，其中 T—类（石油添加剂）；501—品种（表示抗氧剂和金属减活剂组中的 2，6—二叔丁基对甲酚，其第一个阿拉伯数字“5”表示润滑剂添加剂部分中抗氧剂和金属减活剂的组别号）。

其他电力用油中常用的添加剂如 L-TSA 汽轮机油中使用的防锈剂十二烯基丁二酸的符号用 T746 表示，抗泡沫剂中的甲基硅油用 T901 表示等。

表 1-4　　　　　　　　　　　石油添加剂的分组和组号

石油添加剂	组别	组号	石油添加剂	组别	组号
润滑剂添加剂	清净剂和分散剂	1	复合添加剂	汽轮机油复合剂	30
	抗氧防腐剂	2		柴油机油复合剂	31
	极压抗磨剂	3		通用汽车发动机油复合剂	32
	油性剂和摩擦改进剂	4		二冲程汽油机油复合剂	33
	抗氧剂和金属减活剂	5		铁路机车油复合剂	34
	黏度指数改进剂	6		船用发动机油复合剂	35
	防锈剂	7		工业齿轮油复合剂	40
	降凝剂	8		车辆齿轮油复合剂	41
	抗泡沫剂	9		通用齿轮油复合剂	42
燃料添加剂	抗爆剂	11		液压油复合剂	50
	金属钝化剂	12		工业润滑油复合剂	60
	防冰剂	13		防锈油复合剂	70
	抗氧防胶剂	14	其他添加剂		80
	抗静电剂	15			
	抗磨剂	16			
	抗烧蚀剂	17			
	流动改进剂	18			
	防腐蚀剂	19			
	消烟剂	20			
	助燃剂	21			
	十六烷值改进剂	22			
	清净分散剂	23			
	热安定剂	24			
	染色剂	25			

第二节　电力用油的炼制工艺

油品的生产工艺通常是根据原油的性质和产品的要求而定。由石油炼制生产电力用油的工艺过程大致分为原油预处理、蒸馏、精制和调合等工序，最后得到成品油，如图 1-2 所示。

由图 1-2 可以看出，原油经预处理和常减压蒸馏等工序后，按照产品要求得到的馏分油称作基础油。基础油馏分主要根据产品的黏度、闪点等性能指标要求进行切割，然后送入下一工序。蒸馏工序是为了有选择地切割符合使用要求的馏分，而精制则是除去馏分油中非理想组分的工艺过程，因此采用合理的精制方案及精制深度十分重要。精制深度对油品特性的影响见图 1-3。

以变压器油为例，为了得到优质变压器油，应尽量选用环烷基原油，但由于环烷基原油日益

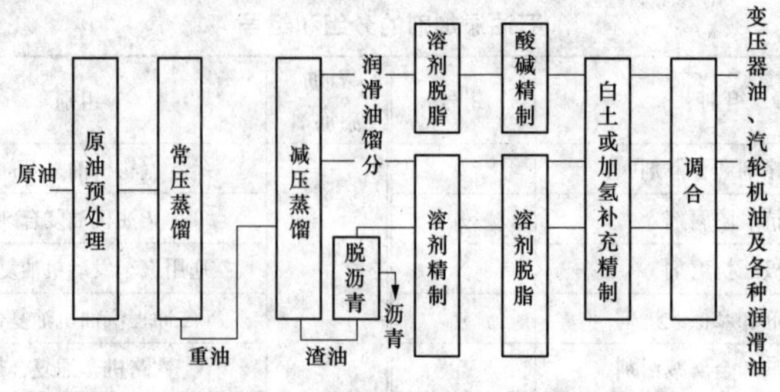

图 1-2　电力用油生产流程示意

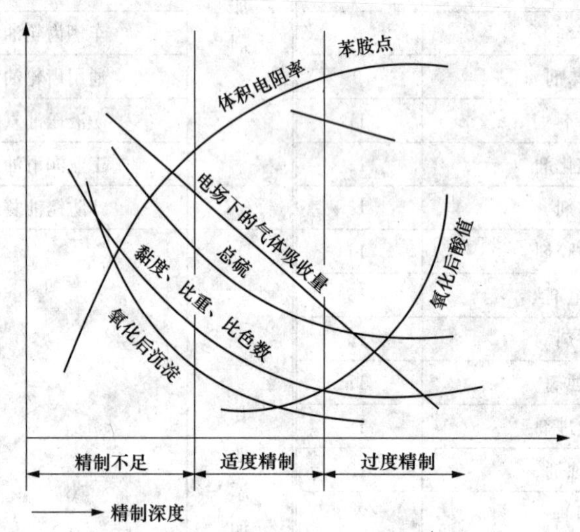

图 1-3　精制深度和变压器油特性的关系

减少，许多国家的炼油厂都逐渐转变为以石蜡基原油生产变压器油。由于两种原油性质根本不同，其精制方案也不同，在精制深度的选择方面也有所不同。国外一些厂商采用适度精制的工艺，以保留油中含有的天然的抗氧化剂，从而获得油品的抗氧化安定性及良好的电气性能；而我国普遍采用的深度精制后添加抗氧剂的生产工艺就与前者完全不同。此外，由于对产品性能要求不同，油品的生产工艺也随之作出相应的调整。如对使用于 500kV 及以上电压等级变压器的变压器油，为了兼顾油的氧化安定性和气稳定性，其精制工艺采取深度精制除去油中原有芳香烃组分，尤其是多环芳香烃组分后，再调入适量的浓缩芳香烃或人工合成的芳香烃化合物（如烷基苯等）。

一、原油预处理

原油从油田开采出来的时候，一般都和油田水一起开采出来，虽经沉降分离，但仍有一定量的水分、泥砂、盐类等杂质掺杂在其中，因而在分馏之前必须进行脱盐、脱水，此过程即原油预处理。

油田水主要来自土壤渗透的雨水和沉积岩沉积时保留下来的沉积海水，这两种水的存在使油田水含有大量无机盐和少量有机盐。它们的存在会对设备产生腐蚀，降低热效率或造成管线堵塞，为此在蒸馏前必须先行除去。

原油脱盐、脱水的方法很多，如加热原油使油水乳浊液分解而将水和杂质沉淀，或向原油中添加破乳剂降低油中水含量，常用的方法是电化学方法。

二、蒸馏

常压蒸馏是根据原油的各类烃分子的沸点不同，用加热和分馏设备将油进行多次部分汽化和部分冷凝，使汽液两相充分进行热量和质量交换，以达到分离的目的。一般 35～200℃的馏分为直馏汽油馏分，175～300℃的馏分为煤油馏分，200～350℃为柴油馏分，350℃以上的馏分为润滑油原料。

常压蒸馏塔底得到的重油是炼制润滑油的原料，由于它是 350℃以上的高沸点馏分，如果用常压蒸馏来进行分离，加热温度就得高达 350℃以上，在这样的高温下，会产生烃分子的裂解，引起加热炉管结焦。因此为了既能进行蒸馏分离而又不致发生裂解，必须采用减压蒸馏。

减压蒸馏是用抽真空的方法，在减压塔内使油在低于大气压力的情况下进行热交换和质量交换的分馏过程，这样可使馏分油的沸点大大降低。润滑油馏分就可以在较低温度下汽化馏出，而不致产生裂解。减压塔真空度一般控制在 5.3～6.7kPa。从减压塔侧线可以引出各种润滑油馏分或催化裂化的原料，塔底残留的油叫减压渣油，可作为制取石油沥青的原料或作为锅炉燃料。

三、精制

从常减压蒸馏所得到的馏分油中，还会含有一些不良成分（如含硫化合物、含氧化合物、含氮化合物、胶质、沥青质等）而使其不能直接使用，还必须进一步进行精制。

（一）酸碱精制

硫酸与油的基本组分难以起反应，但与油中含硫、含氧、含氮化合物及胶质、沥青质、稠环芳烃等不良组分起反应，产物可随酸渣一起排出。

在精制过程中，硫酸的浓度及用量，精制温度的选择以及油与硫酸接触时间的长短，对精制深度均有重大影响。精制中温度不宜过高，避免油中烃分子与硫酸发生磺化反应，或增加酸渣在油中的溶解度。因此，精制的具体工艺条件，应根据原油的性质及产品要求试验选定。

经硫酸精制后的油叫酸性油，还应进一步用碱中和、水洗、白土等方法处理，以除去残存在油中的酸性和中性产物及部分游离硫酸等，由此得到酸值小、安定性好的油品。

（二）溶剂精制

在一定的温度条件下，酚、糠醛、丙烷等溶剂对油中理想成分溶解能力差，但可将润滑油中的一些非理想成分（环烷酸、多环短侧链的芳烃和环烷烃、胶质、沥青质及其他硫、氮、氧化合物等）溶解在溶剂中，从而将其分离出去，使油品的黏温性能得到改善，并能降低油品的残炭值和酸值，提高化学稳定性。将分离物中的溶剂蒸出并回收后，便可得到抽出油。抽出油经适度酸洗、碱洗、水洗、白土补充处理，除去了其中的胶质、沥青质和稠环芳烃等不理想成分后，得到的抽出油中理想成分轻芳烃和中芳烃占有较大的比例，可用于改善变压器油的析气性。

溶剂精制具有收率高、成本低、不排酸渣等优点，被广泛用于润滑油的精制。

（三）加氢补充精制

在高温、高压和有催化剂存在的条件下，向被精制的油中通入氢气，使氢与油中的非烃化合物和不饱和烃等有害物质发生化学反应，从而将它们除去和转变为饱和烃的精制工艺叫做加氢补充精制。精制温度、压力、催化剂活性及时间的选择，取决于被精制油的馏分和产品要求。

（四）白土补充精制

经过酸碱精制或溶剂精制后的油中，仍残存有少量胶质、沥青质、环烷酸皂、酸渣及残余溶剂等。这些杂质的存在，不仅会对设备产生腐蚀，同时也会降低油品的化学稳定性和电气性能。因此，还要再经一次白土吸附处理，作为前一阶段精制的补充精制。

天然白土是一种多微孔，具有吸附作用的矿物质，它的主要成分是硅酸铝、氧化铝等。白土的形状是无定型或结晶状的白色粉末，表面具有很多微孔，其活性表面积为100～300m^2/g，高度密集的孔隙和很大的比表面，使白土微粒能将油中胶质、沥青质、溶剂等极性物质吸附在微孔表面，而白土对油的吸附作用很低。因此，利用白土所具有的这一选择性吸附的特性，作为酸碱精制和溶剂精制的补充，用于进一步提高油品的安定性并改善油品的颜色。

（五）脱蜡

脱蜡是石油产品精制的重要手段。为了改善油的低温流动性，在润滑油的生产过程中通常要进行脱蜡。蜡虽然不是有害物质，但它是润滑油中的非理想组分，影响油的低温流动性。因为常温下在油中呈溶解状态的蜡在低温下又会从油中析出来，以致影响油品流动。温度越低，析出的蜡越多。在生产润滑油特别是生产变压器油、开关油等电气用油时，都要进行脱蜡。脱蜡的方法如下。

1. 冷冻脱蜡

通过冷冻装置，将含蜡的油料冷冻到一定的低温，使蜡从油中析出来。用压滤机或离心分蜡机将油和结晶状的蜡分开，从而使油品的凝点降低。冷冻脱蜡法适用于低黏度而且要求脱蜡深度不大的油品。对高黏度和要求低凝点的油，由于油在低温下黏度变得很大，使油和蜡无法分开，因此不宜采用此法。

2. 溶剂脱蜡

适用于高黏度和要求低凝点的油品。溶剂脱蜡是利用溶剂能很好地溶解润滑油馏分中的油，但不能溶解蜡的特性。在低温下含蜡油中加入溶剂后，可将蜡析出，而油则溶解在溶剂中，再经过滤器将油和蜡分开。将滤液中的溶剂回收后，则可得到低凝点的润滑油馏分。

常用的溶剂有酮类（丙酮）和苯系物（苯、甲苯）的混合物。丙酮对蜡的溶解度很低，加入丙酮可使蜡的结晶凝聚变为大颗粒，以便从油中滤除。苯的作用是增大溶剂对油的溶解能力，但由于苯的冰点太高（+5.5℃），在低温下无法使用，因而再加入甲苯（冰点−95℃）用以降低混合溶剂的冰点，以保证在−40～−30℃低温情况下，苯的结晶不致析出。三种溶剂间的比例以及油与溶剂的比例要根据脱蜡油的性质和产品对凝点的要求而定。

3. 尿素脱蜡

尿素的结构式为（$H_2N)_2$—C=O。尿素脱蜡是利用尿素可呈螺旋状排列在油中的正构长链烷烃和带有短分支侧链的长链烷烃周围，把这些烃分子包围在中间，形成络合物从油中析出来，使油品中的蜡得以去除。

尿素脱蜡可获得凝点很低的油品，如要求得到凝点低于−45℃的变压器油，则可在酮苯脱蜡后再进行尿素脱蜡而得。当尿素与蜡以固体络合物的形式，自油中分离出来后，再经加热使尿素与石蜡络合物分解，再经水洗使尿素溶于水，重新回收使用。

4. 分子筛脱蜡

分子筛（沸石）是一种人工合成的多孔吸附剂，它具有特殊的孔道结构，活性表面积可达100～300m^2/g，利用它仅能吸附正构烷烃分子的特性，达到脱蜡的目的。

5. 加氢降凝

加氢降凝也称作加氢脱蜡。其降凝原理是利用具有高度选择性的催化剂（异构化催化剂和选择性加氢裂化催化剂），使油中正构烷烃发生异构化反应，或发生选择性加氢裂化反应，从而使正构烷烃转化为异构烷烃、使高分子烷烃变为低分子烷烃，而对其他烃类则基本上不发生反应。由于可将油中固态烃大量转化为液态烃，因此，可使油的凝点显著降低。

四、调合

原油经预处理、常减压蒸馏及精制后，进入生产润滑油的最后一道调合工序。调合的方式一般分为罐式和管道式两种。

我国多采用罐式调合，调合的方法是根据产品的性能要求，按计算得出的数量，将各组分油从原料储罐打入调合罐，再根据需要加入有关添加剂进行调合，使成品油符合有关产品质量要求。

思考题

1. 石油由哪些元素组成？其含量如何？
2. 石油及其馏分由哪些主要烃类组成？
3. 石油中有哪些非烃类化合物？有何危害？
4. 简要说明石油的化学组成对其性质的影响。
5. 划分涡轮机油牌号的主要依据是什么？举例说明。
6. 通过溶剂精制，润滑油的哪些性质得到了改善和提高？

第二章 汽轮机油

汽轮机油亦称涡轮机油或透平油，通常用于汽轮发电机组的润滑系统和调速系统，作为润滑、液压调速、密封和冷却的工作介质。

为适应电网调度的灵活性和机组运行的安全经济性，新建发电机组普遍采用了润滑系统与液压调速系统互相独立的技术，已投运的老机组也大多为此进行了润滑、调速系统的改造。因此，现代汽轮发电机组中，矿物汽轮机油主要用于机组的润滑系统，承担润滑、密封和冷却作用。

本章主要介绍汽轮机油和润滑系统的相关知识，对汽轮机油运行使用过程中容易出现的问题、性能变化规律作重点阐述。

第一节 汽轮机润滑系统

汽轮发电机组（简称机组）的润滑油系统用油量较大，一般一台 125MW 机组使用 20t 左右的汽轮机油；一台 600MW 的机组大约需要 60t 左右的汽轮机油（含给水泵用油等）。

图 2-1 是汽轮机润滑系统示意图。储于油箱中的汽轮机油经主油泵形成压力油，该压力油分为两部分：一部分作为传递压力的工作工质，进入调速系统和保护系统，回油经过冷油器或直接返回油箱；另一部分经减压阀和冷油器送入轴承（径向支持轴承、推力轴承等）内，轴承的回油直接返回油箱。

一、润滑系统简介

润滑系统的作用是向机组的多个轴颈轴承和推力轴承供应充足的润滑油，也为汽轮机调速保安系统提供控制汽门的动力。

机组在全速运行时，润滑系统的运行是比较简单的。连接在汽轮机主轴上的主油泵对系统提供高压润滑油。但是，在机组的启停过程中，润滑系统就显得比较复杂，这是因为主轴在 90%额定转速以下时，主油泵不能正常工作，即不能提供具有足够油压的润滑油，因此在机组的启动和停机时，需要用辅助电动油泵系统来代替主油泵。事故油泵、系统支援油泵或辅助油泵是机组安全启动和停机保障措施。事故油泵可用直流电动机带动，润滑系统还配备了完善的仪表测量设备和可靠的电源供应，以便当轴承油压下降到额定值时，能自动启动辅助油泵或事故油泵。

二、润滑系统部件

润滑系统主要由电气和机械部件两部分组成。电气部件包括电动机、电动机启动器、蓄电池、电缆和断路器；机械部件包括油泵、油箱、抽气器、管道、冷油器和油处理设备。机械部件典型结构布置如图 2-2 所示，系统接线示意如图 2-3 所示。下面简单介绍与润滑系统有关的几个主要部件。

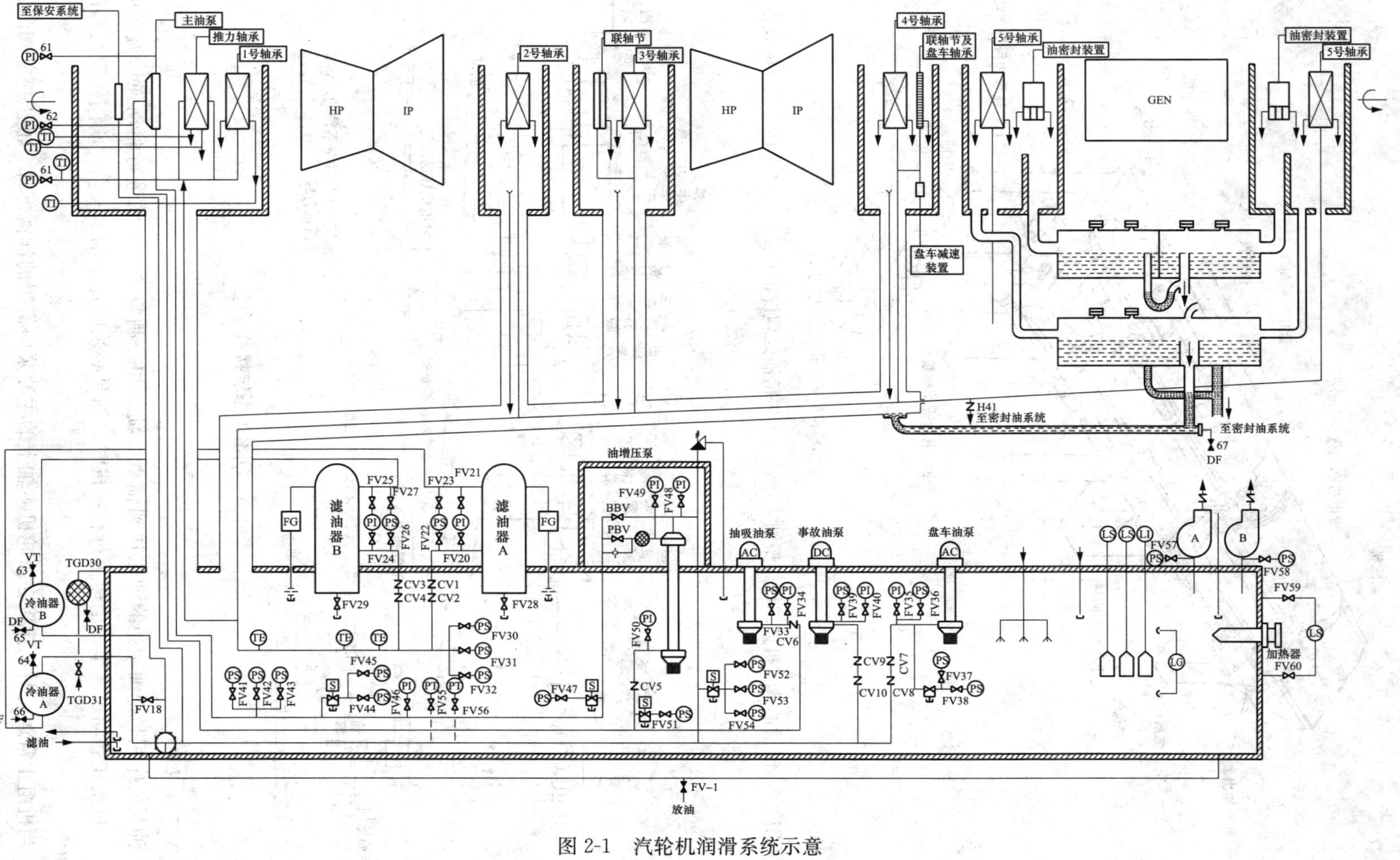

图 2-1 汽轮机润滑系统示意

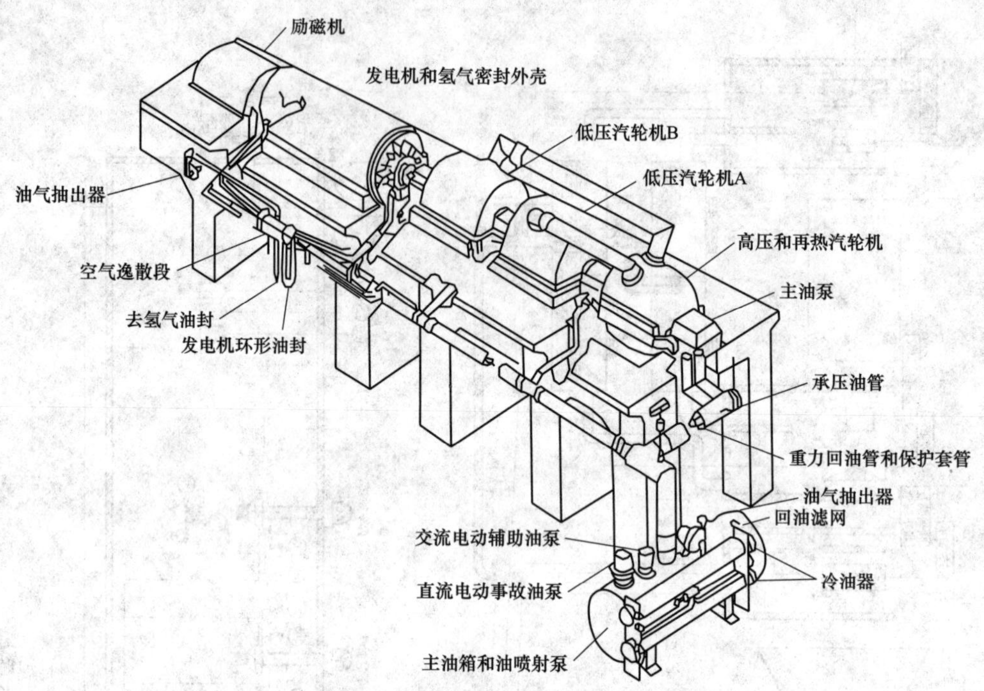

图 2-2　润滑油系统机械部件典型结构布置（不包括油处理设备补给供油系统接口以外的设备）

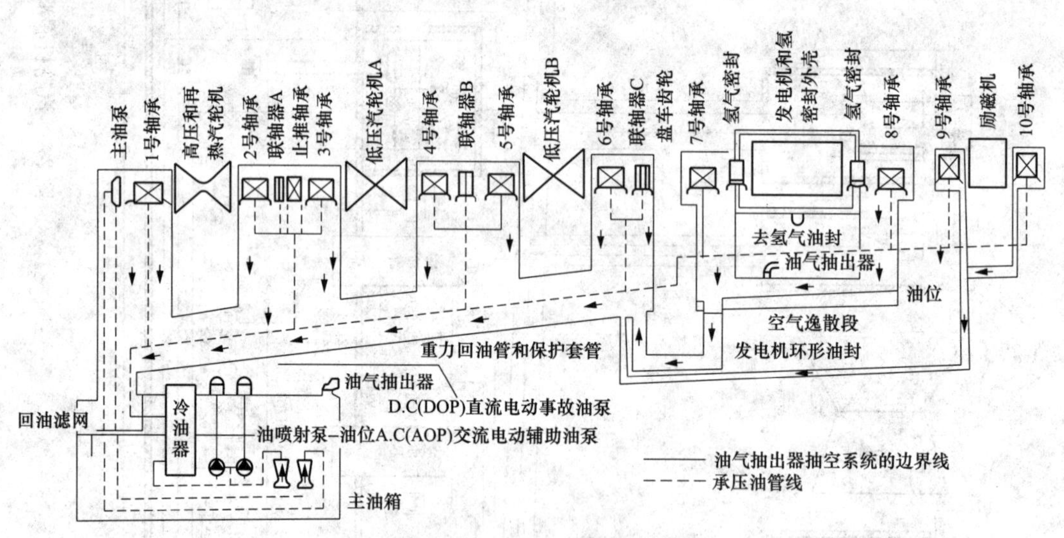

图 2-3　润滑油系统接线示意

（一）油泵

油泵的作用是把油箱中的油输送到轴承、轴封和控制装置，对油进行驱动强迫循环的动力装置。机组在启动、盘车、全速运行和停机时，油泵必须向每个轴承及动力阀门供应足够的油量和油压。

当机组正常运行时，连接在汽轮机主轴上的主油泵向机组的润滑部件、液压控制阀门、密封部件等提供所需的润滑油；当机组在启动、盘车、停机时，因主油泵不能正常工作，此时需要位于主油箱之上的电动油泵、辅助油泵向系统供油。

（二）主油箱

主油箱是用来为机组运行时提供润滑油和停机后储存润滑油的装置。每台机组都要有能储存整个润滑油系统运行所需全部油量的油箱。此外，轴承座或轴承箱也用作小储油箱，以收集经过冷却和润滑后的油，将其导入回油管路。

主油箱设在汽轮机发电机组主体下方，轴承的回油靠重力就可返回油箱。为了使运行油中挟带的空气能尽快分离，并使运行油中的水分和杂质快速沉降，主油箱的体积和油系统的用油量应能够确保运行油在主油箱内滞留时间至少达到8min。在工程上，为了减少油箱的体积（或用油量），延长油品在主油箱的滞留时间，可用加隔板的办法在主油箱内形成一个狭长的通道，以利于油中杂质、水分等的沉降分离。

（三）润滑油管道

润滑系统主管道是由上百米长的管子组成。润滑油管必须严密、承压、可靠；油管道还要能经受得住振动和热膨胀，并要方便检查、清理和冲洗。

为了防止发电机密封油中的氢气进入主油箱，密封油的回油系统与汽轮机润滑油的回油系统是分开的。在发电机轴承与主油箱之间的回油管路上，配置一段氢气逸散段和一个环形油封。氢气逸散段是一段大口径管道，内部装有挡板、滤网和折流板，用来降低油的流速、维持油位、抑制并破碎油的泡沫，并让氢气连续散逸。

（四）冷油器

冷油器是用来散发油在循环中所获得的热量、降低润滑油运行油温的主要装置。通常情况下，两台冷油器并联，运行中如果一台发生渗漏或堵塞，另一台即可切换投入发挥作用。冷油器的冷却水在管内流动，管子有可能被污染或堵塞，需要定期进行清理。

三、汽轮机油的作用

汽轮机油主要用于机组的润滑系统中，起润滑、冷却散热、调速和密封作用。

（一）润滑作用

汽轮机油在机组的润滑系统中主要起润滑剂的作用，即汽轮机轴承与轴瓦之间用汽轮机油膜隔开，避免轴承与轴瓦的直接接触，使之保持流体摩擦，降低摩擦损耗，并从载荷区带走摩擦热及磨损颗粒。

（二）冷却散热作用

两个相互接触的物体只要做相对运动，就会发生摩擦，而摩擦的存在必然会发热，汽轮机高速运行过程中在轴颈轴瓦间因摩擦将产生大量的热量；而且轴颈也会被汽轮机转子传来的热量所加热；此外，油系统靠近热源处还会接受一部分辐射热。这些热量若不及时散出，不但会使油品的运动黏度降低，起不到很好的润滑作用，而且使油楔压力降低，轴颈下降，轴颈与轴瓦中心偏离，使摩擦增大，发热加剧；随着温度的升高，则会降低轴承的机械强度，甚至产生热变形、热疲劳、间隙变小而导致摩擦、卡死，造成机件损坏，严重影响机组安全运行。因此必须使汽轮机油不断循环流动，将这些热量带出，热油的热量一方面可以在油箱内散失；另一方面也可通过高效率的冷油器进行热交换冷却，冷却后的油又可进入轴承内将热量带出，如此反复循环，油对机组的轴承起到了良好的冷却散热作用。

（三）调速作用

运行的汽轮机油作为一种液压工作介质时，能够传递压力，通过调速系统对汽轮机的运行起到调速的作用，见图2-4，该系统主要由离心调速器、套环、滑阀（错油门）、油动机（伺服电动机）、调速汽阀、反馈杠杆等组成。

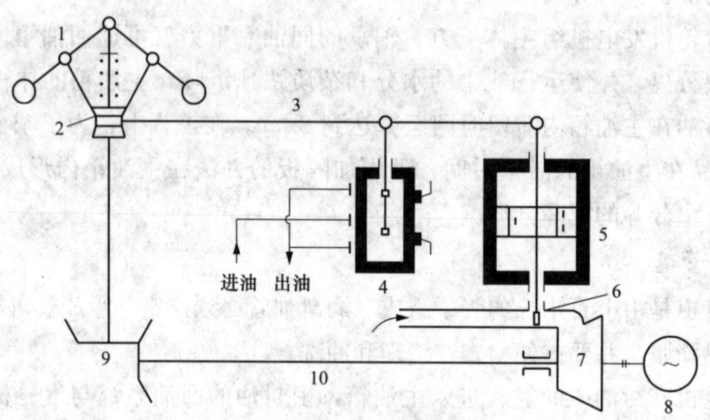

图2-4　机组间接调速系统

1—离心调速器；2—套环；3—反馈杠杆；4—滑阀；5—油动机；6—调速汽门；7—汽轮机；8—发电机；9—蜗母轮；10—主轴

机组调节系统处于平衡工况时，滑阀处于中间位置，控制油动机的压力油中断，使汽轮发电机组保持稳定的转速。当外界负荷改变时，将引起机组工作转速的改变，这种变化将由离心调速器所感应，通过反馈杠杆改变滑阀的位置，系统的高压油进入油动机的上（或下）油室，使其活塞向下（或向上）移动，从而关小（或开大）调速汽阀，调节进汽门，以适应新的负荷，使汽轮机保持稳定的转速。在油动机动作的同时将带动反馈杠杆，使滑阀动作后得以及时回复到平衡位置，从而完成了调节的全过程。

第二节　汽轮机油的性能

汽轮机油是以精制矿物油基础油，加入抗氧剂、腐蚀抑制剂和抗磨剂等多种添加剂制成的矿物质润滑油，它主要用于电厂的汽轮机、燃气轮机、水轮机和船舶汽轮机、工业燃气轮机及具有公共润滑系统的燃气-蒸汽联合循环涡轮机，也广泛应用于涡轮压缩机、涡轮冷冻机、涡轮鼓风机、涡轮增压器、涡轮泵等转动设备中。汽轮机油在这些设备中主要起润滑、冷却和控制系统的作用，同时也是发电机冷却气体的密封介质。

一、汽轮机油的技术规范

抗氧防锈型汽轮机油的国家标准为GB 11120—2011，GB 11120—2011将汽轮机油按黏度等级分为32、46、68、100四个牌号，并按质量分为A级品和B级品。电力系统常用的有32、46号汽轮机油。

在GB 11120—2011中将汽轮机油分为L-TSA和L-TSE汽轮机油（含水轮机油）、L-TGA和

L-TGE 燃气轮机油、L-TGSB 和 L-TGSE 燃/汽轮机的油三个油种，其技术规范分别见表 2-1～表 2-3。

L-TSA 为含有适当的抗氧剂和腐蚀抑制剂的精制矿物油型汽轮机油；L-TSE 是为润滑齿轮系统而较 L-TSA 增加了极压性要求的汽轮机油。适用于蒸汽轮机。

L-TGA 为含有适当的抗氧剂和腐蚀抑制剂的精制矿物油型燃气汽轮机油；L-TGE 是为润滑齿轮系统而较 L-TGA 增加了极压性要求的燃气轮机油。适用于燃气轮机。

L-TGSB 为含有适当的抗氧剂和腐蚀抑制剂的精制矿物油型燃/汽轮机油，较 L-TSA 和 L-TGA 增加了耐高温氧化安定性和高温热稳定性。L-TGSE 是具有极压性要求的耐高温氧化安定性和高温热稳定性的燃/汽轮机。主要适用于共用润滑系统的燃气-蒸汽联合循环涡轮机。也可单独用于蒸汽轮机或燃气轮机。

表 2-1　　L-TSA 和 L-TSE 汽轮机油技术要求（摘自 GB 11120—2011）

项　目	质量指标							试验方法
	A 级			B 级				
黏度等级（GB/T 3141）	32	46	68	32	46	68	100	
外观	透明			透明				目测
色度（号）	报告			报告				GB/T 6540
运动黏度（40℃）（mm^2/s）	28.8～35.2	41.4～50.6	61.2～74.8	28.8～35.2	41.4～50.6	61.2～74.8	90.0～110.0	GB/T 265
黏度指数	≥90			≥85				GB/T 1995[a]
倾点[b]	≤−6			≤−6				GB/T 3535
密度（20℃）（kg/m^3）	报告			报告				GB/T 1884 和 GB/T 1885[c]
闪点（开口）（℃）	≥186		≥195	≥186		≥195		GB/T 3536
酸值（以 KOH 计）（mg/g）	≤0.2			≤0.2				GB/T 4945[d]
水分（质量分数）（%）	≤0.02			≤0.02				GB/T 11133[e]
泡沫性（泡沫倾向/泡沫稳定性[f]）（mL/mL） 程序Ⅰ（24℃）	≤450/0			≤450/0				GB/T 12579
程序Ⅱ（93.5℃）	≤50/0			≤100/0				
程序Ⅲ（后 24℃）	≤450/0			≤450/0				
空气释放值（50℃）（min）	≤5		≤6	≤5	≤6	≤8	—	SH/T 0308
铜片腐蚀（100℃，3h）（级）	≤1			≤2				GB/T 5096
液相锈蚀（24h）	无锈			无锈				GB/T 11143（B 法）
抗乳化性（乳化液达到 3mL 的时间）（min） 54℃	≤15		≤30	≤15		≤30	—	GB/T 7305
82℃	—		—	—		—	≤30	

续表

项　目		质量指标							试验方法
		A级			B级				
黏度等级（GB/T 3141）		32	46	68	32	46	68	100	
旋转氧弹[g]（min）		报告			报告				SH/T 0193
氧化安定性	1000h后总酸值（以KOH计）（mg/g）	≤0.3	≤0.3	≤0.3	报告	报告	报告	—	GB/T 12581
	总酸值达2.0mg/g（以KOH计）的时间（h）	≥3500	≥3000	≥2500	≥2000	≥2000	≥1500	≥1000	SH/T 0565
	1000h后油泥（mg）	≤200	≤200	≤200	报告	报告	报告	—	
承载能力[h]	齿轮机试验（失效级）	≥8	≥9	≥10	—				GB/T 19936.1
过滤性干法（%）	湿法	≥85 通过			报告 报告				SH/T 0805
颗粒污染度[i]（级）		—/≤18/≤15			报告				GB/T 14039

注　L-TSA类分A级和B级，B级不适用于L-TSE类。

a　测定方法也包括GB/T 2541，结果有争议时，以GB/T 1995为仲裁方法。

b　可与供应商协商较低的温度。

c　测定方法也包括SH/T 0604。

d　测定方法也包括GB/T 7304和SH/T 0163，结果由争议时，以GB/T 4945为仲裁方法。

e　测定方法也包括GB/T 7600和SH/T 0207，结果有争议时，以GB/T 11133为仲裁方法。

f　对于程序Ⅰ和程序Ⅲ，泡沫稳定性在300s时记录，对于程序Ⅱ，在60s时记录。

g　该数值对使用中油品监控时有用的。低于250min属不正常。

h　仅适用于TSE。测定方法也包括SH/T 0306，结果有争议时，以GB/T 19936.1为仲裁方法。

i　按GB/T 18854校正自动粒子计数器。（推荐采用DL/T 432方法计算和测量粒子）。

表2-2　　L-TGA和L-TGE燃气轮机油技术要求（摘自GB 11120—2011）

项　目	质量指标						试验方法
	L-TGA			L-TGE			
黏度等级（GB/T 3141）	32	46	68	32	46	68	
外观	透明			透明			目测
色度（号）	报告			报告			GB/T 6540
运动黏度（40℃）（mm^2/s）	28.8～35.2	41.4～50.6	61.2～74.8	28.8～35.2	41.4～50.6	61.2～74.8	GB/T 265
黏度指数	≥90			≥90			GB/T 1995[a]
倾点[b]（℃）	≤−6			≤−6			GB/T 3535
密度（20℃）（kg/m^3）	报告			报告			GB/T 1884和GB/T 1885[c]

续表

项目		质量指标						试验方法
		L-TGA			L-TGE			
黏度等级（GB/T 3141）		32	46	68	32	46	68	
闪点（℃）	开口	≥186			≥186			GB/T 3536
	闭口	≥170			≥170			GB/T 261
酸值（以 KOH 计）（mg/g）		≤0.2			≤0.2			GB/T 4945[d]
水分（质量分数）（%）		≤0.02			≤0.02			GB/T 11133[e]
泡沫性(泡沫倾向/泡沫稳定性[f])（mL/mL）	程序Ⅰ（24℃）	≤450/0			≤450/0			GB/T 12579
	程序Ⅱ（93.5℃）	≤50/0			≤100/0			
	程序Ⅲ（后 24℃）	≤450/0			≤450/0			
空气释放值（50℃）（min）		≤5		≤6	≤5		≤6	SH/T 0308
铜片腐蚀（100℃，3h）（级）		≤1			≤1			GB/T 5096
液相锈蚀（24h）		无锈			无锈			GB/T 11143（B 法）
旋转氧弹[g]（min）		报告			报告			SH/T 0193
氧化安定性	1000h 后总酸值（以 KOH 计）（mg/g）	≤0.3	≤0.3	≤0.3	≤0.3	≤0.3	≤0.3	GB/T 12581
	总酸值达 2.0mg/g（以 KOH 计）的时间（h）	≥3500	≥3000	≥2500	≥3500	≥3000	≥2500	GB/T 12581
	1000h 后油泥（mg）	≤200	≤200	≤200	≤200	≤200	≤200	SH/T 0565
承载能力	齿轮机试验（失效级）				≥8	≥9	≥10	GB/T 19936.1[h]
过滤性	干法（%）	≥85			≥85			SH/T 0805
	湿法	通过			通过			
颗粒污染度[i]		—/≤17/≤14	—/≤17/≤14					GB/T 14039

a 测定方法也包括 GB/T 2541，结果有争议时，以 GB/T 1995 为仲裁方法。

b 可与供应商协商较低的温度。

c 测定方法也包括 SH/T 0604。

d 测定方法也包括 GB/T 7304 和 SH/T 0163，结果由争议时，以 GB/T 4945 为仲裁方法。

e 测定方法也包括 GB/T 7600 和 SH/T 0207，结果有争议时，以 GB/T 11133 为仲裁方法。

f 对于程序Ⅰ和程序Ⅲ，泡沫稳定性在 300s 时记录，对于程序Ⅱ，在 60s 时记录。

g 该数值对使用中油品监控时有用的。低于 250min 属不正常。

h 仅适用于 TSE。测定方法也包括 SH/T 0306，结果有争议时，以 GB/T 19936.1 为仲裁方法。

i 按 GB/T 18854 校正自动粒子计数器。(推荐采用 DL/T 432 方法计算和测量粒子)。

表 2-3　　L-TGSB 和 L-TGSE 燃气轮机油技术要求（摘自 GB 11120—2011）

项　目		质量指标						试验方法
		L-TGSB			L-TGSE			
黏度等级（GB/T 3141）		32	46	68	32	46	68	
外观		透明			透明			目测
色度（号）		报告			报告			GB/T 6540
运动黏度（40℃）（mm^2/s）		28.8～35.2	41.4～50.6	61.2～74.8	28.8～35.2	41.4～50.6	61.2～74.8	GB/T 265
黏度指数		≥90			≥90			GB/T 1995[a]
倾点[b]（℃）		≤－6			≤－6			GB/T 3535
密度（20℃）（kg/m^3）		报告			报告			GB/T 1884 和 GB/T 1885[c]
闪点（℃）	开口	≥200			≥200			GB/T 3536
	闭口	≥190			≥190			GB/T 261
酸值（以 KOH 计）（mg/g）		≤0.2			≤0.2			GB/T 4945[d]
水分（质量分数）（%）		≤0.02			≤0.02			GB/T 11133[e]
泡沫性(泡沫倾向/泡沫稳定性[f])（mL/mL）	程序Ⅰ（24℃）	≤450/0			≤50/0			GB/T 12579
	程序Ⅱ（93.5℃）	≤50/0			≤50/0			
	程序Ⅲ（后 24℃）	≤450/0			≤50/0			
空气释放值（50℃）（min）		≤5	≤5	≤6	≤5	≤5	≤6	SH/T 0308
铜片腐蚀（3h，100℃）（级）		≤1			≤1			GB/T 5096
液相锈蚀（24h）		无锈			无锈			GB/T 11143（B 法）
抗乳化性（54℃，乳化液达到 3mL 的时间）（min）		≤30			≤30			GB/T 73053
旋转氧弹（min）		≥750			≥750			SH/T 0193
改进旋转氧弹[g]（%）		≥85			≥85			SH/T 0193
氧化安定性	总酸值达 2.0mg/g（以 KOH 计）的时间（h）	≥3500	≥3000	≥2500	≥3500	≥3000	≥2500	GB/T 12581

续表

<table>
<tr><td colspan="3" rowspan="2">项 目</td><td colspan="6">质量指标</td><td rowspan="3">试验方法</td></tr>
<tr><td colspan="3">L-TGSB</td><td colspan="3">L-TGSE</td></tr>
<tr><td colspan="3">黏度等级（GB/T 3141）</td><td>32</td><td>46</td><td>68</td><td>32</td><td>46</td><td>68</td></tr>
<tr><td rowspan="7">高温氧化安定性（175℃，72h）</td><td colspan="2">黏度变化（%）</td><td colspan="3">报告</td><td colspan="3">报告</td><td rowspan="7">ASTMD4636[h]</td></tr>
<tr><td colspan="2">酸值变化（以KOH计）（mg/g）</td><td colspan="3">报告</td><td colspan="3">报告</td></tr>
<tr><td rowspan="5">金属片重量变化</td><td>钢</td><td colspan="3">±0.250</td><td colspan="3">±0.250</td></tr>
<tr><td>铝</td><td colspan="3">±0.250</td><td colspan="3">±0.250</td></tr>
<tr><td>镉</td><td colspan="3">±0.250</td><td colspan="3">±0.250</td></tr>
<tr><td>铜</td><td colspan="3">±0.250</td><td colspan="3">±0.250</td></tr>
<tr><td>镁</td><td colspan="3">±0.250</td><td colspan="3">±0.250</td></tr>
<tr><td>承载能力</td><td colspan="2">齿轮机试验（失效级）</td><td colspan="3">—</td><td>≥8</td><td>≥9</td><td>≥10</td><td>GB/T 19936.1[i]</td></tr>
<tr><td rowspan="2">过滤性</td><td colspan="2">干法（%）</td><td colspan="3">≥85</td><td colspan="3">≥85</td><td rowspan="2">SH/T 0805</td></tr>
<tr><td colspan="2">湿法</td><td colspan="3">通过</td><td colspan="3">通过</td></tr>
<tr><td colspan="3">颗粒污染度[j]</td><td colspan="3">—/≤17/≤14</td><td colspan="3">—/≤17/≤14</td><td>GB/T 14039</td></tr>
</table>

a 测定方法也包括 GB/T 2541，结果有争议时，以 GB/T 1995 为仲裁方法。

b 可与供应商协商较低的温度。

c 测定方法也包括 SH/T 0604。

d 测定方法也包括 GB/T 7304 和 SH/T 0163，结果有争议时，以 GB/T 4945 为仲裁方法。

e 测定方法也包括 GB/T 7600 和 SH/T 0207，结果有争议时，以 GB/T 11133 为仲裁方法。

f 对于程序Ⅰ和程序Ⅲ，泡沫稳定性在 300s 时记录，对于程序Ⅱ，在 60s 时记录。

g 取 300mL 油样，在 121℃下，以 3L/h 的速度通入洁净干燥的空气，经 48h 后，按照 SH/T 0193 进行试验，用所得结果与未处理的样品所得结果的比值的百分数表示。

h 测定方法也包括 GJB 563，结果有争议时，以 ASTM D4636 为仲裁方法。

i 测定方法也包括 SH/T 0306，结果有争议时，以 GB/T 19936.1 为仲裁方法。

j 按 GB/T 18854 校正自动粒子计数器（推荐采用 DL/T 432 方法计算和测量粒子）。

用户在新油验收时需要进行的检验项目包括外观、色度、运动黏度、黏度指数、密度、闪点、酸值、水分、泡沫性、空气释放值、抗乳化性、铜片腐蚀、液相锈蚀、旋转氧弹值和颗粒污染度。

（二）国外汽轮机油标准

国际标准化组织（ISO）于 1987 年提出的 ISO 8068—1987《石油产品和润滑剂 涡轮机用石油润滑剂》给出了汽轮机油的标准，见表 2-4，该标准于 2006 年修订，其技术指标变化对比见表 2-5。此外，美国、英国分别提出汽轮机油的标准（ASTM D4304、BS489），见表 2-6 和表 2-7。

表 2-4　　ISO 8068—1987 汽轮机油标准

项　目		黏度等级			试验方法
		32	46	68	
运动黏度（40℃）（mm^2/s）		28.2～35.2	41.4～50.6	61.2～74.8	ISO 3104
黏度指数		≥80	≥80	≥80	ISO 2909
倾点（℃）		≤−6	≤−6	≤−6	ISO 3019
密度（15℃）（g/cm^3）		报告	报告	报告	ISO 3675
闪点（℃）	开口杯	≥177	≥177	≥177	ISO 2592
	闭口杯	≥165	≥165	≥165	ISO 2719
总酸值（以 KOH 计）（mg）		报告	报告	报告	DP 6618
抗泡沫试验（mL）	24℃	≤450/0	≤450/0	≤450/0	DP 6274
	93.5℃	≤100/0	≤100/0	≤100/0	
	24℃	≤450/0	≤450/0	≤450/0	
空气释放时间（50℃）（min）		≤5	≤6	≤8	DIN 51381
破乳化度时间	第一种方法（s）	≤300	≤300	≤360	DIN 51589
	第二种方法（40−37−3）≤50℃（min）	30	30	30	ISO 6614
液相锈蚀试验（15 号钢棒 24h）（合成海水）		通过	通过	通过	DIS 7120 中 B 法
铜片腐蚀（100℃，3h）（级）		≤16	≤16	≤16	ISO 2160
氧化安定性	第一种方法总酸值（以 KOH 计）（mg/g）	≤1.8	≤1.8	≤1.8	DP 7624
	油泥（%）	≤0.4	≤0.4	≤0.4	
	第二种方法总酸值达 2.0mg/g（以 KOH 计）的时间（h）	≥2000	≥2000	≥1500	DIS 4263

表 2-5　　ISO/FDIS 8068：2006 与 1987 版 TSA 和 TGA 汽轮机油指标对比

性能		1987 年			2006 年		
黏度等级		32	46	68	32	46	68
颜色		—			报告		
黏度指数（最小）		80			90		
闪点（最低）（℃）	开口	177			186		
	闭口	165			170		

续表

总酸值（最大，以 KOH 计）(mg/g)		报告			0.2		
水分（最大）(%)		—			0.02		
泡沫（倾向/稳定性，最大）	程序 1（24℃）	450/0			450/0		
	程序 2（93.5℃）	100/0			50/0		
	程序 3（93.5℃以后 24℃）	450/0			450/0		
空气释放时间（50℃，最大）(min)		5	6	8	5	5	6
破乳性	分水（s）	300			—		
	54℃，乳化液达到 3mL 时间（min）	30			30		
氧化稳定性（旋转氧弹）		—			报告		
氧化稳定性（TOST）	1000h 时总酸值（最大，以 KOH 计）(mg/g)	—	—	—	0.3	0.3	0.3
	总酸值达 2mg/g（以 KOH 计）的时间（最小）(h)	2000	2000	1500	3500	3000	2500
	1000h 后的油泥（最大）(mg)	—	—	—	200	200	200
氧化稳定性	总酸值（最大，以 KOH 计）(mg/g)	1.8			—	—	—
	TOP（最大）(%)	—			0.4	0.5	0.5
	油泥（最大）(%)	0.4			0.25	0.3	0.3
过滤性（干，最小）(%)		—			85	85	85
过滤性（湿）(%)		—			通过		
交货颗粒污染度（最大）(级)		—			—/17/14		

表 2-6　　美国汽轮机油标准（摘自 ASTM D4304—2013）

第一类：用于蒸汽、燃气或联合循环的涡轮机润滑的涡轮机油
（无极压添加剂，轴承温度不超过 110℃）

<table>
<tr><th colspan="2">项　　目</th><th colspan="4">指　　标</th><th>试验方法</th></tr>
<tr><td colspan="2">黏度等级</td><td>32</td><td>46</td><td>68</td><td>100</td><td>ASTM D2422</td></tr>
<tr><td colspan="2">颜色</td><td colspan="4">报告</td><td>ASTM D1500</td></tr>
<tr><td colspan="2">密度</td><td colspan="4">报告</td><td>ASTM D4062</td></tr>
<tr><td colspan="2">闪点（开）（℃）</td><td colspan="4">180</td><td>ASTM D92[a]</td></tr>
<tr><td colspan="2">倾点（最大）（℃）</td><td colspan="4">−6</td><td>ASTM D97</td></tr>
<tr><td colspan="2">水分（最大）（%）</td><td colspan="4">0.02</td><td>ASTM D6304</td></tr>
<tr><td colspan="2">黏度（40℃）（mm^2/s）</td><td>28.8～35.2</td><td>41.4～50.6</td><td>61.2～74.8</td><td>90～119</td><td>ASTM D445</td></tr>
<tr><td colspan="2">外观（20℃）</td><td colspan="4">清亮</td><td></td></tr>
<tr><td colspan="2">总酸值（最大，以 KOH 计）（mg/g）</td><td colspan="4">报告</td><td>ASTM D974[b]</td></tr>
<tr><td rowspan="2">破乳化度（min）</td><td>54℃，乳化液达到 3mL</td><td>30</td><td>30</td><td>30</td><td>N/A</td><td rowspan="2">ASTM D1401[c]</td></tr>
<tr><td>82℃，乳化液达到 3mL</td><td>N/A</td><td>N/A</td><td>N/A</td><td>60</td></tr>
<tr><td colspan="2">泡沫性，程序 1，倾向/稳定性（mL）</td><td>50/0</td><td>50/0</td><td>50/0</td><td>50/0</td><td>ASTM D892</td></tr>
<tr><td colspan="2">空气释放值（50℃）（min）</td><td>5</td><td>5</td><td>8</td><td>17</td><td>ASTM D3427</td></tr>
<tr><td colspan="2">防锈性</td><td colspan="4">通过</td><td>ASTM D665，程序 B</td></tr>
<tr><td colspan="2">铜片腐蚀（3h，100℃）（级）</td><td colspan="4">1</td><td>ASTM D130</td></tr>
<tr><td colspan="2">氧化安定性，酸值达 2.0mg/g（以 KOH 计）（h）</td><td>2000</td><td>2000</td><td>1500</td><td>1000</td><td>ASTM D943[d]</td></tr>
<tr><td colspan="2">氧弹法（min）</td><td>350</td><td>350</td><td>175</td><td>150</td><td>ASTM D2272</td></tr>
<tr><td colspan="2">氧化 1000h 总油泥（mg）</td><td colspan="4">200</td><td rowspan="2">ASTM D4310[c]</td></tr>
<tr><td colspan="2">氧化 1000h 总酸值（以 KOH 计）（mg/g）</td><td colspan="4">报告</td></tr>
<tr><td rowspan="2">弹性体相容性试验</td><td>体积变化（%）</td><td colspan="2">−4～15</td><td colspan="2">N/A</td><td rowspan="2">ISO 6072[e]</td></tr>
<tr><td>硬度变化（%）</td><td colspan="2">−8～8</td><td colspan="2">N/A</td></tr>
<tr><td colspan="2">颗粒污染度</td><td colspan="4">18/16/13</td><td>ISO 4406[f]</td></tr>
</table>

续表

第二类：用于蒸汽、燃气或联合循环的涡轮机润滑的涡轮机油

（添加有极压添加剂，轴承温度不超过 110℃）

项　　目		指　　标					试验方法
黏度等级		32	46	68	100	150	ASTM D2422
颜色		报告					ASTM D1500
密度		报告					ASTM D4062
闪点（开）（℃）		180			210		ASTM D92
倾点（最大）（℃）		−5					ASTM D97[a]
水分（最大）（%）		0.02					ASTM D6304
黏度（40℃）（mm^2/s）		28.8～35.2	41.4～50.6	61.2～74.8	90～110	135～165	ASTM D445
外观（20℃）		清亮					
总酸值（最大，以 KOH 计）（mg/g）		0.2			报告		ASTM D974[b]
破乳化度[c]（min）	54℃，乳化液达到 3mL	30	30	30			ASTM D1401
	82℃，乳化液达到 3mL				60		
泡沫性，程序 1，倾向/稳定性（mL）		50/0					ASTM D892
空气释放值（50℃）（min）		5	5	18	17	25	ASTM D3427
防锈性		通过					ASTM D665，程序 B
铜片腐蚀（3h，100℃）（级）		1					ASTM D130
氧化安定性，酸值达 2.0mg/g(以 KOH 计)(h)		3500	3000	2500	1000	1000	ASTM D943[d]
氧弹法（min）		350	350	175	150	150	ASTM D2272
弹性体相容性试验	体积变化（%）	−4～15			N/A	N/A	ISO 6072[e]
	硬度变化（%）	−8～8			N/A	N/A	
颗粒污染度		18/16/13					ISO 4406[f]
承载能力，FZF 齿轮机失效试验（级）		⩾8	⩾8	⩾8	⩾9	⩾9	ASTM D5182[g]

续表

第三类：用于蒸汽、燃气或联合循环的涡轮机润滑的涡轮机油
（添加有极压添加剂、抗氧剂，轴承温度超过 110℃）

项　目		指　标		试验方法
黏度等级		32	46	ASTM D2422
颜色		报告		ASTM D1500
密度		报告		ASTM D4062
闪点（开）（℃）		200		ASTM D92
倾点（最大）（℃）		−6		ASTM D97[a]
水分（最大）（%）		0.02		ASTM D6304
黏度（40℃）（mm^2/s）		28.8～35.2	41.4～50.6	ASTM D445
外观（20℃）		清亮		
总酸值（最大，以 KOH 计）（mg/g）		报告		ASTM D974[b]
破乳化度（min）	54℃，乳化液达到 3mL	30	30	ASTM D1401[c]
泡沫性，程序 1，倾向/稳定性（mL）		50/0		ASTM D892
空气释放值（50℃）（min）		5	5	ASTM D3427
防锈性		通过		ASTM D665，程序 B
铜片腐蚀（3h，100℃）（级）		1		ASTM D130
氧化安定性，酸值达 2.0mg/g（以 KOH 计）（h）	2000	5000		ASTM D943[d]
旋转氧弹法（min）		750		ASTM D2272
改进旋转氧弹，N_2处理后残余寿命（%）		85		ASTM D2272 Modified[h]
氧化 1000h 总油泥（mg）		200		ASTM D4310[e]
氧化 1000h 总酸值（以 KOH 计）（mg/g）		报告		

续表

第三类：用于蒸汽、燃气或联合循环的涡轮机润滑的涡轮机油 （添加有极压添加剂、抗氧剂，轴承温度超过110℃）			
项目		指标	试验方法
弹性体相容性试验	体积变化（%）	−4～15	ISO 6072
	硬度变化（%）	−8～8	
颗粒污染度		18/16/13	ISO 4406[f]
承载能力，FZF齿轮机失效试验（级）		报告（不低于）	ASTM D5182[i]

a 一些使用场合可能需要油品具有较低的倾点。

b 试验方法D664可作为替代测试方法。

c 仅适用于蒸汽轮机油和联合循环涡轮机油，如与水接触的涡轮机油。

d 试验方法D943是公认的测试新汽轮机油氧化安定性的方法，众所周知，该方法试验时间较长。试验方法D2272是一种耗时较短的质量监控方法。

e 试验极限根据ISO 8068涡轮机油导则给出。

f 对于使用涡轮机油作为控制油的系统，可能需要较低的粒子数，建议≤16/14/11，由OEM特定规范确认。

g 一些使用场合可能需要油品具有较高的载荷值。

h 以3L/h的流量、用干燥氮气在121℃下对油品进行48h吹扫预处理，处理后，按D2272进行试验。试验结果以“处理后油品的寿命占未处理油品寿命的百分比”来表示。

i FZG齿轮机试验可能会用于一些齿轮使用场合，油品应具有的载荷值需与最终用户协商。

表2-7　　英国汽轮机油规格（摘自BS 489—1999）

项目		指标				试验方法
黏度等级		32	46	68	100	
黏度（40℃）（mm^2/s）		28.8～35.2	41.4～50.6	61.2～74.8	90～110	BS EN ISO3401
黏度指数		90				BS 2000—226
开口闪点（℃）		185				BS EN 22592
倾点（℃）		−6				BS 2000—15
破乳化度（s）		300				BS 2000—19
铜片腐蚀（级）		1				BS EN ISO 2160
酸值（以KOH计）（mg/g）		0.45				BS 2000—177
液相锈蚀		通过				BS 2000—135
泡沫特性（倾向性/稳定性）（mL）	程序Ⅰ	400/0	400/0	400/20	400/30	BS 2000—146
	程序Ⅱ	50/0	50/0	100/10	100/10	
	程序Ⅲ	400/0	400/0	400/20	400/30	

续表

项　　目		指　　标				试验方法
空气释放值（50℃）(min)		5	6	7	10	BS 2000—313
氧化安定性	总氧化产物（TOP）[%(m/m)]	0.7	0.8	0.8	0.8	BS 2000—280
	油泥［%(m/m)］	0.30	0.35	0.35	0.35	

二、汽轮机油的性能

为了保证汽轮发电机组可靠运行，要求汽轮机油应具备以下性能：

(1) 能在一定的运行温度变化范围内和油质合格的条件下，保持油的黏度；

(2) 能在轴颈和轴承间形成均匀的油膜，以抗拒磨损并使摩擦减小到最低程度；

(3) 能将轴颈、轴承和其他热源传来的热量转移出去；

(4) 能在空气、水等的存在以及高温下抗拒氧化和变质；

(5) 能抑制泡沫的产生和消除挟带的空气；

(6) 能迅速分离出进入润滑系统的水分；

(7) 能保护设备部件不被腐蚀。

(一) 黏度及黏温性能

油品的黏度是表示油品在外力作用下作相对层流运动时，油品分子间产生的内摩擦阻力。油品的内摩擦阻力愈大，流动愈困难，黏度也愈大。润滑油的黏度对机组运行最为重要，油的黏度对轴颈和轴承面建立油膜、决定轴承效能及稳定特性都是非常重要的。黏度决定了油膜的厚度、油的流动能力和油支承负荷及传送热量的能力。设备应选择多大黏度的润滑油一般是由设备的转速和轴承的负载决定的，转速高、负载小，选择低黏度油；反之，转速低、负载大应选择高黏度油。

机组在选择黏度等级牌号时应遵照制造厂的建议。

油的黏度随温度而显著变化，在正常运行温度范围内允许的黏度变化是由汽轮机制造厂规定的。润滑系统启动前，油泵允许的最大黏度和最低油温，也是由汽轮机制造厂推荐的。

机组所用的润滑油具有相对低的额定黏度值，它可以减小轴承的摩擦力，并降低轴承的动力损失。虽然油在转轴高速运转时，能为轴颈与轴承间提供相当丰厚的油膜，可是在启动、盘车、停机时仍会发生金属对金属的接触。轴颈转速低时，为了保护轴承，必须保持轴承轻负荷，还应有适当的油膜强度，以最大限度地减小摩擦。汽轮机油可以形成高强度的油膜，以适应不同转速时的轴承润滑。

汽轮机油的黏温性能用黏度指数表征，黏度指数是表示油品黏度随温度变化这个特性的一个约定量值。黏度指数高，表示油品的黏度随温度变化较小，油的黏温性能好。黏度过低，则油膜厚度不够，支撑不起轴颈的质量，不能使之处于平衡状态，易倾斜，进而引起摩擦，增大设备的能耗；但黏度过大，又会增加油品的阻力，降低轴承的转速，增大轴承的动力损失。为此要求油品应具有适当的黏度及黏度指数。

黏度指数高即黏温特性好，油品在高温时，能保持满足润滑所需的最低黏度；在低温时，黏度也不致过高，增加设备的能耗。因此，黏度指数高的油品，在工作温度的范围内，始终能够保证油品对设备良好的润滑效果。

由此可见，在选用汽轮机油时，不但要考虑其黏度的大小，而且在相同的条件下，还应尽量选用黏度指数高的油品。

（二）抗氧化能力

汽轮机油在油系统循环过程中，油流在紊流状态下流向轴承、联轴器和排油口时，都会挟带空气。油能与氧反应形成溶解的或不溶解的氧化物。油的轻度氧化一般害处不大，这是由于最初氧化的生成物的量少，以溶解态存在于油中，对油没有明显的影响；可是进一步氧化时，则会产生有害的不溶性产物，继续深度氧化将在轴承通道、冷油器、过滤器、主油箱和联轴器内，形成胶质和油泥。这些物质的堆积，会形成绝热层限制轴承部件的热传导。这些可溶性的氧化物，在低温时由于溶解度降低、又会有物质沉析出来，积累在润滑系统的较冷部位，特别是在冷油器内。氧化也能导致复杂的有机酸形成，当有水分存在时这些氧化产物会加速腐蚀轴承和润滑系统的其他部件。

油的氧化速率取决于油的抗氧化能力。温度、金属、空气、水分、颗粒杂质的存在，都起着促进氧化的作用。质量差的油，抗氧化能力差，在恶劣条件下短期内就会产生沉淀。

油的抗氧化能力随着运行时间的延长而下降，这是由于添加的抗氧化剂在运行中被消耗，因此应及时进行抗氧剂的补加，并进行氧化安定性试验，测定其效果。

在新油验收和运行油的每年例检中，都应化验汽轮机油的旋转氧弹值以确定其抗氧化性能是否合格。

（三）抗泡沫性能和空气释放能力

汽轮机油在运行过程中会不可避免地进入一些空气，特别是在油循环时产生的激烈搅动情况下进入的空气更多。此外，设备密封不严、油泵漏气或油箱中的润滑油过分的飞溅都会使空气滞留在油中。空气以溶解态、气泡和雾沫空气三种形态存在于油中。油中较大的空气泡能迅速上升到油的表面，并形成泡沫。而较小的气泡上升到油表面较慢，这种小气泡称为雾沫空气。

不论空气是以哪种形态存在于油中都会对设备运转带来不良影响，常见的是引起机械的噪声和振动，泡沫的积累还会造成油的溢流。如果是在液压系统中，当有通过操纵元件时（如单向阀或转向阀），由于油压下降会使已经存在于油中的空气释放出来，形成气泡带入油箱，从而造成油泵运行不稳，影响自动控制和操作的准确性。此外，油中存在空气时还会造成润滑油膜的破裂以及润滑部件的磨损。

运行中的汽轮机油和液压油都应严格控制空气的存在。为此，对油品制定了抗泡沫性和空气释放值控制指标。

雾沫空气从油中逸出的速度是用空气释放值来衡量的。它是在方法规定条件下，试样中雾沫空气的体积减少到0.2%时所需要的时间，这个时间应是气体分离的时间，也就是通常所称的空气释放值。

油中产生泡沫的稳定性及消除速度用油的泡沫特性指标衡量，按照GB/T 12579—2002《润滑油泡沫特性测定法》规定的方法进行测量。

（四）抗乳化性

油和水形成乳化液后再分成两相的能力称为抗乳化性。油的破乳化时间越短，抗乳化性越好；反之油乳化时间越长，它的抗乳化性就越差。

汽轮机油在使用过程中不可避免地要与水或水蒸气相接触，为了避免油与水形成稳定的乳化液而破坏正常的润滑，要求汽轮机油应具有良好的与水分离的性能。

汽轮机油在生产过程中，由于精致程度不够或者在使用过程中发生氧化变质都会导致油品破乳化时间的延长。因此，对汽轮机油不但规定了新油的破乳化时间，而且对运行中油的破乳化时间也要加以控制。如果汽轮机油运行中的破乳化时间太长，所形成的乳化液不但会破坏润滑油膜，增加润滑部件的磨损，还会腐蚀设备，加速油品氧化变质。故抗乳化性是汽轮机油使用性能的一个重要指标。

（五）防锈性

润滑油中有水存在，不但会使运转机件金属表面产生锈蚀，同时还会加速润滑油的氧化变质。如果油中同时还有水溶性酸存在，锈蚀的情况将更为严重。所以防锈性是汽轮机油的一项重要性能。汽轮机油是通过添加防锈剂来提高其防锈性能的。

（六）低温流动性

润滑油的低温流动性用凝点或倾点表征，凝点和倾点都是用来衡量油低温流动性的指标，它们的高低与润滑油的组成有关，含烷烃（石蜡）较多的油凝点和倾点都较高，在润滑油加工过程中经过脱蜡以后凝点和倾点可以大幅度地降低。

凝点和倾点用来决定润滑油储运和使用的温度，但是由于两者与使用时实际失去流动性的温度有所不同，因此对一些在低温下使用的润滑油，在规格指标上除了规定凝点和倾点外，有时还规定低温黏度。

由于润滑油的凝点和倾点测定方法和条件不同，因此对同一个油品所测定的两个结果是不同的，并且根据油品的性能和组成的不同两者有明显的差别，在一般情况下倾点和凝点的差值大约3～5℃。

第三节　运行中汽轮机油的性能变化

运行汽轮机油在存储、运行过程中，由于受温度、氧气、水分、金属催化等因素的作用，导致部分油分子逐渐氧化、分解，最终会表现为油的性能指标发生变化，这些变化不但会缩短油的使用寿命，严重时会导致油的润滑、散热等功能减退，危及用油设备的安全运行。

一、影响运行汽轮机油劣化的因素

（一）受热和氧化变质

运行汽轮机油的劣化主要是由于油在运行中热氧化所导致。运行汽轮机油中溶解有约5%～10%的空气，油系统中存在的“热点”供给引起油氧化的能量，溶解于油中空气中的氧会使油发生自动氧化反应。油的氧化过程为自由基链锁反应，反应过程分为链引发阶段、链发展阶段和链终止三个阶段。氧化过程趋势

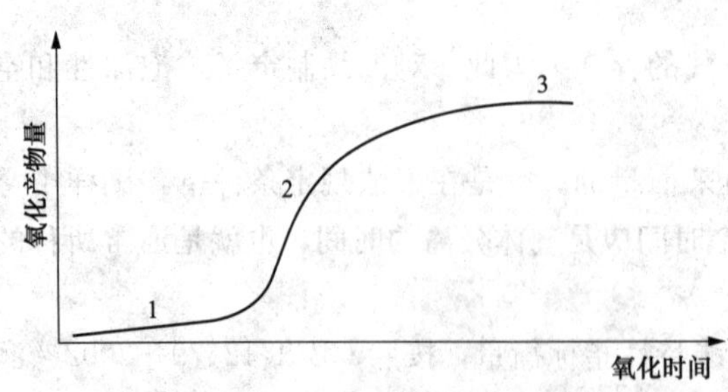

图2-5　矿物油氧化过程的一般趋势

1—开始阶段；2—发展阶段；3—终止阶段

如图 2-5 所示，一般来说，油温超过 60℃以后，温度每增加 10℃，油的氧化速度将增加一倍。

运行中的油在热等因素的作用下产生的自由基容易与油中的氧结合生成过氧化物，由于过氧化物不稳定，可以与其他分子反应产生自由基、醇、醛、酮、羧酸等，其中产生的自由基重新参与链锁反应。醇、醛、酮、羧酸相互之间又可以发生缩合甚至进一步被氧化等反应，分子量不断变大，最终形成胶质、油泥。由于油在运行中不断与空气接触，使得油中的氧被消耗掉后不断地到补充，这就使得油在运行中不断被氧化。

因此为了减缓运行汽轮机油的劣化，延长油的使用寿命，其关键是消除产生自由基的因素，如消除系统过热点、避免光照、辐射等，同时添加合适的抗氧剂，中断自由基链反应也是运行汽轮机油维护必不可少的延长寿命措施。

（二）杂质和水分的影响

运行汽轮机油由于吸潮、汽轮机轴封漏汽等原因使油中存在一定量的水分，而系统磨损产生的金属颗粒、系统管道锈蚀产生的铁锈以及空气中灰尘的侵入都会使油中存在一定量的颗粒杂质。

水分在油中有一定的溶解度，超过溶解饱和的水才会在油中析出或使油发生乳化，油在水中的溶解度与温度、油中的添加剂及油的老化程度等有关系，油中的添加剂和老化产物越多、温度越高，油中水分的溶解度就越大。图 2-6 所示是在相对湿度为 40%时汽轮机油中的饱和含水量与油温的关系曲线，新的或运行时间不长的汽轮机油在室温下可溶解 75×10^{-6}（质量百分数）左右的水分，呈透明状态，而超过此溶解限度后水分析出悬浮于油中则出现浑浊，这就解释了当运行油中含有一定量的水分，但取样时系统中油温较高，等油样冷却到室温后则产生浑浊的现象。

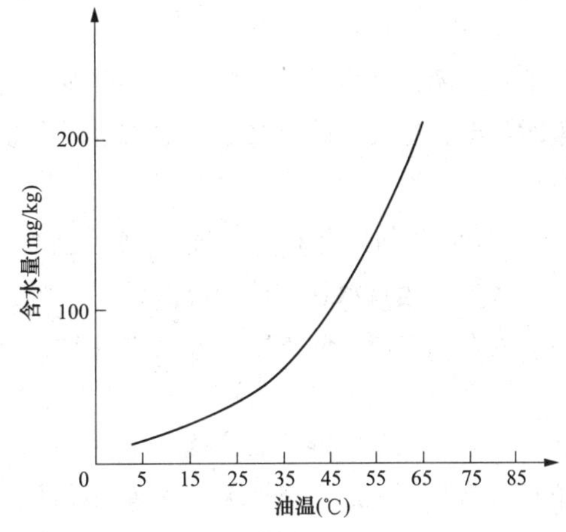

图 2-6　汽轮机油饱和含水量与油温的关系曲线

注：表示在相对湿度为 40%时汽轮机油的吸水能力。含水量不超过饱和曲线时，则不会有水析出。

油中少量的水分也会引起油系统金属的锈蚀，产生的铁锈颗粒会加剧磨损，从而产生更多的杂质颗粒，使油的颗粒污染度不合格。当水分含量超过在油中的溶解度时，还会造成油质乳化，影响油的润滑性能。如果油中的水分过多，除了溶解、乳化外，还会在油箱底部析出，所以油中进水较多时，还应定期从油箱底部排水，否则游离水进入系统，会严重破坏润滑油膜。油中的水分和颗粒杂质不仅对油的氧化有着催化加速作用，而且使油中产生泡沫、聚集油泥、产生油垢，影响油中空气的分离，会进一步促使油氧化，形成恶性循环。因此运行油中通常添加有防锈剂，以防止水分对油系统金属的锈蚀，而且运行中要经常对油进行过滤，将油中水分和杂质应及时过滤清除，保持油质清洁，以延长油的使用寿命。

（三）油系统的结构和设计

1. 油箱

油箱不但用于存储油系统的全部用油，还起着分离空气、水分和各种杂质的作用，所以油箱的结构设计对于减缓油品变质有着重要的影响。油箱的容积应大小合适，油箱的回油口应尽量的低且离主油泵的吸入口越远越好，使油在油箱中有足够的停留时间（一般不少于 8min），以利于油中水分和杂质的分离析出，另外油箱中应布置有隔板和滤网，以延长油在油箱中的移动路径，促使水分和杂质沉降充分。

2. 冷油器、油净化装置

油系统中应配置最少两台冷油器，一台运行，另一台备用。冷油器的换热效率及换热量应足够大，控制系统中的油在合理的运行温度内。有的油系统配置有专门的油净化装置，随油系统设备一起运行，以及时除去油中的水分和杂质。

3. 油的流速、油压

油的流速、油压对油品的劣化也有一定的影响，运行油通过主油泵向轴承转子系统供油，并保持一定的油压和流速。但回油不应有压力，且回油流速不能太大，否则回到油箱产生飞溅，形成泡沫，造成油中残留较多的空气，加速油的氧化变质。另外，油流冲击产生的搅拌作用也会导致含有水分的油产生乳化。

4. 油系统过热

油系统的设计应尽量避免系统中存在过热点，局部过热对于运行的氧化变质影响尤为显著，严重时甚至引起油的碳化结焦，如果运行中油质劣化，油的颜色异常变深，就需要查找油系统是否有过热点的存在。

（四）油品的化学组成、添加剂

虽然导致运行汽轮机油变质的外界影响因素很多，但油品的化学组成是决定油品性能的关键内在因素。润滑油的主要成分是烃类的混合物，基础油中的石蜡烃、环烷烃和芳香烃的相对比例直接影响着油品的黏度指数、倾点等理化性能。相比而言，环烷烃和芳香烃的抗氧化性能优于石蜡烃，芳香烃对改善油品的抗氧化性有一定的作用。一般采用提高基础油的精制深度，以减少油中有害物质，并加入添加剂来改善油品的质量。由于各种添加剂相互作用，对油的氧化安定性可能会有一定的影响，所以添加剂选择不当，反而会导致油品性能变坏。如造成油的颜色变化、破乳化度、泡沫特性、空气释放值指标变差等。

（五）系统的运行条件和检修质量

油系统的运行条件严重影响着运行汽轮机油使用寿命。空气（氧）、过热、金属杂质和水分等在运行的油系统中不可彻底避免的，这些因素的存在都会加速油的劣化。汽轮机油系统是通过冷油器来控制油温的，但是轴承汽封、节流控制以及润滑过程中总是会存在局部过热，会导致油降解、使油质劣化。在高温条件下，汽轮机特别是燃气轮机中，油发生热氧化反应，油中的劣化产物的缩合、聚合会产生树脂状油泥，甚至在局部如滑动油档处产生积碳。因此提高油的抗高温氧化性能对于汽轮机油特别是燃气轮机用油特别重要。

润滑油系统检修质量的好坏对油品的物理化学性质有着直接的关系。尤其是漏水漏汽机组的油中会有铁锈、乳化液、沉淀物等，若不能彻底清洗干净，则会污染油质，降低油品的性能。有时由于检修方法不当，如使用洗衣粉等清洗剂，冲洗不干净，会造成油品污染，导致油的破乳化度、泡沫特性指标不合格。检修时应尽量采取机械方法清除杂质，然后用油并采用变温冲洗方式冲洗，并循环过滤，直到油中杂质含量达到规定的要求。

（六）辐射的影响

核电站所用的汽轮机油会受到不同程度辐射的影响，油质发生的变化是不可逆的，其变化程度取决于油品的组分。烷烃、环烷烃所受的影响比芳香烃更大，受到辐射后，烃分子中的C—C、C—H键发生断裂，释放出氢气，同时有少量甲烷等小分子烃生成；对于非饱和烃，则会发生聚合反应。油受到辐射破坏的突出表现有析出气体、黏度增大、颜色变深、氧化安定性下降、出现油泥、酸值增大、闪点降低等。这些性能的变化，与油的组成和添加剂有关，一般辐射剂量超过106J/kg才显示出来。

另外，光的照射特别是紫外光能引起油中自由基的生成，加快油的氧化速度，引起油的颜色加深、酸值增大等问题。

二、油质劣化造成的危害

机组轴承和转子的损伤中约有1/3是由于润滑油系统故障所引起的，润滑油作为润滑系统的工作介质其性能对于发电机组的安全运行至关重要。油质劣化造成的危害主要表现为以下几个方面。

（一）降低润滑性能

汽轮机发电机组的轴承是全油膜润滑滑动轴承，轴颈和轴瓦表面被一层薄的油膜隔开，通过油膜支撑轴颈给与的负荷，润滑油供给系统则连续地向轴瓦和转动的轴颈的间隙之间供应润滑油，以避免轴颈和轴瓦之间出现干摩擦。

若油品被水分、机械杂质和油老化产生的油泥、沉淀等严重污染后，将会改变油的黏度等性能，影响润滑油膜的形成，润滑油起不到应有的润滑作用，可能产生固体摩擦，使轴颈、轴瓦产生摩伤，严重时威胁到机组的安全运行。

（二）危及调速系统

用于汽轮机调速系统的油，作为液压工作介质，传递压力，为汽轮机调节保安系统提供控制汽门的动力。

若油中含有杂质、劣化产生的油泥、沉淀等，不仅不能起到调速功能，反而会造成调速系统元件卡涩，如伺服阀、油动机等设备动作失灵，严重威胁到机组的安全运行。

（三）影响散热和冷却作用

由于汽轮机运行转数较高，一般为3000r/min，轴承系统内摩擦会产生大量热量，如果不被及时带走散出，会严重影响到机组的安全运行。正常运行时，在油系统中不断循环流动的汽轮机油可将这些热量带走，一方面回到油箱内散热，另一方面通过冷油器与冷却水热交换进行冷却，冷却后的油再进入轴承系统内继续带出热量，这样不断循环，对汽轮机的轴承润滑系统起到冷却作用。

如果运行中汽轮机油的油质劣化，产生油泥和沉淀物，这些油泥和沉淀物随着运行时间的延长，不断在油中积累，超过油对其的溶解量时，就会在油系统中析出沉积，特别是冷油器的换热面上由于油受到冷却，油中的油泥和沉淀物更容易析出沉积，从而使冷油器的冷却效率降低，不能及时将油中的大量热量带走，影响汽轮机油的散热冷却效果，导致系统油温升高。

思考题

1. 润滑系统主要有哪些部件?
2. 汽轮机油在汽轮发电机组中的作用主要有哪些?
3. 汽轮机油的主要性能有哪些?
4. 汽轮机油劣化的主要原因有哪些?

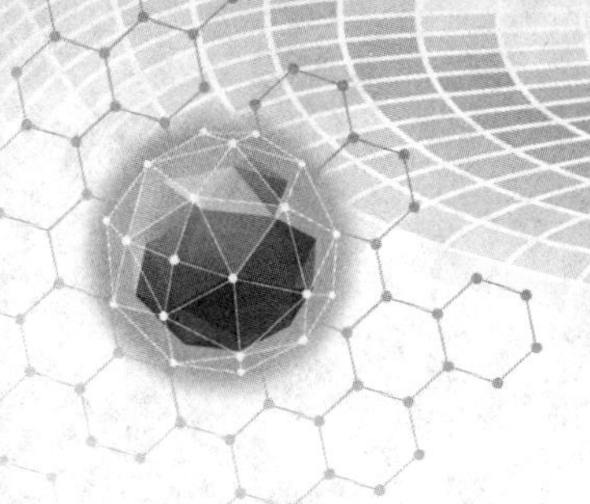

第三章　变 压 器 油

所谓变压器油，是指适用于变压器、电抗器、互感器、套管、油开关等充油电气设备，起绝缘、冷却和灭弧作用的矿物绝缘油。由于历史沿袭，目前仍沿用变压器油这一名称代替国际上常用的矿物绝缘油或变压器绝缘油这个术语。

第一节　变压器简介

变压器定义为由两个或多个相互耦合的绕组所组成的没有运动功能部件的电气设备，它根据电磁感应原理在同样频率的回路之间靠不断改变磁场来传输功率。

变压器由三个基本部件和绝缘系统组成（见图 3-1），即一次绕组（A）、二次绕组（B）和铁芯（C）及绝缘系统。除此之外，还有以下三种其他主要部件（见图 3-2）。

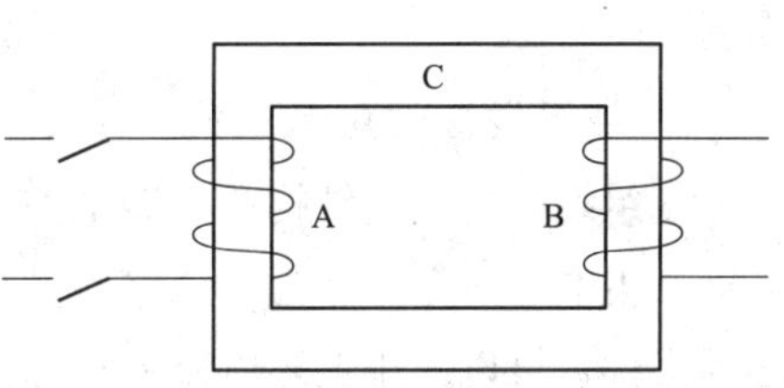

图 3-1　变压器的基本部件

A—一次绕组；B—二次绕组；

C—电磁铁叠片或铁芯

(1) 油箱。内装变压器芯体和冷却液（油），而且可将热量散发至周围空间的冷却表面。

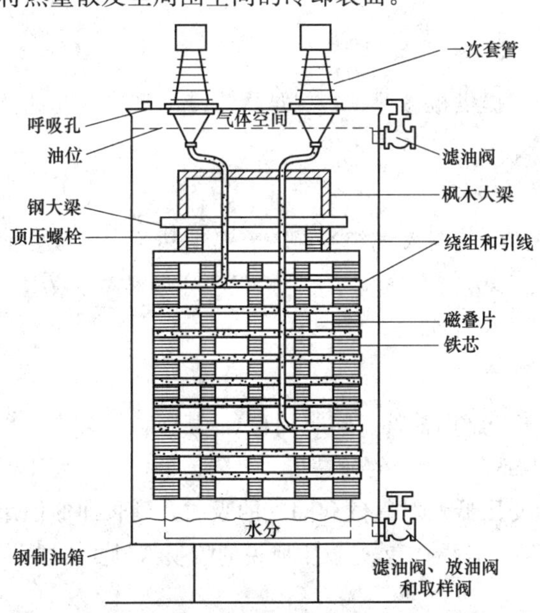

图 3-2　变压器主要部件

(2) 套管。带有支座的从绕组出来的引线或抽头，它的作用是将一次或二次绕组对油箱绝缘。

(3) 冷却剂。空气、其他气体、矿物绝缘油或合成液体都可使用。

一、变压器的主要部件

(一) 铁芯

铁芯主要构成变压器的磁路系统。

1. 铁芯材料

一般使用高纯度的加有 3%硅的冷轧定向结晶硅钢片，此种材料厚度一般为 0.3mm 左右。为减少铁芯材料中的涡流损耗，在每片铁芯叠片上涂刷一层绝缘漆。

2. 铁芯结构形式

铁芯结构有芯式、壳式两种结构形状。电力变压器一般采用芯式结构，壳式结构主要用于整流变压器等特种变压器中。

（二）绕组

绕组主要构成变压器的电路系统。

1. 绕组材料

绕组材料包括导体材料和绝缘材料。

（1）导体材料。目前普遍应用的绕组的导体材料为铜和铝。

采用铜线绕组的主要优点是：

1）机械强度高；

2）导电性能好，绕组体积可缩小。

采用铝线绕组的优点是：

1）价格相对比较便宜；

2）质量轻。

（2）绝缘材料。绕组的匝间和层间必须绝缘。牛皮纸和纸板是两种主要的绝缘材料，另外还有绝缘漆、纸板和木垫块，纸板和木垫块用来形成油道，便于油的循环，起到冷却和绝缘的作用。

2. 绕组线圈的压紧结构

绕组线圈的压紧结构是大型电力变压器的重要环节。变压器在运行中承受着电应力（导线振动、雷电冲击等）和由于短路而引起的机械应力的冲击。合理地配置绕组线圈的压紧结构及铁芯的夹件，可以减小上述电应力和机械应力的冲击，从而达到保护变压器的目的。

二、变压器的附件

变压器包含一些辅助设备和附件，其中较为重要的有变压器油箱、套管和分头切换开关装置等。

（一）油箱

油箱为钢制结构。它的作用一是为铁芯和绕组提供机械保护，二是作为冷却和绝缘功能的变压器油的容器。一般变压器油箱有下列几种形式。

1. 自由呼吸型或敞开型

这是一种老式的非密封结构，油面上部空间的空气与大气相通，随着温度和压力的改变而自由进出。这种结构的变压器一般配有一敞开的、单方向的吸湿呼吸器。吸湿呼吸器靠吸收空气中的水分来限制潮气的侵入。

2. 油枕型或油膨胀箱型

许多中型或大型变压器，在主油箱的上方带有一辅助油枕（膨胀油箱），其容量约为主油箱的3％～10％，变压器油充满主油箱和油枕的下半部。主油箱的油是与大气隔绝的，整个变压器通过油枕上部的吸湿呼吸器与大气连通，以减少变压器油对氧气和潮气的吸收，延长油的使用寿命。目前此类变压器的油枕内均装有合成橡胶袋（隔膜），就是通常所说的隔膜密封变压器。

3. 充氮密封型

为了避免变压器油与空气直接接触，在变压器的油面上部空间充以带正压的氮气，用以保护油面防止直接与大气接触，以延缓油的老化。

(二) 套管

为了安全地引出变压器的绕组导线，将导线用套管引出油箱，使一次绕组和二次绕组对油箱绝缘。

(三) 分头切换装置（开关）

分头切换装置分为无励磁切换和有载切换两种形式，其目的是通过改变绕组分头，即改变匝比，从而达到改变电压，以允许在小范围内改变电压比。

三、变压器的损耗

(一) 变压器的空载（铁）损耗

变压器的空载损耗指变压器接上电源后产生的与负载无关的损耗，包括铁芯损耗和一次绕组中由空载电流（激磁电流）引起的损耗和绝缘的介质损耗。空载损耗主要是铁芯损耗，空载损耗通常又叫作铁损，铁损的来源主要是使铁芯反复改变方向的磁化所需的功率，即所谓的磁滞损失以及铁片中环流产生的涡流损耗。

(二) 负载（铜）损耗

负载损耗是变压器带负荷后所引起的损耗，又称为铜损耗。负载损耗中的主要部分是负载电流在一、二次绕组的电阻上产生的损耗。

(三) 总损耗

总损耗为负载损耗和空载损耗的总和，这些损耗在变压器中转化为热量。因此，要求变压器的冷却系统能充分地散发出这些热量。

四、变压器的绝缘系统

绝缘系统是将变压器中不同电位的导体隔离开来。电气设备的可用程度主要取决于绝缘系统的完整性。

(一) 绝缘材料

变压器是由许多种材料组成的一个完整的绝缘系统，从形态看，主要有液体绝缘材料，如矿物变压器油、合成绝缘液等，固体绝缘材料，如牛皮纸、层压纸板、木材等纤维制品以及油漆涂料等。随着技术的发展，现已产生了用气体（如 SF_6 及混合气体）绝缘代替液体绝缘的 SF_6 变压器。

1. 绝缘材料的功能

(1) 矿物变压器油的功能：

1) 提供绝缘；

2) 提供有效的冷却散热；

3) 提供对绝缘系统的保护。

(2) 固体绝缘材料的功能：

1) 具有耐受正常运行中遇到较高电压的介电强度，这些电压包括冲击波和暂态波；

2) 具有耐受由短路产生的机械应力和热应力的能力；

3) 具有防止热的过度累积的传热能力；

4) 具有在可接受的运行寿命期内，能保持所希望的绝缘和机械强度的能力。

2. 固体绝缘材料的分类

温度对绝缘材料的影响是相当重要的。一般认为，变压器运行的热点温度决定纤维质绝缘材料的寿命，所以固体绝缘材料的热特性成为划分绝缘材料等级的基础。固体绝缘材料按热性能分类见表 3-1。

表 3-1　　固体绝缘材料按热性能分类（IEC）

等级标识	允许最高温度（℃）	典型材料
90 级（Y 或 0 级）	90	非浸渍纤维、棉、绸
105 级（A 级）	105	浸渍纤维、棉或绸；酚醛树脂
120 级（B 级）	120	醋酸纤维素
130 级	130	含有机黏结剂的云母、玻璃纤维石棉
155 级（F 级）	155	含有合适黏结剂的 120 级
185 级（H 级）	185	含有硅黏结剂的 120 级
220 级	220	同 185 级
220 级以上（C 级）	220 以上	云母、瓷、玻璃石英和类似无机材料

3. 油浸纤维

油浸纤维材料和矿物油是组成电力变压器的最主要的绝缘系统。电力变压器所用的油浸纤维材料是各种形式的纸（牛皮纸、马尼拉纸等）、纸板或纸的压力成形件，这些纤维材料的突出优点是容易吸收浸渍材料（浸渍剂），使之具有较高的绝缘和化学稳定性。

（二）绝缘系统的结构

变压器中的固体绝缘一般按过电压选择，并且留有一定的安全裕度，以补偿正常运行时部分绝缘的老化。绝缘系统中各部件应相互协调，以达到绝缘配合的目的。

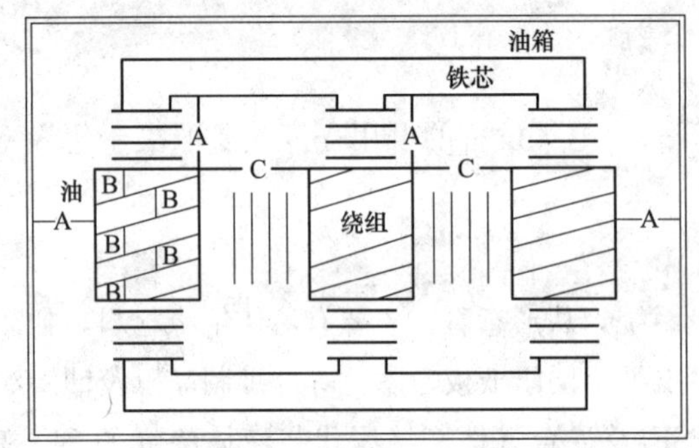

图 3-3　变压器三种基本绝缘系统

A—主绝缘；B—匝间绝缘；C—相间绝缘

1. 绝缘部件

变压器绝缘可分为以下三类（见图 3-3）：

（1）主绝缘。主绝缘是变压器绝缘的核心，包括同相高、低压绕组之间的绝缘和绕组对地的绝缘。一般用牛皮纸圆筒和纸板，或用合成树脂黏结的高密度有机绝缘条；相绝缘用层压纸板和角环。

（2）匝间绝缘。匝间绝缘是指同一绕组中相邻匝间和不同绕组段之间的绝缘，如使用层压纸板垫块、纸带和合成漆包导线。

（3）相间绝缘。相间绝缘指不同绕组之间的绝缘，如高密度牛皮纸或层压纸板。

2. 牛皮纸

电工牛皮纸或改进了的牛皮纸是应用最广泛的绝缘材料，它一般是做成纸板或纸带。牛皮纸比马尼拉纸或麻类材料具有更高的热稳定性，水分对它的影响相对较小。

3. 漆包导线

漆包导线不仅作为绝缘介质的一部分，而且此种导线具有极高的空间系数，适用于那些要求空间利用率很高的变压器。

（三）纤维素的化学结构

变压器中的纸绝缘材料的主要成分是纤维素，纤维素是由多重葡萄糖形成的许多种植物物质中的一种。纤维素的分子式为（$C_6H_{10}O_5$）$_n$，n 表示形成分子式的同一纤维素结构单元的数目，即纤维素的聚合度。因原材料的来源和制造方法不同，纤维素的聚合度具有较大差异。典型的纤维素分子是由 1200 个葡萄糖环组成的长链。

纤维素由碳、氢和氧组成，其结构式见图 3-4，从纤维素的结构可以看出在每一个葡萄糖单元中有三个氢氧根存在。

其中一个是一次（α）氢氧根，两个是二次（β）氢氧根。正是由于这两个二次（β）氢氧根的存在，就有形成水的可能，同时这些氢氧根可以被各种极性分子（如酸、水等）包围，以氢键的形式与这些极性分子相结合，从而使纤维易受破坏。

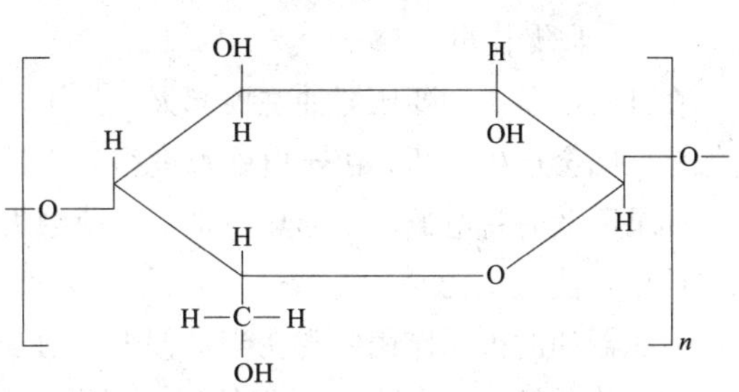

图 3-4　纤维素葡萄糖的结构

（四）纤维素劣化的象征

纤维素的老化和逐渐降解是变压器内部一些化学反应的结果，固体绝缘具有不可逆的老化特性，因此，可以说变压器的寿命就是纤维素纸的寿命。纤维素纸劣化的表现形式如下。

1. 纤维素材料断裂

由于纤维素的氢键结构，使其具有较强的吸收水分的能力，在水分的长期作用下，使纤维素纸张发生脆化，并且由于振动、短路或操作波的作用产生机械变形，从而导致纤维素材料的剥落。

2. 纤维素材料机械强度的下降

当变压器过热时，纤维素发生降解，聚合度下降，导致其机械强度降低。纤维素材料的机械强度随加热时间的延长而成比例地下降。

3. 纤维素材料的收缩

加热可以使纤维素材料脆化，致使它收缩。纤维素材料的劣化使线圈在整个运行期间逐渐松动，当冲击波发生时，线圈可能发生额外的移动，从而引起设备事故。

第二节　变压器油的特性

变压器油的化学成分非常复杂。目前所知道的矿物变压器油中大约有 2900 种烃类成分，至今仍有 90%左右的成分未能被鉴别出来。从应用的角度看，不一定要完全搞清楚其所有的烃类成分，但是必须了解变压器油的各种特性和功能，还应该知道在运行过程中油的氧化过程及其氧化产物的危害。

一、变压器油的功能

电气设备（变压器、电抗器、油开关、互感器、充油套管等）所充入的变压器油运行的可靠性，在很大程度上依赖于变压器油的某些基本特性，一般来讲，变压器油具有下述三大功能。

（一）绝缘作用

在电气设备中，变压器油可将不同电位（势）的带电部分隔离开来，使其不至于形成短路。油的绝缘强度要比空气大得多。假如变压器的绕组暴露在空气中，则变压器运行时很快就会被击穿。但如果变压器绕组之间充满了变压器油，则增加了介电强度，就不会被击穿，并且随着油品质量的提高，设备的安全系数就越大。所以变压器油可靠的绝缘性能是其主要功能之一。

（二）灭弧作用

在开关设备中，变压器油主要起灭弧作用。当油浸开关在切断电力负荷时，其固定触头和滑动触头之间会产生电弧，由于电弧温度很高，并且随开断电流的大小而不同，从而产生大量的热量。如果不及时将电弧产生的热量带走，使触头冷却，那么在初始电弧发生之后，还会有连续的电弧产生，使设备烧毁。

变压器油的灭弧作用体现在当油浸开关在最初开断而产生电弧时，由于产生的高温使油发生剧烈的热分解，产生约70%的氢气，同时，由于氢气的导热系数较大（为41），可及时将这些热量传导至油中，从而直接将触头冷却，以达到消弧的目的。

（三）散热冷却作用

变压器在带电运行过程中，由于铁损、铜损的存在，必然会使其发热，如果不将热量散发出来，必将使绕组和铁芯内积蓄的热量越来越多，导致绕组和铁芯内部温度升高，从而损坏绕组外部包覆的固体绝缘，导致绕组烧毁。变压器油在设备中可将绕组和铁芯内部的这些热量先吸收到油中，然后通过油的循环使热量散发出来，从而保证设备的安全运行。吸收了热量的变压器油的冷却方式有自然循环冷却、自然风冷、强油循环风冷和强油循环水冷等多种方式。一般大容量的变压器大部分采用强油循环的冷却方式。所以散热冷却作用也是变压器油的三大功能之一。

（四）其他功能

变压器油除上述三大功能之外，还具有如下两种功能：

(1) 由于变压器油的流动性，使其能充填在绝缘材料的空隙之中，可起到保护铁芯和绕组组件的作用。

(2) 由于变压器油能充填在绝缘材料的空隙之中，因此可将易于氧化的纤维素和其他材料所吸收的氧的含量减少到最低限度。而且变压器油会与混入设备中的氧首先发生反应，从而延缓了氧对绝缘材料的侵蚀。

总之，变压器油在变压器、电抗器、互感器中主要起绝缘和散热冷却的作用，但若在上述设备中有电弧发生时，也起灭弧作用。在充油套管中主要起绝缘作用。在油开关中主要起灭弧和绝缘作用。

二、变压器油的基本特性

变压器油要能发挥它在绝缘、冷却以及灭弧等多方面的功能作用，必须具备良好的化学、物理和电气等方面的性能。

（一）化学特性

变压器油是由石油精炼而成的一种精加工产品，其成分组成主要为碳氢化合物，即烃类。它包括烷烃、环烷烃和芳香烃。

烷烃化学性质比较稳定，具有较好的抗氧化安定性及电气性能。

环烷烃除具有烷烃的特点外，还具有良好的电气性能和低温性能，是变压器油的理想成分。

芳香烃是改善变压器油析气性的主要组分，另外某些类型的芳香烃具有天然抗氧化剂的功能，但其含量不能太高，否则会使油易受潮及降低油品的抗氧化安定性，还会降低油的绝缘或冲击强度，增大对浸于油中的许多固体绝缘材料的溶解能力。

此外，变压器油中还含有少量的非烃类（即杂环化合物），它们也有类似烃类的骨架，只是其中的部分碳原子被氧、硫或氮原子所取代。它们在油中的含量经过精炼加工处理后仅有0.02%左右，一般应尽量除去。

1. 酸值

经过精加工处理的变压器油中，要求总的酸值必须低，以减少金属的腐蚀并延长绝缘系统的寿命。

2. 氧化安定性

变压器油在长期的使用过程中，不可避免地会与氧接触，发生氧化反应。同时，在变压器的运行中由于温度、电场、水分及各种金属材料或金属化合物等杂质的催化作用而加速了变压器油的氧化过程。变压器油的炼制过程中必须进行深度精制，将其中的有害杂质成分去掉，从而提高成品油的氧化安定性。国内一般在变压器油中加入一定量人工合成的抗氧化剂，以提高油品的抗氧化能力。

（二）物理特性

变压器油应具备以下物理特性。

1. 黏度

黏度是油流动性能的指标，变压器油的功能之一是进行冷却，并填充于绝缘材料的空隙之间，所以低的黏度有利于变压器油充分发挥出这种功能。

2. 密度

通常情况下，变压器油的密度为0.8～0.9g/cm^3，油的密度随温度降低而增加。变压器油的密度一般不宜太大，这是为了避免在含水量较多而又处于寒冷的气候条件下可能出现浮冰的现象。

3. 倾点（凝固点）

对于冬季气候寒冷的地区，油的低的倾点（凝固点）具有特别的重要意义。因为低倾点（凝固点）的变压器油能保证在这种气候条件下仍可进行循环，从而可以起到绝缘和散热冷却作用。

4. 闪点

闪点是变压器油在使用环境条件下的一项安全性指标。具体说，它是在一定温度、时间及火焰大小的条件下油中易挥发组分和热分解产生挥发性产物的闪火点。闪点和着火点概念不同。闪点是指当油品加热到有足够的油气产生，并在其上外加一个火焰，使油-气在瞬间闪火的最低温度。着火点则是当油品加热到有足够的油气连续产生，外加火焰于其上部能维持5s燃烧时的最低温度。在我国变压器油的标准中只有闪点一项，而没有着火点的要求。

5. 界面张力

界面张力可以反映新油精制的纯净程度。纯净的油通常在水相的界面上可产生40～50mN/m

的力。但对运行油，由于受到油的氧化产物和其他杂质的影响，这些杂质既对水分子有吸引力，又对油分子有吸引力，使得界面张力减小。所以，油的界面张力值是与新油的洁净程度和运行油的氧化程度密切相关的。

（三）电气性能

变压器油作为充填于电气设备内部的一种介质，它必须具备良好的电气性能，才能发挥出其应有的功能作用。变压器油的主要电气性能如下。

1. 绝缘强度

变压器油的绝缘（或介电）强度用击穿电压指标表征，是衡量油在电气设备内部能耐受一定电压而不被破坏的能力。但当油中含有水分或固形物时，在电场作用下会构成导电桥路，从而降低油的击穿电压值。通过油的击穿电压试验可以判断油中是否存在有水分、杂质和导电微粒，但不能判断油中是否存在有酸性物质或油泥。

2. 介质损耗因数

介质损耗因数主要是反映油中因泄漏电流而引起的功率损失，介质损耗因数的大小对判断变压器油的劣化与污染程度是很敏感的。一般来讲，新油中的极性杂质含量极少，所以其介质损耗因数也很小，仅为0.01%～0.1%。但当油氧化或过热而引起劣化，或混入其他杂质时，随着油中极性杂质或充电的胶体物质含量的增加，介质损耗因数也会随之增大。

油的介质损耗因数值随温度的升高而增加，变化很大。因为介质的电导率随温度的升高而增大，相应地其泄漏电流和介质损耗因数也会增大。为了排除油中水分对介质损耗因数的影响，现在一般规定测高温下的介质损耗因数，如各国普遍采用测定90℃下的介质损耗因数。在西方的个别国家还有采用测定100℃下介质损耗因数的，如美国的ASTM标准。

3. 在电场作用下产生气体的倾向

变压器油在受到电场的作用下，部分烃分子会发生裂解而产生气体。如果生成的气体在油中析出形成气泡，由于气体与油之间的绝缘强度有很大的差异，那么在高电场的作用下，油中会产生气隙放电现象，而有可能导致绝缘的破坏。因此，对用于超高压设备的油品应具有吸气性能方面的要求。世界上有的国家在标准中规定了此项性能指标，如英国的BS标准、日本的JIS标准、美国的ASTM标准、国际电工委员会的IEC标准等。油品的析气性倾向是与其内在的成分构成有关的。一般来讲，芳香烃具有吸气能力，当油品中的芳香烃含量达到某一值时，油就表现为吸气性能。

三、变压器油的技术规范

由于电气设备向高电压、大容量和低损耗方向发展，对变压器油的质量不仅要求其电气性能更加优越，而且对油的化学性能、热稳定性和抗氧化安定性、抗腐蚀性等提出了更高的要求。一般情况下，每隔5～10年对变压器油的标准就需要进行确认或修订更新。变压器油同其他油品相比，试验项目繁多，并有不断增加的趋势。如ASTM D3487、BS 148以及IEC 60296都在进行相应的修订，有些指标要求更严。我国变压器油的技术规范已向国际标准靠拢，绝大部分项目指标已接近国际同类标准的水平。

表3-2～表3-8为我国、有关国际组织和国家的标准，从中不难发现它们之间的差别及发展趋势的变化。

(一) 国产变压器油的技术规范

新变压器油是指未与电气设备中的各种材料接触过的油品，应按GB 2536—2011验收，我国变压器油技术指标见表3-2～表3-4。

1. 国产变压器油（通用）的技术规范

在GB 2536—2011中给出了新变压器油（通用）的技术要求和试验方法，见表3-2。

表3-2　变压器油（通用）技术要求和试验方法（摘自GB 2536—2011）

项目			质量指标					试验方法
最低冷态投运温度（LCSET）			0℃	−10℃	−20℃	−30℃	−40℃	
功能特性[a]	倾点（℃）		≤−10	≤−20	≤−30	≤−40	≤−50	GB/T 3535
	运动黏度（mm^2/s）	40℃	≤12	≤12	≤12	≤12	≤12	GB/T 265
		0℃	≤1800	—	—	—	—	
		−10℃	—	≤1800	—	—	—	
		−20℃	—	—	≤1800	—	—	
		−30℃	—	—	—	≤1800	—	
		−40℃	—	—	—	—	≤2500[b]	NB/SH/T 0837
	水含量[c]（mg/kg）		≤30/40					GB/T 7600
	击穿电压（满足下列要求之一）（kV）	未处理油	≥30					GB/T 507
		经处理油[d]	≥70					
	密度[e]（20℃）（kg/m^3）		≤895					GB/T 1884和GB/T 1885
	介质损耗因数[f]（90℃）		≤0.005					GB/T 5654
精制/稳定特性[g]	外观		清澈透明、无沉淀物和悬浮物					目测[h]
	酸值（以KOH计）（mg/g）		≤0.01					NB/SH/T 0836
	水溶性酸或碱		无					GB/T 259
	界面张力（mN/m）		≤40					GB/T 6541
	总硫含量[i]（质量分数）（%）		无通用要求					SH/T 0689
	腐蚀性硫[j]		非腐蚀性					SH/T 0804
	抗氧化添加剂含量[k]（质量分数）（%）	不含抗氧化添加剂油（U）	检测不出					SH/T 0802
		含微抗氧化添加剂油（T）	≤0.08					
		含抗氧化添加剂油（I）	0.08～0.40					
	2-糠醛含量（mg/kg）		≤0.1					NB/SH/T 0812

续表

<table>
<tr><td colspan="3">项 目</td><td colspan="5">质量指标</td><td rowspan="2">试验方法</td></tr>
<tr><td colspan="3">最低冷态投运温度（LCSET）</td><td>0℃</td><td>−10℃</td><td>−20℃</td><td>−30℃</td><td>−40℃</td></tr>
<tr><td rowspan="5">运行特性[l]</td><td colspan="2">氧化安定性（120℃）</td><td rowspan="2" colspan="5">≤1.2</td><td rowspan="3">NB/SH/T 0811</td></tr>
<tr><td rowspan="3">试验时间：
（U）不含抗氧化添加剂油：164h
（T）含微量抗氧化添加剂油：332h
（I）含抗氧化添加剂油：500h</td><td>总酸值（以KOH计）（mg/g）</td></tr>
<tr><td>油泥（质量分数）（%）</td><td colspan="5">≤0.8</td></tr>
<tr><td>介质损耗因数[f]（90℃）</td><td colspan="5">≤0.500</td><td>GB/T 5654</td></tr>
<tr><td colspan="2">析气性（mm³/min）</td><td colspan="5">无通用要求</td><td>NB/SH/T 0810</td></tr>
<tr><td rowspan="3">健康、安全和环保特性（HSE）[m]</td><td colspan="2">闪点（闭口）（℃）</td><td colspan="5">≥135</td><td>GB/T 261</td></tr>
<tr><td colspan="2">稠环芳烃（PCA）含量（质量分数）（%）</td><td colspan="5">≤3</td><td>NB/SH/T 0838</td></tr>
<tr><td colspan="2">多氯联苯（PCB）含量（质量分数）（mg/kg）</td><td colspan="5">检测不出[n]</td><td>SH/T 0803</td></tr>
</table>

注 1.“无通用要求”指由供需双方协商确定该项目是否检测，且测定限值由供需双方协商确定。

2.凡技术要求中的“无通用要求”和“由供需双方协商确定是否采用该方法进行检测”的项目为非强制性的。

a 对绝缘和冷却有影响的性能。

b 运动黏度（−40℃）以第一个黏度值为测定结果。

c 当环境湿度不大于50%时，水含量不大于30mg/kg适用于散装交货；水含量不大于40mg/kg适用于桶装或复合中型集装容器（IBC）交货。当环境湿度大于50%时，水含量不大于35mg/kg适用于散装交货；水含量不大于45mg/kg适用于桶装或复合中型集装容器（IBC）交货。

d 经处理油指试验样品在60℃下通过真空（压力低于2.5kPa）过滤流过一个孔隙度为4的烧结玻璃过滤器的油。

e 测定方法也包括用SH/T 0604。结果有争议时，以GB/T 1884和GB/T 1885为仲裁方法。

f 测定方法也包括用GB/T 21216。结果有争议时，以GB/T 5654为仲裁方法。

g 受精制深度和类型及添加剂影响的性能。

h 将样品注入100mL量筒中，在20℃±5℃下目测。结果有争议时，按GB/T 511测定机械杂质含量为无。

i 测定方法也包括用GB/T 11140、GB/T 17040、SH/T 0253、ISO 14596。

j SH/T 0804为必做试验。是否还需要采用GB/T 25961方法进行检测由供需双方协商确定。

k 测定方法也包括用SH/T 0792。结果有争议时，以SH/T 0802为仲裁方法。

l 在使用中和/或在高电场强度和温度影响下与油品长期运行有关的性能。

m 与安全和环保有关的性能。

n 检测不出指PCB含量小于2mg/kg，且其单峰检出限为0.1mg/kg。

2. 超高压变压器用油技术规范

随着我国电力工业的发展，输变电设备电压等级不断提高，对用于500kV及以上设备的油品必然会有更高的性能要求。在GB 2536—2011中给出了特殊用途变压器油的技术要求和试验方法，见表3-3。

表3-3　　变压器油（特殊）技术要求和试验方法（摘自GB 2536—2011）

<table>
<tr><td colspan="3">项　目</td><td colspan="5">质量指标</td><td rowspan="2">试验方法</td></tr>
<tr><td colspan="3">最低冷态投运温度（LCSET）</td><td>0℃</td><td>−10℃</td><td>−20℃</td><td>−30℃</td><td>−40℃</td></tr>
<tr><td rowspan="13">功能特性[a]</td><td colspan="2">倾点（℃）</td><td>≤−10</td><td>≤−20</td><td>≤−30</td><td>≤−40</td><td>≤−50</td><td>GB/T 3535</td></tr>
<tr><td rowspan="6">运动黏度(mm^2/s)</td><td>40℃</td><td>≤12</td><td>≤12</td><td>≤12</td><td>≤12</td><td>≤12</td><td rowspan="5">GB/T 265</td></tr>
<tr><td>0℃</td><td>≤1800</td><td>—</td><td>—</td><td>—</td><td>—</td></tr>
<tr><td>−10℃</td><td>—</td><td>≤1800</td><td>—</td><td>—</td><td>—</td></tr>
<tr><td>−20℃</td><td>—</td><td>—</td><td>≤1800</td><td>—</td><td>—</td></tr>
<tr><td>−30℃</td><td>—</td><td>—</td><td>—</td><td>≤1800</td><td>—</td></tr>
<tr><td>−40℃</td><td>—</td><td>—</td><td>—</td><td>—</td><td>≤2500[b]</td><td>NB/SH/T 0837</td></tr>
<tr><td colspan="2">水含量[c]（mg/kg）</td><td colspan="5">≤30/40</td><td>GB/T 7600</td></tr>
<tr><td rowspan="2">击穿电压（满足下列要求之一）（kV）</td><td>未处理油</td><td colspan="5">≥30</td><td rowspan="2">GB/T 507</td></tr>
<tr><td>经处理油[d]</td><td colspan="5">≥70</td></tr>
<tr><td colspan="2">密度[e]（20℃）(kg/m^3)</td><td colspan="5">≤895</td><td>GB/T 1884和GB/T 1885</td></tr>
<tr><td colspan="2">苯胺点（℃）</td><td colspan="5">报告</td><td>GB/T 262</td></tr>
<tr><td colspan="2">介质损耗因数[f]（90℃）</td><td colspan="5">≤0.005</td><td>GB/T 5654</td></tr>
<tr><td rowspan="8">精制/稳定特性[g]</td><td colspan="2">外观</td><td colspan="5">清澈透明、无沉淀物和悬浮物</td><td>目测[h]</td></tr>
<tr><td colspan="2">酸值（以KOH计）（mg/g）</td><td colspan="5">≤0.01</td><td>NB/SH/T 0836</td></tr>
<tr><td colspan="2">水溶性酸或碱</td><td colspan="5">无</td><td>GB/T 259</td></tr>
<tr><td colspan="2">界面张力（mN/m）</td><td colspan="5">≥40</td><td>GB/T 6541</td></tr>
<tr><td colspan="2">总硫含量[i]（质量分数）（%）</td><td colspan="5">≤0.15</td><td>SH/T 0689</td></tr>
<tr><td colspan="2">腐蚀性硫[j]</td><td colspan="5">非腐蚀性</td><td>SH/T 0804</td></tr>
<tr><td>抗氧化添加剂含量[k]（质量分数）（%）</td><td>含抗氧化添加剂油（I）</td><td colspan="5">0.08～0.40</td><td>SH/T 0802</td></tr>
<tr><td colspan="2">2-糠醛含量（mg/kg）</td><td colspan="5">≤0.05</td><td>NB/SH/T 0812</td></tr>
</table>

续表

<table>
<tr><td colspan="3">项目</td><td colspan="5">质量指标</td><td rowspan="2">试验方法</td></tr>
<tr><td colspan="3">最低冷态投运温度（LCSET）</td><td>0℃</td><td>−10℃</td><td>−20℃</td><td>−30℃</td><td>−40℃</td></tr>
<tr><td rowspan="6">运行特性[l]</td><td colspan="2">氧化安定性（120℃）</td><td colspan="5" rowspan="2">≤0.3</td><td rowspan="3">NB/SH/T 0811</td></tr>
<tr><td rowspan="3">试验时间：
（I）含抗氧化添加剂油：500h</td><td>总酸值（以KOH计）（mg/g）</td></tr>
<tr><td>油泥（质量分数）（%）</td><td colspan="5">≤0.05</td></tr>
<tr><td>介质损耗因数[f]（90℃）</td><td colspan="5">≤0.050</td><td>GB/T 5654</td></tr>
<tr><td colspan="2">析气性（mm^3/min）</td><td colspan="5">报告</td><td>NB/SH/T 0810</td></tr>
<tr><td colspan="2">带电倾向（ECT）（$\mu C/m^3$）</td><td colspan="5">报告</td><td>DL/T 385</td></tr>
<tr><td rowspan="3">健康、安全和环保特性（HSE）[m]</td><td colspan="2">闪点（闭口）（℃）</td><td colspan="5">≥135</td><td>GB/T 261</td></tr>
<tr><td colspan="2">稠环芳烃（PCA）含量（质量分数）（%）</td><td colspan="5">≤3</td><td>NB/SH/T 0838</td></tr>
<tr><td colspan="2">多氯联苯（PCB）含量（质量分数）（mg/kg）</td><td colspan="5">检测不出[n]</td><td>SH/T 0803</td></tr>
</table>

注 凡技术要求中“由供需双方协商确定是否采用该方法进行检测”和测定结果为“报告”的项目为非强制性的。

a 对绝缘和冷却有影响的性能。

b 运动黏度（−40℃）以第一个黏度值为测定结果。

c 当环境湿度不大于50%时，水含量不大于30mg/kg适用于散装交货；水含量不大于40mg/kg适用于桶装或复合中型集装容器（IBC）交货。当环境湿度大于50%时，水含量不大于35mg/kg适用于散装交货；水含量不大于45mg/kg适用于桶装或复合中型集装容器（IBC）交货。

d 经处理油指试验样品在60℃下通过真空（压力低于2.5kPa）过滤流过一个孔隙度为4的烧结玻璃过滤器的油。

e 测定方法也包括用SH/T 0604。结果有争议时，以GB/T 1884和GB/T 1885为仲裁方法。

f 测定方法也包括用GB/T 21216。结果有争议时，以GB/T 5654为仲裁方法。

g 受精制深度和类型及添加剂影响的性能。

h 将样品注入100mL量筒中，在20℃±5℃下目测。结果有争议时，按GB/T 511测定机械杂质含量为无。

i 测定方法也包括用GB/T 11140、GB/T 17040、SH/T 0253、ISO 14596。结果有争议时，以SH/T 0689为仲裁方法。

j SH/T 0804为必做试验。是否还需要采用GB/T 25961方法进行检测由供需双方协商确定。

k 测定方法也包括用SH/T 0792。结果有争议时，以SH/T 0802为仲裁方法。

l 在使用中和/或在高电场强度和温度影响下与油品长期运行有关的性能。

m 与安全和环保有关的性能。

n 检测不出指PCB含量小于2mg/kg，且其单峰检出限为0.1mg/kg。

3. 断路器用油技术规范

我国曾制定过断路器油的标准，目前相关内容已并入 GB 2536—2011，断路器油就使用通用变压器油，在寒冷地区有特殊要求的使用低温开关油，其技术要求见表 3-4。油断路器在我国已很少使用，35kV 以下基本使用真空断路器，35kV 以上基本使用 SF_6 断路器。

表 3-4　　低温开关油技术要求和试验方法（摘自 GB 2536—2011）

<table>
<tr><td colspan="3">项　目</td><td>质量指标</td><td rowspan="2">试验方法</td></tr>
<tr><td colspan="3">最低冷态投运温度（LCSET）</td><td>−40℃</td></tr>
<tr><td rowspan="8">功能特性[a]</td><td colspan="2">倾点（℃）</td><td>≤−60</td><td>GB/T 3535</td></tr>
<tr><td rowspan="2">运动黏度（mm^2/s）</td><td>40℃</td><td>≤3.5</td><td>GB/T 265</td></tr>
<tr><td>−40℃</td><td>400[b]</td><td>NB/SH/T 0837</td></tr>
<tr><td colspan="2">水含量（mg/kg）</td><td>≤30/40[c]</td><td>GB/T 7600</td></tr>
<tr><td rowspan="2">击穿电压（需满足下列要求之一）（kV）</td><td>未处理油</td><td>≥30</td><td rowspan="2">GB/T 507</td></tr>
<tr><td>经处理油[d]</td><td>≥70</td></tr>
<tr><td colspan="2">密度[e]（20℃）（kg/m^3）</td><td>≤895</td><td>GB/T 1884 和 GB/T 1885</td></tr>
<tr><td colspan="2">介质损耗因数[f]（90℃）</td><td>≤0.005</td><td>GB/T 5654</td></tr>
<tr><td rowspan="8">精制/稳定特性[g]</td><td colspan="2">外观</td><td>清澈透明、无沉淀物和悬浮物</td><td>目测[h]</td></tr>
<tr><td colspan="2">酸值（以 KOH 计）（mg/g）</td><td>≤0.01</td><td>NB/SH/T 0836</td></tr>
<tr><td colspan="2">水溶性酸或碱</td><td>无</td><td>GB/T 259</td></tr>
<tr><td colspan="2">界面张力（mN/m）</td><td>≥40</td><td>GB/T 6541</td></tr>
<tr><td colspan="2">总硫含量[i]（质量分数）（%）</td><td>无通用要求</td><td>SH/T 0689</td></tr>
<tr><td colspan="2">腐蚀性硫[j]</td><td>非腐蚀性</td><td>SH/T 0804</td></tr>
<tr><td>抗氧化添加剂含量[k]（质量分数）（%）</td><td>含抗氧化添加剂油（I）</td><td>0.08～0.40</td><td>SH/T 0802</td></tr>
<tr><td colspan="2">2-糠醛含量（mg/kg）</td><td>≤0.1</td><td>NB/SH/T 0812</td></tr>
<tr><td rowspan="5">运行特性[l]</td><td colspan="2">氧化安定性（120℃）</td><td rowspan="2">≤1.2</td><td rowspan="3">NB/SH/T 0811</td></tr>
<tr><td rowspan="3">试验时间：
（I）含抗氧化添加剂油：500h</td><td>总酸值（以 KOH 计）（mg/g）</td></tr>
<tr><td>油泥（质量分数）（%）</td><td>≤0.8</td></tr>
<tr><td>介质损耗因数[f]（90℃）</td><td>≤0.500</td><td>GB/T 5654</td></tr>
<tr><td colspan="2">析气性（mm^3/min）</td><td>无通用要求</td><td>NB/SH/T 0810</td></tr>
</table>

续表

项　目		质量指标	试验方法
最低冷态投运温度（LCSET）		−40℃	
健康、安全和环保特性（HSE）[m]	闪点（闭口）（℃）	≥100	GB/T 261
	稠环芳烃（PCA）含量（质量分数）（%）	≤3	NB/SH/T 0838
	多氯联苯（PCB）含量（质量分数）（mg/kg）	检测不出[n]	SH/T 0803

注 1. “无通用要求”指由供需双方协商确定该项目是否检测，且测定限值由供需双方协商确定。

2. 凡技术要求中的“无通用要求”和“由供需双方协商确定是否采用该方法进行检测”的项目为非强制性的。

a 对绝缘和冷却有影响的性能。

b 运动黏度（−40℃）以第一个黏度值为测定结果。

c 当环境湿度不大于50%时，水含量不大于30mg/kg适用于散装交货；水含量不大于40mg/kg适用于桶装或复合中型集装容器（IBC）交货。当环境湿度大于50%时，水含量不大于35mg/kg 适用于散装交货；水含量不大于45mg/kg适用于桶装或复合中型集装容器（IBC）交货。

d 经处理油指试验样品在60℃下通过真空（压力低于2.5kPa）过滤流过一个孔隙度为4的烧结玻璃过滤器的油。

e 测定方法也包括用SH/T 0604。结果有争议时，以GB/T 1884和GB/T 1885为仲裁方法。

f 测定方法也包括用GB/T 21216。结果有争议时，以GB/T 5654为仲裁方法。

g 受精制深度和类型及添加剂影响的性能。

h 将样品注入100mL量筒中，在20℃±5℃下目测。结果有争议时，按GB/T 511测定机械杂质含量为无。

i 测定方法也包括用GB/T 11140、GB/T 17040、SH/T 0253、ISO 14596。

j SH/T 0804为必做试验。是否还需要采用GB/T 25961方法进行检测由供需双方协商确定。

k 测定方法也包括用SH/T 0792。结果有争议时，以SH/T 0802为仲裁方法。

l 在使用中和/或在高电场强度和温度影响下与油品长期运行有关的性能。

m 与安全和环保有关的性能。

n 检测不出指PCB含量小于2mg/kg，且其单峰检出限为0.1mg/kg。

（二）国际电工委员会IEC 60296的技术规范

国际电工委员会IEC于2012年2月推出了《电工用液体-变压器和开关设备用的未使用过的矿物绝缘油》新的修订版本IEC 60296—2012。根据不断的研究探索，IEC 60296从1982版、1982修订版（1986）、2003版至2012版，进行了一系列的技术性修订。IEC 60296—2012的要求见表3-5。

表3-5　IEC 60296标准通用要求（摘自IEC 60296—2012）

性质	试验方法	指标	
		变压器油	低温断路器油
（1）功能性			
黏度（40℃）（mm²/s）	ISO 3104	≤12	≤3.5
黏度（−30℃）（mm²/s）	ISO 3104	≤1800	—

续表

性质	试验方法	指标	
		变压器油	低温断路器油
（1）功能性			
黏度（−40℃）（mm^2/s）	IEC 61868	—	≤400
倾点（℃）	ISO 3016	≤−40	≤−60
水含量（mg/kg）	IEC 60814	≤30 或 40	
击穿电压（kV）	IEC 60156	≥30（处理后≥70）	
密度（20℃）（g/mL）	ISO 3675/ISO 12158	≤0.895	
介质损耗因数（90℃）	IEC 60274/IEC 61620	≤0.005	
颗粒含量	IEC 60970	无通用要求	
（2）精制/稳定性			
外观	—	透明，无沉淀和悬浮物质	
酸值（以 KOH 计）（mg/g）	IEC 62020—1/62021-2	≤0.01	
界面张力	EN 14210/ASTM D971	无通用要求（建议≥40mN/m）	
总硫含量	IP 373/ISO 14596	无通用要求	
腐蚀性硫	DIN 51353	无腐蚀性	
潜在腐蚀性硫	IEC 62535	无腐蚀性	
二苄二硫（DBDS）	IEC 62697-1（准备中）	检测不出（<5mg/kg）	
抗氧化剂（%）	IEC 60666	U（未加抗氧剂油）	检测不出
		T（加微量抗氧剂油）	≤0.08
		I（加抗氧剂油）	0.08～0.40
金属钝化剂	IEC 60666	检测不出（<5mg/kg），或协议规定	
其他添加剂		写明所有添加剂以及抗氧化添加剂的含量	
糠醛含量（mg/kg）	IEC 61198	检测不出（≤0.05）	
游离气体含量	CICRE Brochure 296 和 ASTM D7150	无通用要求	
（3）性能			
氧化安定性	IEC 61125：1992C 试验时间： 未加抗氧剂油（U）164h 加微量抗氧剂油（T）332h 加抗氧剂油（I）500h	含有其他抗氧化添加剂和金属钝化剂的应该试验 500h	
氧化后总酸值（以 KOH 计）（mg/g）	IEC 61125：1992	≤1.2	
氧化后沉淀（%）	IEC 61125：1992	≤0.8	
氧化后介质损耗因数（90℃）（%）	IEC 61125：1992	≤0.500	
析气性	IEC 60628A	无通用要求	
油流带电倾向（ECT）		无通用要求	

续表

性质	试验方法	指标	
		变压器油	低温断路器油
（4）健康、安全和环境			
闪点（℃）	ISO 2719	≥135	≥100
PCA 含量（%）	ISP 346	≤3	
PCB 含量	IEC 61619	检测不出（<2mg/kg）	

相比较于 GB 2536—2011，IEC 60296—2012 变压器油增加了颗粒含量、潜在腐蚀性硫、二苄基二硫醚（DBDS）、金属钝化剂、其他添加剂以及游离气体含量等项目。其中颗粒含量和游离气体含量没有通用要求，为供应商与客户之间约定；潜在腐蚀性要求为无腐蚀性；二苄基二硫醚（DBDS）要求检测不出（<5mg/kg）；金属钝化剂要求检测不出（<5mg/kg）或协议规定。对于其他添加剂，IEC 60296—2012 要求生产商提供变压器油所有添加剂列表及抗氧添加剂的浓度。

另外，IEC 60296—2012 特殊变压器油对硫含量提高了要求，总硫含量要求不高于 0.05%，而 GB 2536—2011 中特殊变压器油对总硫含量指标规定为不高于 0.15%；IEC 60296—2012 规定通用变压器油和特殊变压器油都必须报告油流带电倾向（ECT）指标，而 GB 2536—2011 只对特殊变压器油有报告要求。对于糠醛及相关物质，IEC 60296—2012 要求普通变压器油和特殊变压器油都检测不出（<0.05mg/kg），而 GB 2536—2011 对普通变压器油要求不大于 0.1mg/kg，对特殊变压器油要求不大于 0.05mg/kg。

（三）美国 ASTM D3487 矿物绝缘油标准

电气装置中用矿物绝缘油（ASTM D3487）中提出的质量标准见表 3-6。根据抗氧剂含量分为Ⅰ类（抗氧剂含量不大于 0.08%）和Ⅱ类（抗氧剂含量不大于 0.3%），该标准提出了苯胺点不低于 63℃和析气性不能高于 $30mm^3/min$ 的要求，以保证变压器油具有适当的溶解性能和析气性能。ASTM D3487—2009 标准与前版（2000 版及 2006 确认版）相比，主要变化是苯胺点指标取消了上限值 84℃，从而使深度加氢精制的石蜡基变压器油也满足 ASTM D3487 指标要求。

表 3-6　　ASTM D3487 变压器油性能要求（摘自 ASTM D3487—2009）

项目		Ⅰ类	Ⅱ类	试验方法
物理特性				
苯胺点（℃）		≤63	≤63	ASTM D611
颜色		≤0.5	≤0.5	ASTM D1500
闪点（℃）		≥145	≥145	ASTM D92
界面张力（dynes/cm）		≥40	≥40	ASTM D971
倾点（℃）		≤−40	≤−40	ASTM D97
相对密度（15℃）		≤0.91	≤0.91	ASTM D1298
黏度（mm^2/s）	100℃	≤3.0	≤3.0	ASTM D445
	40℃	≤12.0	≤12.0	
	0℃	≤76.0	≤76.0	
	目测	透明、光亮	透明、光亮	ASTM D1524

续表

项目			Ⅰ类	Ⅱ类	试验方法
电气性能					
击穿电压（60Hz，圆盘电极）（kV）			≥30	≥30	ASTM D877
击穿电压（60Hz，VDE 电极）（kV）	间隙 0.040in(1.02mm)		≥20	≥20	ASTM D1816
	间隙 0.080in(2.03mm)		≥35	≥35	
击穿电压（25℃，脉冲下）（kV）	针负极到球面间隙 1in（25.4mm）		≥145	≥145	ASTM D3300
析气性（μ/min）			≤+30	≤+30	ASTM D2300
介质损耗因数（60Hz）（%）	25℃		≤0.05	≤0.05	ASTM D924
	100℃		≤0.30	≤0.30	
化学性能					
氧化安定性	72h	油泥（%）	≤0.15	≤0.1	ASTM D2440
		总酸值（以 KOH 计）（mg/g）	≤0.5	≤0.3	
	164h	油泥（%）	≤0.3	≤0.2	
		总酸值（以 KOH 计）（mg/g）	≤0.6	≤0.4	
氧化安定性（旋转氧弹）（mm）				≤195	ASTM D2112
抗氧剂含量（%）			≤0.08	≤0.3	ASTM D4768 或 ASTM D2668
腐蚀性硫			非腐蚀性	非腐蚀性	ASTM D1275
水含量（μg/g）			≤35	≤35	ASTM D1533
中和值（以 KOH 计）（mg/g）			≤0.03	≤0.03	ASTM D974
PCB 含量（μg/g）			未检测出	未检测出	ASTM D4059

（四）英国变压器油标准

英国的新变压器油标准为 BS EN 60296，等同于 IEC 60296（见表 3-5），需要指出的是英国还制定了再生矿物绝缘油的标准，见表 3-7 和表 3-8。

表 3-7　　BS 148 变压器和开关装置用再生矿物绝缘油规范（未加抑制剂）（摘自 BS 148—2009）

性　能		试验方法	性能限值
外状		选取有代表性的油样，厚度约 100mm，在环境温度下透光观察	清澈，无沉淀物和悬浮物
密度（20℃）（kg/dm³）		BS ENISO 3675	≤0.895[a]
运动黏度（mm²/s）	40℃[b]	BS ENISO 3104	≤13
	−15℃		≤800
闪点（℃）		BS ENISO 2719	≥135

续表

性　能		试验方法	性能限值
倾点（℃）		BS 2000—15	≤−30
中和值（以 KOH 计）（mg/g）		BS EN 62021—1 或 BS EN 62021—2	≤0.03
腐蚀性硫		BS EN 62535	非腐蚀性
钝化剂含量		BS 148—2009 附录 A	检测不出[c]
水分（mg/kg）	散装交货	BS EN 60814	≤20
	桶装交货		≤30
抗氧剂含量		BS 5984	检测不出[d]
氧化安定性（164h）	总酸值（以 KOH 计）（mg/g）	S EN 61125 方法 C	≤1.2
	沉淀物［%(m)］		≤0.8
击穿电压（交货时）（kV）		BS EN 60156	≥30
介质损耗因数（90℃，40～62Hz）		BS EN 60247	≤0.005
总 PCB 含量（mg/kg）		BS EN 61619	同意[e]
总糠醛含量（mg/kg）		BS EN 61198	<0.2

注　1. 买方可能会接受供应商给出的油品在 90℃下硫含量和电阻率的限值。

2. 买卖双方协商后，油配方中只能加入倾点降凝剂。

3. 目前，散装是指由具有呼吸口（保护）的车辆或集装箱装运，不适用于船舶或输油管道运输。

a　规定密度的最大值是为了降低一些绝缘设备在低温环境中，油中形成冰晶漂浮的危险。

b　20℃下的黏度应为 40mm^2/s。

c　由买卖双方协商，油中可以加入金属钝化剂，最大浓度为 100mg/kg，按 BS 148—2009 附录 A 方法检测。

d　未加抑制剂油应不含抗氧剂。

e　总 PCB 含量由买卖双方协商，不超过 10mg/kg。

表 3-8　　BS 148 变压器和开关装置用再生矿物绝缘油规范（加抑制剂）（摘自 BS 148—2009）

性　能		试验方法	性能限值
外状		选取有代表性的油样，厚度约 100mm，在环境温度下透光观察	清澈，无沉淀物和悬浮物
密度（20℃）（kg/dm^3）		BS ENISO 3675	≤0.895[a]
运动黏度（mm^2/s）	40℃[b]	BS ENISO 3104	≤13
	−15℃		≤800
闪点（℃）		BS ENISO 2719	≥135
倾点（℃）		BS 2000—15	≤−30
中和值（以 KOH 计）（mg/g）		BS EN 62021—1 或 BS EN 62021—2	≤0.03
腐蚀性硫		BS EN 62535	非腐蚀性
钝化剂含量		BS 148—2009 附录 A	检测不出[c]

续表

性　能		试验方法	性能限值
水分（mg/kg）	散装交货	BS EN 60814	≤20
	桶装交货		≤30
抗氧剂含量[d]（%）		BS 5984	>0.08，<0.40
氧化安定性（500h）	总酸值（以 KOH 计）（mg/g）	BS EN 61125 方法 C	≤1.2
	沉淀物［%(m)］		≤0.8
击穿电压（交货时）（kV）		BS EN 60156	≥30
介质损耗因数（90℃，40～62Hz）		BS EN 60247	≤0.005
总 PCB 含量（mg/kg）		BS EN 61619	同意[e]
总糠醛含量（mg/kg）		BS EN 61198	<0.2

注　1：买方可能会接受供应商给出的油品在 90℃下硫含量和电阻率的限值。

2：买卖双方协商后，油配方中只能加入倾点降凝剂。

3：目前，散装是指由具有呼吸口（保护）的车辆或集装箱装运，不适用于船舶或输油管道运输。

a　规定密度的最大值是为了降低一些绝缘设备在低温环境中，油中形成冰晶漂浮的危险。

b　20℃下的黏度应为 $40mm^2/s$。

c　由买卖双方协商，油中可以加入金属钝化剂，最大浓度为 100mg/kg，按 BS 148—2009 附录 A 方法检测。

d　BS 5984 给出了一些抗氧剂的定量测试方法。

e　总 PCB 含量由买卖双方协商，不超过 10mg/kg。

（五）关于标准的说明

（1）新油的标准一般情况下是 5～10 年左右修订一次，其内容有所变化。如 GB 2536—2011 与 GB 2536—1990 之间就有差异，首先是标准的名称进行了更改，由《变压器油》改为《电工流体变压器和开关用的未使用过的矿物绝缘油》。其次，增加的内容比较多，如增加了“变压器油（特殊）技术要求和试验方法”和“低温开关油技术要求和试验方法”“最低冷态投运温度下变压器油的最大黏度和最高倾点”，将“总硫含量”“抗氧化添加剂含量”“2-糠醛含量”“析气性”“带电倾向”“稠环芳烃含量”“多氯联苯含量”等作为检验项目，变更了“氧化安定性”“腐蚀性硫”“酸值”“水含量”测定方法，取消了产品牌号等。

（2）发达国家都建立了自己相应的标准，而与此同时有关国际组织根据多数国家的意见也建立了各国应共同遵守的标准。如 IEC（国际电工委员会）和 ISO（国际标准化组织）的标准，但需要指出，IEC 组织成立较早，所制定的均为有关电力、电子方面的标准。目前，ISO 与 IEC 达成了原则协议，IEC 已有的标准，ISO 也认可，并不再重复制定。所以，ISO 就没有关于绝缘油方面的标准。当购得国外绝缘油品时，如无特殊说明，一般均可按 IEC 60296 进行验收。

第三节　运行中变压器油性能的变化

新变压器油是指未与电气设备中的各种材料接触过的油品，新油直接或经过处理后充入电气设备中，在热油循环后但又未正式通电投入运行时，即构成设备投入运行前的油。此时油的特性与新油有所差异，主要表现为物理的和电气性能方面的变化，这主要是油与设备内材料接触而使某些杂质溶入油中而引起的。

充油电气设备投入运行后，此时已充入的油称为运行中变压器油，并开始发挥其应具备的功能作用。但是在运行过程中，油因受氧气、温度、电场、电弧及水分、杂质和金属催化剂等的作用，发生氧化、裂解等化学反应，会不断变质，生成大量的过氧化物及醇、醛、酮、酸等氧化产物，这些氧化产物发生缩合反应而生成油泥等不溶物。

一、油质劣化的原因

（一）油质劣化的影响因素

影响油质劣化的因素很多，但主要是氧作用的结果。

1. 氧

油中的氧主要来源于空气，在将新油注入设备时，即使用高真空脱气法注油，也不能将油中全部的氧清除干净。即使变压器的密封性能很好，也仍然有一定量的氧存在。由于氧在油中的溶解度（16%）高于氮的溶解度（7%），氧在油中溶解气体组分中所占的比例比在空气中高（见表3-9）。

表3-9　氧在空气和油中含量对比

项　目	气体组分在空气中（大气）所占的比例（%）	气体组分在油中的溶解气体中所占的比例（%）
N_2	79	71
O_2	20	28
其他气体	1	1

氧的存在是油质劣化的根源，但是任何一个化学反应，如果没有催化剂的作用，反应是很缓慢的，在变压器内部存在着对化学反应起促进作用的催化剂和加速剂，因此油质的劣化就是一个必然的过程。

2. 催化剂

所谓催化剂是能加快油质劣化的化学反应速度，而其本身在这一过程中不会消耗的物质。对油质劣化起催化剂作用的物质为水分和铜、铁等材料。

（1）水分。水分是油氧化作用的主要催化剂。它可以通过大气中的湿气侵入变压器油中，同时纤维素所吸附的水分或是纤维素老化形成的水分也可浸入油中。

（2）铜、铁材料。许多化学反应在铜、铁的存在下会加速其氧化过程，对于变压器设备而言，其内部有大量的铜导线材料、铁芯及外壁铁材料，这是使油氧化的重要催化剂。

3. 加速油质劣化的因素

有些外界因素也会增加油的氧化速度，这些因素被称之为“加速因素”。它由下列诸因素构成：

（1）热。绝大多数的化学反应，热量或者说温度是一种主要的反应加速因素，而油与氧的化学反应速度取决于变压器运行时的工作温度（即油温）。如，油温在75℃时，大约需要5天油就能与氧反应，反之在油温50℃时，该反应约需几个月的时间。

（2）震动与冲击。变压器因磁致伸缩、电动机械等造成的震动或其内部受到突然的冲击也能加速油与氧的化学反应过程。

(3) 电场。研究表明，即使在较低的电场条件下，油受氧的氧化作用也会加速进行，这可从表3-10中看出。在49kV/cm电场强度下，油吸收氧的能力提高了70%，介质损耗增加了近1倍，水分含量增加了5.6倍。

表3-10　变压器油在不同电场强度下的氧化性

项　目	电场强度（kV/cm）		增加倍率（%）
	0	49	
酸值（mgKOH/g）	0.10	0.13	130
水溶性酸（mgKOH/g）	0.032	0.049	153
水分（%）	0.003	0.017	566
介质损耗因数（70℃）	5.5	10.7	195
吸收O_2含量（mL/100g油）	28.5	48.5	170

在气态老化产物中常可观察到有大量的氢、甲烷和二氧化碳存在。在电应力下可观察到油劣化的其他现象：①沉淀中的可见粒子更大了；②杂质沉淀聚集在场强度最大的区域；③沉淀并不是均匀分布的，而是形成分离的细长条，同时按电力线方向排列。

由于电应力场增大，可导致：①妨碍热传导作用；②使纤维素绝缘材料的机械强度丧失，加速它的老化；③对变压器的绝缘形成导电的“桥”，导致绝缘电阻降低；④在电应力下也加速生成了更多的水。

4. 纤维素材料

有资料表明，纤维素材料对油质劣化的过程也会产生叠加效应，就是说油质劣化对纤维素材料有促进老化的作用；反之，纤维素材料的老化会更加速油质劣化的进程。

上述各种因素都影响着油氧化过程，一旦氧化开始以后，就很难抑制，各种影响因素互相影响、促进氧化反应，最终导致油质变坏。

(二) 油分解的化学过程

油的氧化过程是非常复杂的，其反应本质至今还没有一个完满的理论加以解释，这是因为油本身分子结构组成的复杂性以及外部氧化条件的多变性。目前，关于油自动氧化理论比较集中的有过氧化物理论和链锁反应学说。

1. 过氧化物理论

这一理论的核心，是将氧分子（O_2）看成不饱和的化合物，它不需经过解离成原子而直接用整个分子去同被氧化的物质相结合，所以氧化的最初阶段是烃分子直接与氧分子相结合而生成过氧化物。这种过氧化物是极不稳定的，它会进一步去氧化其他难以氧化的物质，这种氧化作用发生时，氧分子中的一个链断开而生成活性基，这种活性基与其他物质接触时则发生自动氧化反应，其过程可表示为

$$A+O_2 \longrightarrow AO_2$$

$$AO_2+B \longrightarrow AO+BO$$

式中　A——易被氧化的物质；

B——难以氧化的物质；

AO_2——过氧化物。

新生成的过氧化物，即氧化的中间产物，也可发生分解，而生成醇、醛、酮、酸。它在分解时可以放出大量的热量（约为10.5kJ/mol），因此又能促使新的烃类发生氧化作用生成新的过氧化物。油中过氧化物的存在已被试验充分证明。

2. 链锁反应学说

油的氧化反应按理说是很难进行的。这是因为O_2分子即O=O双键的断裂需要很高的能量，约490kJ/mol，而油中的C—H键的键能为33.5～42kJ/mol，因此理论上油的氧化反应，应在很高的温度下（1000～1400℃）才能进行。其实不然，许多烃类的氧化却是在较低的温度下进行的，其原因就在于O=O首先断裂一个键，并与油中活泼的自由基生成过氧化物，以后的反应之所以能够进行，就是链锁反应的结果。

（1）链锁反应的原理。油的氧化是个链锁反应，而链锁反应的产生和发展是自由基引起的，所以自由基可看做是链锁反应的引发剂。

自由基又称为游离基，它是分子在外力作用下原子间的价键遭到破坏，形成了具有未成对的价电子的原子或原子团，这种原子或原子团称为自由基。一般在外界因素（光和热等）的作用下，非常容易生成自由基，如

$$Cl_2 \xrightarrow{光} Cl\cdot + Cl\cdot$$

$$CH_4 \xrightarrow{热} CH_3\cdot + H\cdot$$

自由基是非常活泼的原子或原子团。自由基和分子反应的活化能只需几千焦，而饱和键间的反应需要上百千焦的能量，这就说明，自由基和分子的反应，比起分子和分子间的反应所需的活化能有着非常显著的差别。

自由基又分为活性的、非活性的两种。绝大多数的自由基因为存在不成对价电子而具有很强的化学反应能力，它们是活性自由基，活化能很低，只有约40～80kJ/mol。所以自由基发生反应要比通常的分子反应容易得多，当有活性自由基存在时，即使外界不供应什么能量也能将反应自动继续下去。

（2）链锁反应的过程。有游离基参加的反应中游离基从产生到消灭所走过的轨迹便称为链。这个链越长，中间产生的游离基越多，整个过程就进行得越快。

1）链产生阶段。就是指在氧化反应的初期产生具有高度活性的自由基阶段，它是链锁反应能继续进行下去的最重要的一步，当有氧存在时，这种产生自由基的反应进行得更容易一些，即

$$RH + O_2 \xrightarrow{\Delta} \begin{cases} R\cdot + H_2O \\ R\cdot + HO\cdot \\ RO_2\cdot + H\cdot \end{cases}$$

2）链的发展阶段。当产生具有高度活性的自由基（$CH_3\cdot$）或自由原子（$H\cdot$）之后，链锁反应就会发展下去。如果只生成一个自由基或自由原子，此种反应称为无支链的链锁反应，即

$$CH_3\cdot + O_2 \longrightarrow CH_3OO\cdot \text{（过氧化物自由基）}$$

$$CH_3OO\cdot + CH_4 \longrightarrow CH_3OH + CH_3\cdot$$

（重新出现原来的自由基使链锁反应继续下去）

如果生成的自由基或自由原子有两个或多个时，反应速度就会很快增大，这种反应称为有支链的链锁反应，如

$$CH_3OOH \longrightarrow CH_3O\cdot + HO\cdot$$

（过氧化物分解，产生新的自由基）

$$CH_3O\cdot + CH_4 \longrightarrow CH_3OH + CH_3\cdot$$

$$\cdot OH + CH_4 \longrightarrow H_2O + CH_3\cdot$$

3）链的中止阶段。自由基或自由原子，如果和容器相撞，则自由基不会发生传递作用，而自相结合生成分子，使链反应中断，反应式为

$$CH_3\cdot + CH_3\cdot \longrightarrow CH_3{-}CH_3$$

在实际中，链反应的中断是有意义的，它可减缓油的氧化速度，如抗氧化剂的作用机理就在于此。就是说在自由基产生的初期，油中的抗氧化剂能与自由基发生反应生成比较稳定的物质，也就是说抗氧化剂能够消灭自由基。因此在初始的相当长时间内，油的氧化速度是很缓慢的。

综上所述，油的链锁反应，即一个自由基出现以后，导致氧化反应的发生，并生成氧化的中间产物，而由于中间产物的分解产生新的自由基，使氧化反应不仅继续进行，而且不断发展，这就是油氧化的基本原理。

二、油氧化的特性及分解产物

油的氧化是一个必然的过程，现有的技术只能延缓，而不能彻底阻止这一过程。

（一）油氧化的特性

油中含有三种主要烃类化合物，带侧链芳香烃的抗氧化能力最小，烷烃次之，而环烷烃的抗氧化能力最强。

1. 芳香烃

没有侧链的芳香烃很稳定，只有很小的概率发生核的分裂（即芳香环开裂），芳香烃的氧化产物为酚和缩合物；而带有侧链的芳香烃，其抗氧化能力则急剧下降，侧链越多、链越长，则其越易氧化。

2. 环烷烃

比芳香烃易被氧化，其被氧化的倾向随分子结构复杂性的增加而增加，并且随其分子量的增加，其抗氧化能力下降。环烷烃的氧化产物主要是酸和羟基酸，也有少量的缩合产物——树脂。

3. 烷烃

烷烃的被氧化的倾向随温度的升高而增强，它的氧化产物主要是羧酸、醇、醛、酮、醚。当其进一步深度氧化时（如高温或长时间），或有分支结构时，烷烃才生成羟基酸及其缩合产品和少量树脂。

4. 混合烃的氧化

当几种烃混合氧化时，其表现的特性和它们单独存在时的氧化不一样，无侧链的芳香烃，本来单独存在时比环烷烃要稳定，但和环烷烃同时存在时，芳香烃首先被氧化。这里芳香烃实际上起了阻止环烷烃被氧化的作用，即起到了抗氧化的作用。油品的组成以混合烃居多，如果在精制的过程中，过分强调精制深度，则会将芳香烃过多的除掉，从而使油品的抗氧化性能变差。

（二）油的分解产物

油在使用中，一旦生成了系列的过氧化物，这种不稳定的化合物就开始了链的反应。一般都

认为油质劣化过程经过三个阶段（即诱导期阶段、反应期阶段和迟滞期阶段），其主要的分解产物为过氧化物、水溶性酸、低分子酸（它能充分地被纤维素吸附）、脂肪酸、水分、醇类、金属皂类（包括环烷酸铜及环烷酸亚铁）、醛类、酮类、清漆、沥青质油泥。

油质劣化过程的终结阶段是生成油泥，油泥的出现就标志着油的氧化过程已进行了很长时间，油泥是一种树脂状可部分导电的物质，能适度地溶于油中。

上述油的劣化产物只是油在正常氧化过程中的产物，而如果在高温及电弧的作用下，油的碳链发生断链和脱氢，则会有低分子烃类气体生成。

三、油质劣化的危害性

油品开始氧化后，油中含有一系列不稳定的过氧化物，变压器内纤维素（纸）材料很容易与过氧化物反应，生成氧化纤维素。这种化合物机械强度差，造成绝缘材料的脆化，它是经受不住电压波所产生的冲击的。

随着油品氧化程度的加深，油中含有各种酸及酸性物质，它们会提高油品的导电性，降低油的绝缘性能。在运行温度较高（如 80℃以上）时，还会促使固体纤维质绝缘材料的老化，尤其是油中含有较多量的低分子水溶性酸，油中又有水时，就会降低设备的电绝缘水平，缩短设备的使用寿命。油中的酸性物质还会使设备构件中所使用的铜、铁、铝等金属材料腐蚀，而所生成的金属盐又是油进一步氧化反应的加速剂，更加速了油的氧化过程。酸本身也是油氧化的加速剂，使油氧化产生更多的酸。

油质深度劣化的最终产物是油泥。油泥是一种树脂状的部分导电的物质，能适度地溶于油中，但最终它将会从油液中沉淀出来并形成黏稠状的沥青质，附着在绝缘材料、变压器的壳体边缘的壁上，沉积于循环油道、冷却散热片等地方。油泥会造成恶劣的后果，它不仅会加速固体绝缘材料的破坏，导致绝缘收缩，这种收缩会造成变压器丧失吸收冲击负荷的能力，而且会严重影响散热，引起变压器线圈局部过热，使变压器的工作温度升高，造成必须降低运行变压器的额定出力才能安全运行。

四、纤维素绝缘损坏的老化及危害

纤维素老化的定义是由机械和电气强度的损失而导致的绝缘材料的损坏。纤维素的老化包括化学的变化和物理的变化。

由于油的氧化和纤维素的氧化两者之间相互影响、相互促进，因此在涉及油的氧化变质时，也应该了解纤维素的氧化劣化的情况，以便采取有效的防护措施，延长变压器的运行寿命。

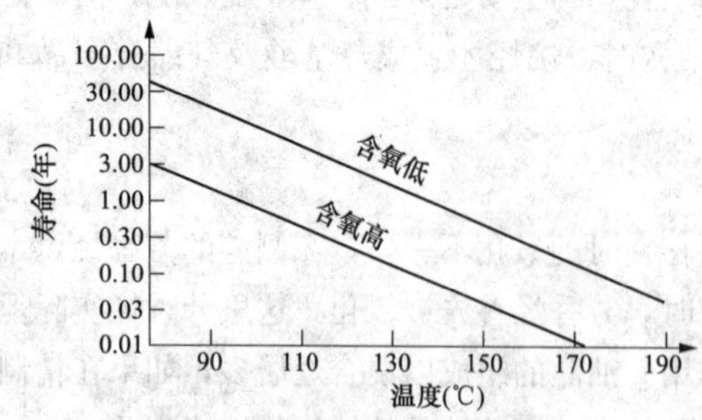

图 3-5 纤维素寿命与运行温度及油中含氧量的影响关系

（一）老化

1. 氧化老化

随着运行温度升高且施加电压的时间延长，在有催化剂（如铜）存在的情况下，纤维素会与油中或空气中的氧作用发生氧化老化。

为了阻止纤维素的老化和老化产物的生成，要求运行变压器油中的含氧量要低。图 3-5 所示为纤维素寿命与运行温度及油中含氧量的影响关系。寿命终点的定义为 $DP=200$（聚合度）。

由图 3-5 可以看出，在同样的运行温度条件下，一个油中含氧量低的绝缘系统要比一个油中含氧量高的绝缘系统的寿命要长 10 倍以上。或者可以说，一个无氧的绝缘系统比一个含氧的绝缘系统运行温度高 20℃时反而不会对系统产生有害的影响。

变压器油面上的空间有氧或无氧存在，将会对变压器的老化产生影响。变压器油箱的结构可将进入设备中的空气和水分限制到最小程度，虽然这些结构的措施主要是用来保护油的，但对固体绝缘也有保护作用。

油浸设备中的变压器油通常以自身的氧化来阻断氧化过程和带走会加速纤维素分解作用的热量来阻止固体绝缘的老化。但是，由于油本身的老化会生成过氧化物、有机酸和水，而所有这些产物都会加速纤维素的老化过程。它们会使纤维素产生氧化纤维素和酸式水解纤维素，这两种产物都对纤维素的破坏作用很大。

运行油温对纤维素的影响也是很大的，一般情况下进行温度每升高 8℃左右，纤维素的化学反应速度就有加倍的趋势，还有人提出 6℃规则，即每升高 6℃，化学反应的速度就增加 1 倍。这种由温度诱发的纤维素分解，其结果是纤维素绝缘变硬和变脆。如果再有氧的介入，则纤维素的分子链会断开，使纤维素链更短，其结果是降低了纤维素绝缘的抗弯曲和抗拉伸的强度。

2. 解聚作用

纤维素在高温下的化学分解就是解聚作用，也就是纤维素的结构被破坏而生成短链的化合物。即使在无氧存在时，在高温下纤维素的聚合链也会被降解为短的单元。通常这种降解反应比氧化作用要慢得多，但在高温时，它就变成了一个重要的因素。纤维素的化学键被破坏的最终结果将会造成低分子物质的蒸发、流动，也就是说纤维素绝缘的形状、强度或其他性质发生了改变。

3. 水解

这种形式的化学变化是水与纤维素发生反应，于是也产生了另外一种形式的解聚作用。

4. 其他影响

许多其他的化学反应也能破坏绝缘材料。例如，由于电解和火花放电或电晕放电而诱发的反应以及某些材料氧化后的分解而产生的氯化氢等都会影响到绝缘材料的破坏。

（二）纤维素老化的危害

1. 纤维素材料断裂

当水分从纸张转移到变压器油中时，尽管此时变压器仍可以保持足够的击穿强度，但是，纤维素纸张会脆化。脆化了的纤维素材料若含水量不太大，仍然具有良好的绝缘性能。但如果变压器受到振动、短路或操作波的影响，则纤维素纸绝缘会产生机械变形，而发生纤维素材料的剥落，严重损害变压器的寿命。

2. 纤维素材料机械强度的下降

纤维素材料的机械强度随加热时间的延长而成比例地下降。

3. 纤维素材料的收缩

温度过高可使纤维素脆化，致使纤维素材料收缩。由于纤维素材料的收缩，而使线圈在振动或冲击波电压作用下发生额外的移动。

思考题

1. 简述变压器的基本结构。
2. 简述变压器油的基本特性。
3. 简述变压器油的烃类成分组成及各成分的化学特性。
4. 简述变压器油运行中劣化的原因。
5. 简述变压器油劣化后的危害。

第四章　磷酸酯抗燃油

随着电力工业的发展，高参数、大容量汽轮机发电机组的过热蒸汽温度已达到540℃以上，超超临界机组的蒸汽温度甚至达到600℃。汽轮机调节系统大多靠近过热蒸汽管道，工作油压高达14.5MPa，如果采用矿物汽轮机油（自燃点只有350℃左右）作为调节系统液压工作介质，一旦发生油泄漏，导致火灾的危险性极大。20世纪70年代末，据德国一家保险公司统计，电站火灾事故中有94%发生在汽轮机的油系统，其中约49%发生在液压系统，45%发生在润滑系统。因此，为了提高发电厂的防火能力，降低消防成本，汽轮机的调节系统已广泛采用磷酸酯抗燃油作为液压工作介质。

第一节　磷酸酯抗燃油的概念及特性

一、磷酸酯抗燃油的基本概念

通常人们所熟悉并大量使用的润滑油和液压油是从石油中提炼的，称为矿物油。而抗燃油是用化工原料通过化学合成方法制备的，称为合成润滑剂或合成液压液，因为具有良好的抗燃特性，我们日常应用中习惯称为抗燃油。具有抗燃性的合成润滑剂和液压液种类繁多，如油-水乳化液、卤代烃液压液、多元醇酯、水-乙二醇液压液等。电力系统用的抗燃油的主要成分为三芳基磷酸酯，应准确地称为三芳基磷酸酯抗燃液，简化称为磷酸酯抗燃油。

磷酸酯抗燃油并非不能燃烧。此处所谓的抗燃是指在特定的条件下难以燃烧的程度以及如果燃烧的话，火焰不致传播的趋势。

二、磷酸酯抗燃油的分类

磷酸酯抗燃油在汽轮机组调节系统中是作为液压油使用的，有的核电站还用作汽轮机润滑系统的润滑介质。国际标准ISO 6743/4将液压油分为两大类，一类为以矿物油为基础的液压油（另有分类方法）；另一类为抗燃液压液。抗燃液压液的分类见表4-1。

表4-1　抗燃液压油的ISO分类

主要组成	ISO代号	特　点
水包油乳化液	HFA	HFAL无抗磨性；HFAM有抗磨性
油包水乳化液	HFB	HFBL无抗磨性；HFBM有抗磨性
水-乙二醇液压液	HFC	HFCL无抗磨性；HFCM有抗磨性
磷酸酯液压液	H(F)DR	不含水
卤代烃液压液	H(F)DS	不含水
磷酸酯和卤代烃混合液	H(F)DT	不含水
其他合成液压液	H(F)DU	不含水

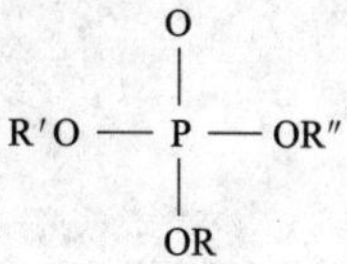

$$R'O-\overset{\overset{\large O}{\|}}{\underset{\underset{\large OR}{|}}{P}}-OR''$$

图 4-1　磷酸三酯结构通式

磷酸酯抗燃油在 ISO 的分类中属于 H(F)DR 类。

在表 4-1 中列举的抗燃液压液中，磷酸酯是应用较普遍的一种。磷酸酯因酯化程度不同分为磷酸一酯、磷酸二酯和磷酸三酯，通常只有磷酸三酯才适合作抗燃液压油，其结构通式如图 4-1 所示。

通式的分子结构中至少有一个酯基 R 是有机基团，其余的可为有机基团或 H 原子，酯基 R 可以是相同的也可以是不同的，如果三个酯基 R 都是芳香基团，就是三芳基磷酸酯。三芳基磷酸酯的黏度、闪点、自燃点、热分解温度均较高，适合于防火要求较高的液压系统作为液压工作介质，目前主要用于航空、军工、电力和冶金等行业。

磷酸酯抗燃油按酯基的不同可分为芳基磷酸酯、烷基磷酸酯和芳基-烷基磷酸酯三类，部分磷酸酯的其化学结构及应用范围见表 4-2。

表 4-2　　　　**磷酸酯抗燃油的类别和用途**

种类	代表性产品	化学结构	用　途
芳基磷酸酯	二叔丁基-苯基磷酸酯	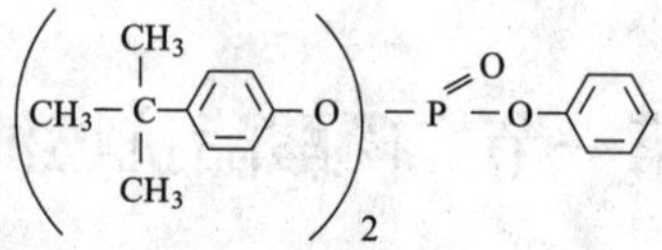 $\left(CH_3-\overset{CH_3}{\underset{CH_3}{C}}-C_6H_4-O\right)_2-P(=O)-O-C_6H_5$	高温抗燃液压油
	甲苯基二苯基磷酸酯	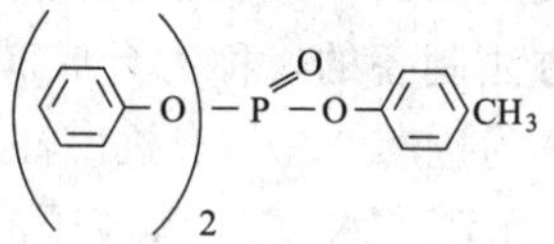 $\left(C_6H_5-O\right)_2-P(=O)-O-C_6H_4-CH_3$	抗燃液压油
	三甲苯基磷酸酯	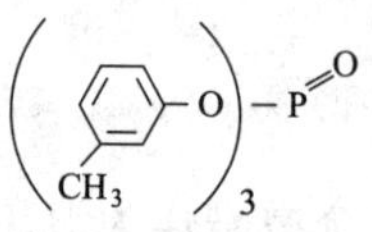 $\left(CH_3-C_6H_4-O\right)_3-P=O$	抗燃液压油、压缩机油
	三（二甲苯基）磷酸酯	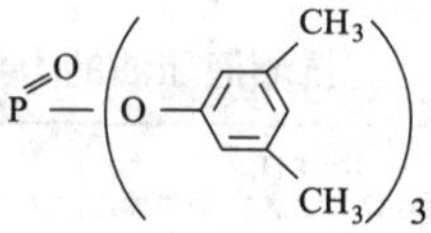 $O=P-\left(O-C_6H_3(CH_3)_2\right)_3$	抗燃液压油、轴承油、抗燃汽轮机油
	苯基异丙苯基磷酸酯	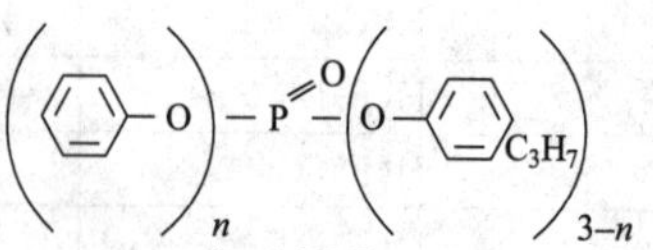 $\left(C_6H_5-O\right)_n-P(=O)-\left(O-C_6H_4-C_3H_7\right)_{3-n}$ $(n=0,1,2,3)$	绝缘油、电容器油

续表

种类	代表性产品	化学结构	用　途
烷基磷酸酯	三丁基磷酸酯	$(H_9C_4-O)_3-P=O$	航空抗燃液压油
芳基-烷基磷酸酯	二丁基-苯基磷酸酯	$(H_9C_4-O)_2-P(=O)-O-C_6H_5$	航空抗燃液压油
	丁基二苯基磷酸酯	$H_9C_4-O-P(=O)(O-C_6H_5)_2$	航空抗燃液压油

三、磷酸酯抗燃油的性能特点

抗燃油必须具备难燃性，但也要有良好的润滑性和氧化安定性、低挥发性和良好的添加剂感受性。磷酸酯抗燃油的突出特点是比石油基液压油的蒸汽压低，没有易燃和维持燃烧的分解产物，而且不沿油流传递火焰，甚至油分解产物构成的气体燃烧后也不会引起整个液体着火。部分合成抗燃液压油与矿物油的特性对比见表 4-3。

表 4-3　　各种抗燃液压油和矿物油的特性对比

油品种类	黏温性	挥发性	热安定性	氧化安定性	水解安定性	难燃性	润滑性	添加剂感受性
石油基油	好	差	好	可	优	差	可	优
磷酸酯	较好	可	可	好	可	优	优	好
硅酸酯	优	好	优	好	可	可	好	好
硅油	优	优	好	可	优	可	差	差
水-乙二醇	好	差	可	好	优	优	差	好
乳化液	好	差	可	好	优	可	差	好
合成烃	好	好	优	可	优	可	好	好

部分三芳基磷酸酯的物理性质见表 4-4。

表 4-4　　部分三芳基磷酸酯的物理性质

芳基名称	分子量	密度（g/cm^3）	运动黏度（mm^2/s）		倾点（℃）
			100℃	40℃	
三甲苯（商品）	386	1.161	4.37	35.4	−26
三-二甲苯（混合）	410	1.110			—
三-（2，4-二甲苯）	410	1.139	7.71	201.3	—
三-（3，5-二甲苯）	410		6.39	94.1	—
甲苯二苯基	340	1.205	3.25	17.51	−34
二甲苯苯基	354	1.180	3.79	24.9	−28.9
α-萘基二苯基	376	1.250	5.94	65.0	—
β-萘基二苯基	376	1.240	5.58		

四、磷酸酯抗燃油的生产

电力工业使用的三芳基磷酸酯抗燃油，其合成的工艺方法有四种。

(1) 方法一的反应式为

$$3ArOH+PCl_3 \xrightarrow{-3HCl} (Ar-O)_3P \xrightarrow[+H_2O]{+Cl_2} (Ar-O)_3P=O+2HCl$$

(2) 方法二的反应式为

$$3ArOH+PCl_3 \xrightarrow{-3HCl} (Ar-O)_3PCl_2 \xrightarrow[-2HCl]{+H_2O} (Ar-O)_3P=O$$

(3) 方法三的反应式为

$$3ArOH+H_3PO_4 \longrightarrow (Ar-O)_3P=O+3H_2O$$

方法三的反应式中 ArOH 代表甲酚、二甲酚、异丙酚、叔丁酚等酚类同系物。方法一和方法二采用两步法合成，比较繁琐。方法一的第二步需要用氯气氧化，自由基氯容易在苯基侧链上发生氯取代反应，引入结构性氯，不能除去，造成油中氯含量高；而方法三虽然可以生成纯净的三芳基磷酸酯，并且反应产物无氯出现，但反应本身是一种平衡反应，不能进行彻底，而且反应条件比较苛刻。所以上述三个方法目前工业生产基本不用。

(4) 方法四的反应式为

$$3ArOH+POCl_3 \xrightarrow{\Delta} (Ar-O)_3P=O+3HCl$$

方法四是热法合成工艺，由于无游离氯参加反应，反应产生氯化氢可以通过碱洗的方法除去，因此产品中氯含量均小于 0.005%，符合抗燃油质量标准要求。

目前电力工业用磷酸酯抗燃油主要采用热法工艺方法生产，生产原料中酚（ArOH）的结构和苯环上的侧链位置对合成的三芳基磷酸酯抗燃油的性能有很大影响。采用合成酚（甲酚、二甲酚、异丙酚、叔丁酚等）为原料，其纯度高，邻位取代酚含量小（≤3%）生产的磷酸酯抗燃油（简称 EHC-S），属于基本无毒类；而用煤焦油提炼的酚为原料合成的抗燃油（简称 EHC-N），毒性视邻位基团含量大小而定。从煤焦油提炼的酚，如果其邻位取代酚的含量太高时，不能作为合成磷酸酯抗燃油的原料。

磷酸酯抗燃油的性能与其合成原料的化学结构有很大的关系。例如：增加苯环的数目，会提高热稳定性和抗燃性；而烷基的引入可改善油品的黏温特性和电阻率。因此，在磷酸酯抗燃油生产过程中，选择合适的苯环数目及其烷基侧链是十分重要的，其中取代基R可以相同，也可以不同。

目前电力行业用的磷酸酯抗燃油都是采用不同黏度的磷酸酯按比例进行混配而成，以满足汽轮机调节系统对黏度的要求。

第二节　汽轮机调节系统的组成和功能

磷酸酯抗燃油主要用于汽轮机调节系统（见图4-2）作为液压工作介质，该系统主要由供油系统、执行机构和危急遮断系统三大部分组成。辅助有再生过滤系统、冷却系统和蓄能器等。供油系统是一个油储存和输送循环中心，向油系统提供稳定的高压油，以此来驱动执行机构；执行机构响应从DEH送来的电指令信号，由伺服阀转化为液压控制信号，通过油动机调节汽轮机各蒸汽阀门的开度；危急遮断系统是由汽轮机的遮断参数所控制，当这些参数超过其运行限制值时，危急遮断系统发出信号，通过液压控制系统关闭汽轮机蒸汽进汽阀门，或关闭调节汽阀，以保证汽轮机正常安全运行。从而满足机组启动（冲转、升速、并网和接带负荷）、调频（单调或单机运行）、负荷调度（厂内或调度中心遥控）、甩负荷和停机等各种运行工况对调节功能的要求。调节系统的心脏是伺服阀。单向伺服阀的结构见图4-3。

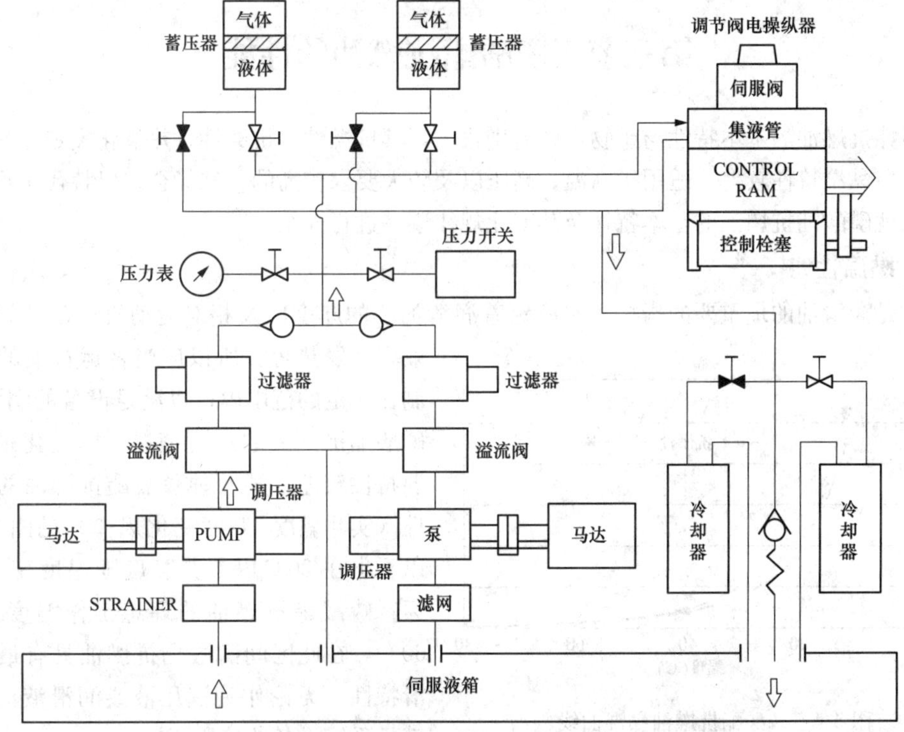

图4-2　汽轮机电液调节系统

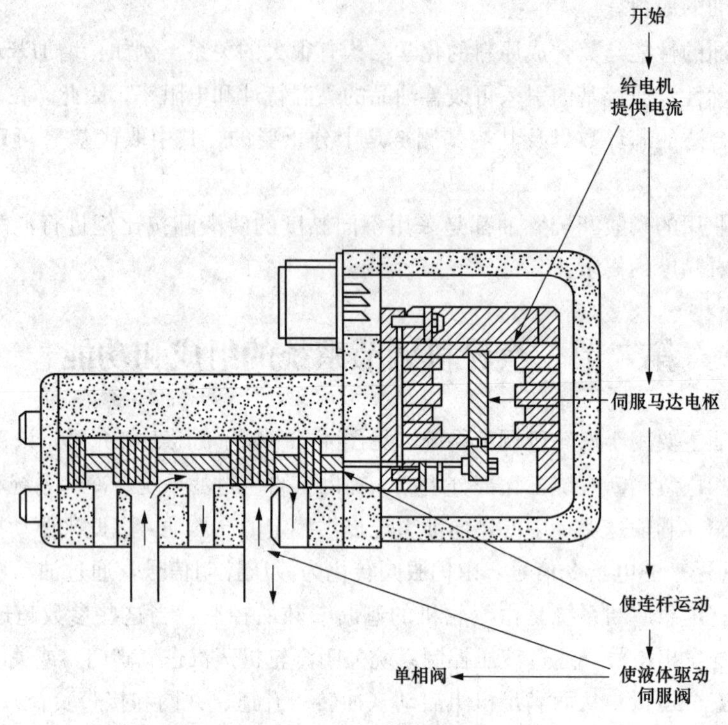

图 4-3　单向伺服阀

第三节　磷酸酯抗燃油的性能

磷酸酯抗燃油的基本特性与矿物油的差别很大，其抗燃性、抗磨性、热氧化安定性等远优于矿物油，但黏温特性较差，适用于高温、高压以及防火要求较高的特殊场合，以替代矿物油。

本节就磷酸酯抗燃油的基本特性及其变化规律逐一进行介绍。

一、黏温性能

黏度是润滑油的最重要的指标，它决定着润滑油膜的厚度以及相对运动机械部件间的机械效率、发热等。所以应当将运行油的黏度控制在一定的范围内，以满足设备的润滑要求。磷酸酯抗燃油的黏度随温度的变化很大，黏温特性较差。某两种磷酸酯抗燃油的黏温特性（实测黏度-温度变化规律）见图 4-4，可以看出在 20℃以下其黏度随温度变化很大。运行磷酸酯抗燃油的理想工作温度为 30～60℃，在此区间磷酸酯抗燃油具有最好的润滑特性，无论作为液压液或润滑液，可充分满足系统设备的使用要求。

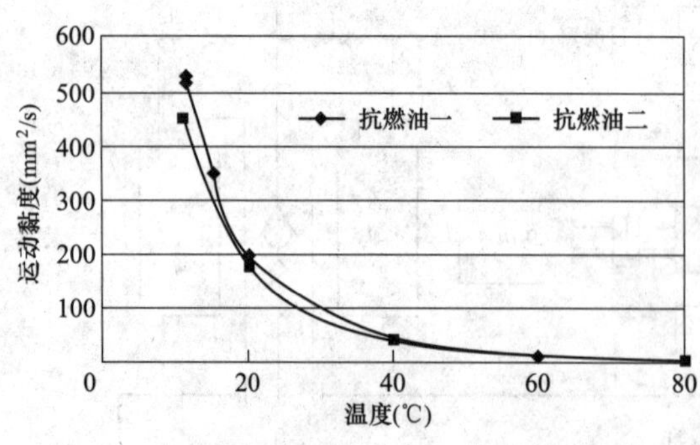

图 4-4　磷酸酯抗燃油黏温曲线

二、抗燃性

磷酸酯抗燃油的抗燃性用其自燃点指标来表征。磷酸酯抗燃油在较高的温度下不发生自燃(如热板试验的着火点达到700～800℃)，当温度更高，燃烧条件又很充分时，磷酸酯抗燃油即使燃烧，也不传播火焰，当切断热源后，火焰会自动熄灭，燃烧停止。

磷酸酯的抗燃机理在20世纪70年代就已提出，该理论认为，磷酸酯受热后首先分解生成酸，即

$$R-O-\overset{|}{\underset{\|}{P}}\longrightarrow \text{烯烃}+HO-\overset{|}{\underset{\underset{O}{\|}}{P}}$$

所生成的酸进一步加热聚合生成聚合酸，即

$$nHO-\overset{|}{\underset{\|}{P}}-OH\xrightarrow{\text{加热}}HO\left[\overset{|}{\underset{\|}{P}}-O\right]_n H+(n-1)H_2O$$

该聚合酸是一种强脱水剂，特别是对于含羟基的物质，会促使其脱水生成碳化物，产生大量的水分，从而阻止了燃烧。除此之外，还会生成不挥发的磷氧化合物作为炭渣的熔剂而遮蔽火焰。因此在切断热源之后，火焰会自动熄灭。

另外，也有研究表明，磷酸酯在燃烧过程中形成PO类型的裂片。这些PO裂片在火焰的热域里通过与氢原子再结合，从而阻滞了火焰，其主要反应为

$$PO+H(\text{在 }H_2O\text{ 和 }N_2\text{ 存在下})\longrightarrow HPO+POH$$

$$HPO\text{ 或 }POH+H\longrightarrow H_2+PO$$

磷酸酯的抗燃性不能用测石油产品的闪点、燃点的方法判断，而用它的自燃点来衡量。所谓自燃点就是在规定的加热条件下，油品不接触明火而自发着火的温度。由于磷酸酯的热稳定性好，不易分解，挥发性低，所以其自燃点较高。

评价磷酸酯抗燃性的方法很多，这些方法都是模拟实际使用过程中可能发生的着火的情况而设计的，如金属热歧管试验、热板试验等。表4-5为常用磷酸酯的抗燃性能试验结果，表4-6为磷酸酯抗燃油与矿物汽轮机油在一些特定的试验条件下的抗燃性的对比结果。

表4-5　常用磷酸酯抗燃性能

名称	开口闪点（℃）	燃点（℃）	自燃点（℃）（圆底烧瓶法）	热歧管着火试验		热板抗燃着火温度（℃）
				510℃	704℃	
三正丁基磷酸酯	150	188	426	通过	着火	—
混合三甲苯基磷酸酯	224	360	—	通过	通过	＞800
三甲苯基磷酸酯	240	322	650	通过	通过	＞800
三-（二甲苯基）磷酸酯	245	340	650	通过	通过	＞800

表4-6　磷酸酯抗燃油与矿物油抗燃性能对比情况

类别	自燃点（℃）（三角瓶法）	喷雾点火试验	热歧管试验	热板抗燃试验（℃）	熔融金属着火试验	灯芯点火扫描试验（次）
磷酸酯	＞530	不燃烧	不燃烧	700～800	不燃烧	80
矿物汽轮机油	约350	突然燃烧	瞬时燃烧	450	立刻燃烧	3

电力行业用的磷酸酯抗燃油一般为三芳基磷酸酯的混合物，自燃点一般在530℃以上，而矿物汽轮机油的自燃点只有350℃左右。现代大型火电厂的蒸汽温度都在540℃以上，而汽轮机调节系统大都靠近过热蒸汽管道，如果采用汽轮机油作为调节系统的工作介质，一旦发生泄漏，必然着火，引起火灾。而使用磷酸酯抗燃油作为调节系统的工作介质，则可以大幅度地降低因油泄漏而引起火灾的危险性。

三、介电性能

磷酸酯抗燃油的介电性能用其电阻率指标表征，磷酸酯抗燃油用于电液调节系统工作介质时，提高磷酸酯抗燃油的电阻率可以减少因电化学腐蚀而引起的伺服阀等调节系统部件的损坏。

对汽轮机调节系统伺服阀的损坏研究表明，引起伺服阀内漏量增加主要是由于伺服阀的腐蚀磨损引起的，而伺服阀的电化学腐蚀与磷酸酯抗燃油的电阻率变化密切相关。关于电阻率与伺服阀电化学腐蚀的定量关系目前还没有明确的研究结果。有的研究者认为，在金属与油的接触表面会形成一个双电层，这个双电层是由附着在金属表面上的稳定层和伸展到油中的扩散层组成。与金属表面平行流动的油可使扩散层的自由电荷发生移动（这些电荷既可以是阳离子，也可以是阴离子），产生移动电流 I_s，当油流过节流孔口或流过阀中的尖角部位如滑阀凸肩处时，由于流动状态及速度发生变化，引起移动电流 I_s 变化，这时就要求电荷从油中或金属得到补充，如果油的电阻率低，电导率大，则电荷很快就从金属得到补充，形成壁电流 I_w，从而引发电化学腐蚀（$Fe \rightarrow Fe^{2+}+2e$）；如果油的电阻率高，则电荷的补充就要通过油中双电层的扩大来完成。金属的电化学腐蚀就会减少或消除。伺服阀腐蚀电流产生示意如图4-5所示。

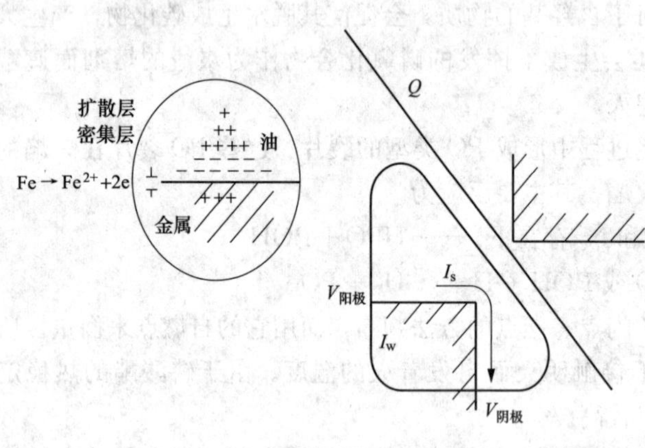

图4-5 伺服阀腐蚀电流产生示意

磷酸酯电阻率的大小与本身的化学组成和油中所含的可导电物质或极性化合物等因素有关。引起磷酸酯抗燃油电阻率降低的因素主要包括以下几方面：

（1）极性污染物。如氯离子，水或油的酸性降解物（如酸性磷酸一酯、酸性磷酸二酯或磷酸盐）。

（2）脏物或颗粒杂质。如磨损的金属碎屑、空气中灰尘污染等。

（3）添加剂。许多合成润滑油中的添加剂是极性物质，如防锈剂、金属钝化剂等，这些物质即使用量很少，也可以对电阻率产生不利的影响。如加入0.1%的酸性抑制剂，就可以使三芳基磷酸酯的电阻率从 $1.9\times10^{10}\Omega\cdot cm$ 下降到 $0.55\times10^{10}\Omega\cdot cm$。

（4）油的温度。虽然系统中油的温度一般控制在40～60℃，但是流经伺服阀的油温可能高的多。其电阻率随温度变化很快，对三芳基磷酸酯的试验表明，当温度从20℃上升到90℃，电阻率则由 $1.2\times10^{11}\Omega\cdot cm$ 下降到 $6\times10^{8}\Omega\cdot cm$。而压力和黏度对电阻率的降低不会起很大作用。

（5）补加了电阻率不合格的磷酸酯抗燃油所引起油的电阻率下降。

油的电阻率与温度、酸值、氯含量及含水量的关系如图4-6所示。

（6）新油的电阻率水平。新油注入系统前应严格控制油的电阻率。

（7）新油注入系统前的系统清洁状况。注油前的油系统应认真进行冲洗过滤，除去因制造或

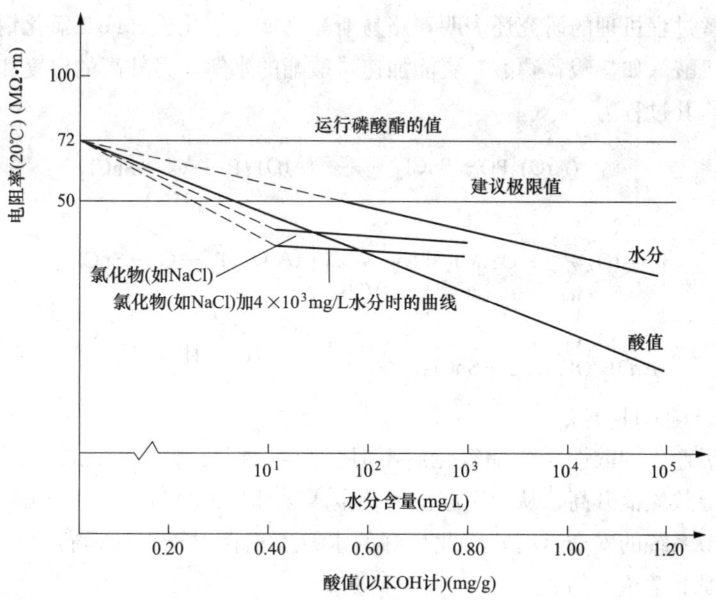

图 4-6 油的电阻率与温度、酸值、氯含量及含水量的关系图

安装过程中向油系统中引入的污染物。

(8) 抗燃油在运行过程中，随着使用时间的延长，油的老化、水解以及可导电物质的污染等都会导致电阻率降低。

抗燃油在运行过程中，应投入旁路再生装置，及时将油老化产生的极性物质或外来污染物除去，使油的电阻率控制在较高水平。

如果油的电阻率低于运行油标准，通过旁路再生装置还不能恢复到合格范围，应采取换油措施，以免引起伺服阀等系统的精密金属部件被腐蚀而危及发电机组的安全运行。

四、抗水解性

磷酸酯抗燃油具有较强的极性，在空气中容易吸潮。在合适的条件下，如剧烈搅拌和酸性物质的存在下，与水分子作用会发生水解。条件不同，水解的程度不同，可生成酸性磷酸二酯、酸性磷酯一酯和酚类物质等，水解产生的酸性物质对油的进一步水解产生催化作用，完全水解后生成磷酸和酚类物质，这个反应可简单用如下反应式表示

$$(ArO)_3PO + H_2O \xrightarrow{H^+} (ArO)_2-\underset{\underset{O}{\|}}{P}-OH + ArOH$$

$$(ArO)_2-\underset{\underset{O}{\|}}{P}-OH + H_2O \xrightarrow{H^+} (ArO)_1-\overset{\overset{OH}{|}}{\underset{\underset{O}{\|}}{P}}-OH + ArOH$$

$$(ArO)_1-\overset{\overset{OH}{|}}{\underset{\underset{O}{\|}}{P}}-OH + H_2O \xrightarrow{H^+} HO-\overset{\overset{OH}{|}}{\underset{\underset{O}{\|}}{P}}-OH + ArOH$$

对磷酸酯水解过程机理的研究还表明，路易斯酸（如三氯化铁、或二氯化锡、氯化锌等）作为催化剂，比无机酸（如盐酸、磷酸）更能加速磷酸酯的水解，另外高的温度和水分含量都会加速磷酸酯的水解，其过程为

$$(ArO)_3PO + SnCl_2 \longrightarrow (ArO)_3\overset{+}{P}—O—\overset{-}{Sn}Cl_2$$

$$\downarrow H_2O$$

$$\left[(ArO)_3P—O—\overset{-}{Sn}Cl_2 \;\; \text{(P—O with H and } H^+\text{)}\right]$$

$$\longrightarrow \left[(ArO)_2\overset{+}{P}(OH)—O\overset{-}{Sn}Cl_2\right] — ArOH$$

$$\downarrow$$

$$(ArO)_2OH \cdot PO + SnCl_3$$

式中　Ar代表 $C_6H_3(CH_3)_2$。

磷酸酯水解后产生的酸性磷酸酯氧化后不但会产生油泥、胶质等沉淀，而且还会促使磷酸酯进一步水解，导致酸值升高，从而引起油系统金属零部件的腐蚀，严重水解会使油发生变质，直接危及电液调节系统的安全运行。因此良好的水解安全性对于保持运行中抗燃油的油质稳定和机组安全运行是非常重要的。

磷酸酯抗燃油水解安全定性的好坏取决于其分子结构和分子量，三芳基磷酸酯的水解安定性优于烷基芳基磷酸酯；在烷基磷酸酯中，正构烷基的水解安定性比异构烷基差；特别是烷基β碳原子上的氢被有机基团取代后，受空间位阻效应的作用，其抗水解性提高；而对于芳基烷基磷酸酯，当烷基链的长度增加时，水解安全性略有改善。三芳基磷酸酯的水解安定性不但取决于分子量，而且和分子结构有很大关系，如甲基位于邻位时，其水解安定性比位于间位和对位的低得多。三芳基磷酸酯的水解安定性大大优于硅酸酯和硼酸酯，而略低于有机酸酯，混合酯比同一取代基酯的水解安定性要高。

用于润滑系统的磷酸酯抗燃油，更要注意水解安定性性能，它对于抵抗水解，延长油的使用寿命非常重要。一些常见的磷酸酯水解安定性试验数据见表4-7。

表4-7　　磷酸酯的水解安定性试验数据

磷酸酯名称	水解安定性试验结果，总酸值（以KOH计）(mg/g)
正丁基二苯基磷酸酯	27.8
正戊基二苯基磷酸酯	19.7
正己基二苯基磷酸酯	16.5
正辛基二苯基磷酸酯	14.6
2-乙基己基二苯基磷酸酯	3.6
正辛基二甲苯基磷酸酯	4.4
三正丁基磷酸酯	4.0
三（2-乙基己基）磷酸酯	0.2
2-乙基己基二甲苯基磷酸酯	1.7
三甲苯基磷酸酯	1.2

五、清洁度

磷酸酯抗燃油的清洁度是指油中存在的固体颗粒杂质的数量及其尺寸分布，用分级的颗粒

污染度指标表征。虽然油的清洁程度与磷酸酯的结构和组成并无直接关系，但是磷酸酯抗燃油在应用于调节系统时，对其清洁程度要求极其严格，所以作为一种特性以及其对调速系统设备的影响在此予以介绍。

由于汽轮机调节系统的工作压力很高（14.5MPa），其伺服阀等精密工作部件的阀套、阀芯间的间隙很小，固体颗粒污染会直接导致伺服阀磨损、卡涩。所以运行磷酸酯抗燃油的颗粒污染度是现场运行中需要关注的首要问题，油中颗粒污染一般来源于油系统部件的磨损、精密过滤器的破损失效，或外界污染源的污染等。

一般情况下运行磷酸酯抗燃油的颗粒污染度级别应控制在 NAS 1638 6 级以内比较安全，有些电厂为了保证生产安全，在企业标准中将颗粒污染度级别控制在 NAS 1638 5 级以内。由于颗粒污染分级标准 NAS 1638 已被 SAE AS4059 取代，2014 年修订的《电厂用磷酸酯抗燃油运行与维护导则》修改为不大于 SAE AS4059 6 级。

颗粒污染度分级标准 SAE AS4059 由美国汽车工程师协会发布，并在标准中说明该颗粒污染度分级是被广泛使用的 NAS 1638 分级标准的扩展和简化。国际标准化组织（ISO）发布了同样的标准（ISO 11218）并声明 ISO 事实上采用了 SAE AS4059 标准。SAE AS 4059 给出了两种分级方法，其分级结果是一样的。

国际标准化组织的 ISO 4406 标准将颗粒污染度分级标准定为由 5μm 以上和 15μm 以上两种尺寸的颗粒数量构成。从图表（见图 4-7）上查出这两种尺寸的颗粒数量的等级，这两种尺寸等

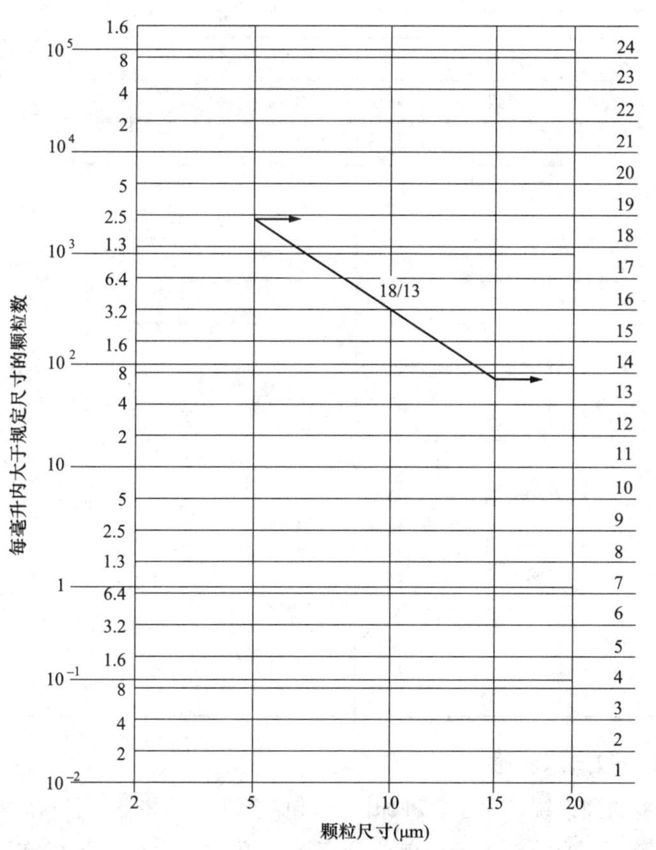

图 4-7 ISO 4406 固体杂质含量分级标准图

级之间的幅度就表示试样的固体颗粒含量或颗粒污染度水平。例如，若测出某一种液体中固体杂质颗粒数目是：5μm 以上的 1.3×10^3，15μm 以上的为 4.0×10。从图 4-7 可以分别查出与两种尺寸数目相应的分级为 18 和 13。据此，按 ISO 4406 分级标准表达方式，该液体的颗粒污染度水平是 18/13。反之，一种液体的颗粒污染度水平为 23/16 时，则从图 4-7 上可以分别查出每毫升液体内颗粒数量：5μm 以上的为 4×10^4，15μm 以上的为 3.2×10^2。

表 4-8 列出了 ISO 分级标准与 NAS、MOOG 分级标准之间的对应关系。

表 4-8　　ISO 分级标准与 NAS、MOOG 分级标准对应关系

ISO 标准	NAS 标准	MOOG 标准	单位容积内颗粒质量含量（mg/L）
26/23			1000
25/23			100
23/20			
21/18	12		
20/18			
20/17	11		10
20/16			
19/16	10		
18/15	9	6	
17/14	8	5	1
16/13	7	4	
15/12	6	3	
14/12			
14/11	5	2	
13/10	4	1	
12/9	3	0	
11/8	2		
10/8			0.01
10/7	1		
10/6			
9/6	0		
8/5	00		
7/5			0.001
6/3			
5/2			
2/0.8			

六、空气释放特性和泡沫特性

运行中的汽轮机组的油系统，由于各种原因，难免会进入一些空气，这些空气在油中表现为气泡和雾沫空气两种形式。油中较大的空气泡能迅速上升到油表面并形成泡沫；而较小气泡上升至油表面比较缓慢，称为雾沫空气。

空气释放特性是指弥散在油中的雾沫空气从油中析出的能力，以空气释放值指标表示。

泡沫特性是油和空气混合产生的泡沫发生在油品表面的现象，即生成泡沫的倾向及其泡沫的稳定性，以泡沫体积表示。

如果空气进入油中后不能及时得到分离，会对机组的安全运行构成较大的危害。如：

（1）改变了油的可压缩性。由于油系统运行压力较高，油中空气的含量随压力升高而增加。当含有空气的油通过动作元件（如伺服阀或转向阀）时，由于节流所造成的局部区域内的油压变化，会使电液控制信号失准，影响操作和控制的准确性。

（2）在高压下，油中空气泡发生破裂，造成油系统压力波动，引起噪声和气蚀振动而损坏设备。

（3）在高压下，气泡破裂时产生瞬间高能及气泡中的氧造成油的氧化劣化。

（4）空气会破坏润滑油膜，可能产生机械的干摩擦。

（5）泡沫会使油箱中出现假油位，造成供油不足，有时甚至会造成跑油事故。

磷酸酯抗燃油的空气释放性和泡沫特性变差一般是由于油的老化、水解变质或油被污染造成的。在运行中应避免磷酸酯抗燃油中引入含有 Ca、Mg 离子的化合物，因为 Ca、Mg 离子与油劣化产生的酸性产物作用生成的皂化物会严重影响油的空气释放性和抗泡沫特性。

磷酸酯抗燃油组成馏分变窄时，泡沫特性指标和空气释放值会得到改善；油系统的回油管路压力对泡沫的产生和空气释放有明显影响（特别是脱气速度）。压力降为 0.1～2.0MPa 时，泡沫破裂速度比压力降为 2.0MPa 以上时快得多。如果采用空气分离器可以提高油的脱气速度。

泡沫问题可通过向油中添加消泡剂解决。在有些情况下，通过再生处理也可改善油的泡沫特性，但需要通过试验确定其可行性。

油中添加消泡剂（如聚甲基硅油）可以加速泡沫破裂，消除泡沫，改善油的泡沫特性。但是由于含硅消泡剂呈细分散状态分布于油中，附着在空气泡的表面，阻碍了空气泡的接近、合并和变大，降低了空气泡的上升速度，从而会影响油的空气释放性。近年来研制的非硅型消泡剂，对消除油面泡沫和油中气泡均有良好的效果。不仅消除油面泡沫效果良好，而且对空气释放性也无影响。由于消泡剂不是溶解于油中，随着油运行时间的延长，消泡剂在油中的分散状态可能会发生变化，从而会影响消泡效果的持续性，因此研究长效消泡剂是磷酸酯抗燃油消泡研究的主要方向之一。

七、润滑性

磷酸酯具有优良的润滑性，它常用作矿物润滑油的极压抗磨添加剂，所以磷酸酯用作抗燃液压油时，不需添加任何其他极压抗磨剂即可满足系统的润滑要求。磷酸酯的抗磨性能在于它在金属表面形成良好的油膜，当金属间产生摩擦时会对金属表面起到化学抛光作用；而且因摩擦而引起局部过热时，磷酸酯还会和金属表面发生作用，形成磷酸盐膜，进一步分解为磷酸亚铁极压润滑膜，从而避免擦伤和烧（黏）结。表 4-9 列出了磷酸酯与矿物油润滑性能的对比试验结果。

表 4-9 磷酸酯抗燃油与矿物油润滑性能比较

项 目	歇尔四球机磨损痕径（mm）		法列克斯试验总磨损量（mg）	α-LFW-1总磨损量（mg）	V-104 叶片泵试验总磨损量（mg）
矿物润滑油	0.57	0.62	126.4	25.0	200
抗磨矿物润滑油	0.40	0.49	8.2	6.0	30
磷酸酯	0.44	0.50	3.6	10.8	20
试验方法，ASTM 负荷（kg）	D-2266 30	D-2266 40	D-2670 317	D-2741 68	D-2882 140
速度（r/min）×时间（min）	1200×30	1500×30	290×15	72×69.4	1200×250h
评价对象	下部三球	下部三球	销＋V 型块	环＋V 型块	销＋环

从表 4-9 中看出，磷酸酯的润滑性能优于矿物油，与抗磨型矿物油相当。

八、热稳定性和氧化安定性

磷酸酯的热稳定性和氧化安定性与其结构有关，三芳基磷酸酯最好，烷基芳基磷酸酯次之，三烷基磷酸酯最差。表 4-10 列出了一些磷酸酯的热稳定性试验数据。

表 4-10 磷酸酯热稳定性试验数据

名 称	质量损失（%）	酸值（mgKOH/g）
三正辛基磷酸酯	3.2	1.55
正辛基二甲苯基磷酸酯	0.4	1.4
正辛基二苯基磷酸酯	0.8	4.8
三甲苯基磷酸酯	0.4	0.60

注 试验温度 150℃，试验时间 24h。

从表 4-10 可以看出三苯基磷酸酯经试验后其质量损失最少，酸值最低，表明其热稳定性最好。

对三芳基磷酸酯的热分解试验是将其置于钢管中，在 Na_2CO_3 和 $CaCO_3$ 存在下，于不同温度下通入空气，空气流速为 60mL/min，试验结果列入表 4-11 中。

表 4-11 三芳基磷酸酯热分解产物

通空气温度（℃）	酸值（以 KOH 计）（mg/g）	分解产生气体的组成（体积比）（%）
	三甲苯基磷酸酯	
200	0.02	
300	0.74	O_2 为 20，无 CO 和 CO_2
400	1.05	CO_2 为 2.3，O_2 为 14.4，无 CO
500	1.87	CO_2 为 2.6，O_2 为 12.1，无 CO

续表

通空气温度（℃）	酸值（以 KOH 计）(mg/g)	分解产生气体的组成（体积比）(%)
三-二甲苯基磷酸酯		
200	0.09	
250	1.80	O_2 为 20.6，无 CO 和 CO_2
350	3.20	O_2 为 19.4，无 CO 和 CO_2
450	4.97	CO_2 为 1.2，O_2 为 16.1，无 CO
600	11.60	CO_2 为 2.6，O_2 为 15.2，无 CO

表 4-11 说明，三芳基磷酸酯在试验条件下分解产生的挥发性产物仅有氧和二氧化碳，无一氧化碳及其他有毒气体。但并不说明在使用过程中其受热（如撒落到保温层中）分解就不产生有害气体。

表 4-12 列出了三芳基磷酸酯和矿物汽轮机油的开口杯试验结果。

表 4-12　　三芳基磷酸酯和汽轮机油的开口杯试验结果

名　称	酸值（以 KOH 计）(mg/g)	沉淀（%）
三-甲苯磷酸酯（异构体混合物）	0.040	0.000
三-二甲苯磷酸酯（异物体混合物）	0.030	0.010
三-(3,5-二甲苯）磷酸酯	0.033	0.003
三-(2,5-二甲苯）磷酸酯	0.066	0.030
32 号汽轮机油	0.200	0.050

从表 4-12 可以看出所试验的三芳基磷酸酯具有较好的氧化安定性，均优于汽轮机油。不同的三芳基磷酸酯的试验结果相当，但 C—O—P 键的苯基邻位有侧链的化合物较易氧化（如三-(2,5 二甲苯基）磷酸酯。

虽然磷酸酯具有较好的热稳定性和氧化安定性，但是，在运行过程中，不可避免地会与空气接触而发生氧化，而高温、水分、金属及油中杂质存在下，又会加速油的氧化。因此，在运行中应严格控制运行条件，保持油质洁净，这对于延长运行油的使用寿命非常重要。

九、挥发性

三芳基磷酸酯的挥发性很低，有侧链时其挥发性更低。在 90℃、6.5h 的动态蒸发试验中，三甲基磷酸酯失重为 0.22%，而 32 号矿物汽轮机油失重为 0.36%，说明磷酸酯抗燃油挥发稳定性比矿物汽轮机油好。

十、与非金属材料的相容性

磷酸酯对某些有机材料有较强的溶解或溶胀能力，在使用磷酸酯时要慎重选择与其配套使用的非金属材料。一般适合于矿物油系统的橡胶、涂料，如氯丁橡胶、丁腈橡胶、普通油漆和聚氯乙烯塑料等不适合于磷酸酯系统，而丁基橡胶、氟橡胶、聚四氟乙烯、环氧和酚醛涂料等可以与磷酸酯相适应。

从与矿物油的互换性考虑，磷酸酯抗燃油系统一般使用氟橡胶和聚四氟乙烯作为密封材料。

磷酸酯能软化、溶胀并最终溶解某些绝缘材料，如电缆常用的绝缘材料聚氯乙烯（PVC，磷酸酯常用作其增塑剂），会使其绝缘性能变差。因此，可能与磷酸酯接触的电缆绝缘材料不推荐使用PVC。适用于矿物油的PVC软管不能用于输送磷酸酯抗燃油，因为溶胀或溶解的PVC进入油中会使油的氯含量升高，泡沫特性、空气释放值和电阻率变差。

磷酸酯与大多数油漆是不相容的。可推荐使用的油漆为环氧树脂漆、聚氨脂漆、酚醛树脂漆等高交联聚合物。

另外，磷酸酯对天然纤维（如棉、毛、麻）及其织品有良好的相容性；对合成纤维中的尼龙、丙烯腈及其织品也有良好的相容性。

磷酸酯抗燃油与一些常用的非金属材料的相容性见表4-13。

表4-13　　磷酸酯抗燃油及矿物油与一些非金属材料的相容性

材料名称	磷酸酯抗燃油	矿物油
氯丁橡胶	不相容	相容
丁腈橡胶（耐油橡胶）	不相容	相容
皮革	不相容	相容
橡胶石棉	不相容	相容
硅橡胶	相容	相容
乙丙橡胶	相容	不相容
氟橡胶	相容	相容
聚四氟乙烯	相容	相容
聚乙烯	相容	相容
聚丙烯	相容	相容
聚氯乙烯	不相容	相容
聚苯乙烯	相容	不相容
尼龙	相容	相容
丁基橡胶	相容	不相容
环氧树脂漆	相容	相容

对于不明性质的非金属材料，必须测定其与磷酸酯抗燃油的相容性。在IEC/ISO的技术规范中规定的方法为ISO 6072《液体与标准的弹性体材料间的相容性》。试验条件为150℃/168h或130℃/168h。试验后测量其体积变化最大为－4％～＋15％，硬度变化最大为±8％，拉伸强度变化最大为－20％，断裂伸长度最大变化为－20％，否则认为是不相容的。

由于磷酸酯具有较强的溶剂效应，能溶解系统中的污垢，使之悬浮于油液中，因此在磷酸酯抗燃油系统中的一些关键部件都要安装过滤器。

十一、腐蚀性

三芳基磷酸酯对金属材料不具有腐蚀性，尤其中性酯不腐蚀黑色金属和有色金属。磷酸酯在金属表面上形成的膜还能够保护金属表面不受水的锈蚀作用。但是，磷酸酯的热氧化分解产物和水解产物对某些金属有腐蚀作用，如铜和铜合金。另外，有资料介绍不主张使用锌和锡，因为锌离子和锡离子会对磷酸酯的水解降解有催化作用。

十二、辐射安定性

三芳基磷酸酯的辐射安定性比矿物油差，在许多不同类型的射线的照射下，磷酸酯均会分解。因此，它不宜用在直接受辐射的设备上。

第四节　磷酸酯抗燃油的使用安全知识

一、磷酸酯抗燃油的毒性

磷酸酯的结构不同，其毒性差异很大，如 2-乙基己基二苯基磷酸酯可用作食品包装袋或泡泡糖的增塑剂，完全无毒。而邻位三甲苯磷酸酯（O-TCP）的毒性很大，其分子结构如图 4-8 所示。

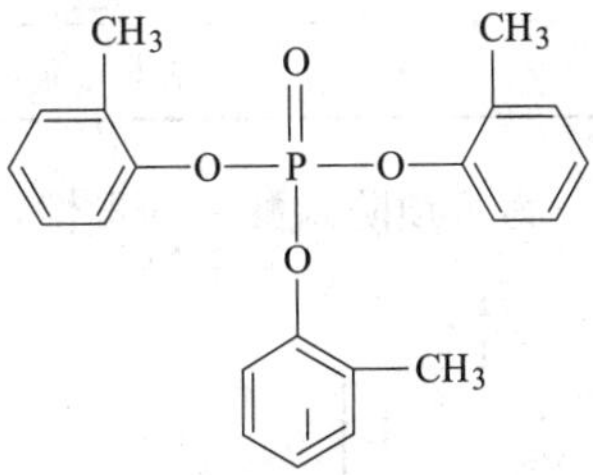

图 4-8　邻位三甲苯磷酸酯的分子结构

历史上曾发生过多次误用 O-TCP 中毒事故的报导。因此，在使用时，对磷酸酯抗燃油的组成中的邻位异构体的含量有严格的限制。一般要求邻位磷酸酯在总含量中要小于 1%。三（二甲苯）磷酸酯是毒性较低的一种磷酸酯，二（叔丁基）苯基磷酸酯的毒性比三（二甲苯）磷酸酯更低。

三甲苯磷酸酯邻位异构体造成的动物轻度麻痹和中度麻痹的剂量见表 4-14。

表 4-14　三甲苯磷酸酯邻位异构体的毒性

邻位异构体含量（%）	轻度麻痹剂量（mg/kg）	中度麻痹剂量（mg/kg）
37	0.6	1.2
5.7	1.2	2.4
1.7	2.4	3.2
1.1	3.6	—

三甲苯磷酸酯对家兔的涂皮试验结果见表 4-15。

表 4-15　三甲苯磷酸酯对家兔的涂皮试验

实验兔子编号	每次涂皮剂量（mg/g）	出现症状	死亡时间	涂皮总剂量（mg/g）
1	55.5	2 次后	7 次后	388.5
2	55.5	3 次后	5 次后	277.5
3	55.5	3 次后	8 次后	444.0
4	55.5	3 次后	9 次后	499.5
5	55.5	3 次后	17 次后	943.5
6	439.6	1 次后	3 次后	1318.5
7	522.4	2 次后	5 次后	2612.0
8	对照	无	无	0

化学物质的急性毒性分级见表 4-16。

表 4-16　　化学物质的急性毒性分级

毒性分级	白鼠一次毒性 LD50（mg/kg）
剧毒	1 或<1
高毒	1～50
中毒	50～500
低毒	500～5000
实际无毒（即微毒）	5000～15000
基本无毒	>15000

为了预防磷酸酯的毒性，除严格控制它们的结构组成外，还可采取如下措施：

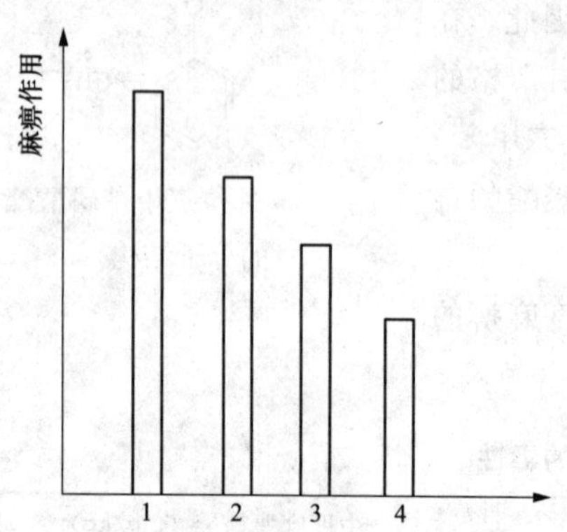

图 4-9　抗氧剂降低三甲苯基磷酸酯毒性作用的效能

1—三甲苯基磷酸酯，剂量 1.5mg/kg；
2—三甲苯基磷酸酯，含 0.1%4,4′二苯基对苯二胺；
3—三甲苯基磷酸酯，含 0.3%二硫代二苯胺；
4—三甲苯基磷酸酯，含 0.2%苯基-β-奈胺

（1）减少与毒性高、危害大的邻位三甲苯基磷酸酯（O-TCP）的接触，防止经皮肤中毒。三甲苯基磷酸酯和三（二甲苯基）磷酸酯有较强的溶解力，都能透过皮肤进入血液。根据试验和计算确定，人手的皮肤和三芳基磷酸酯无害接触的时间如下（按手指皮肤面积为 100cm^2 计算）：含 37%邻位异构体的三甲苯基磷酸酯为 3～5min/d；含 2%邻位异构体的三甲苯基磷酸酯为 20～50min/d；三（二甲苯基）磷酸酯为 50min/d，虽然上述数据表明，三（二甲苯基）磷酸酯和人手皮肤无害接触时间较长，但为了安全起见，操作人员应戴防护手套和穿工作服，短时间接触磷酸酯后应及时洗净。若在使用过程中不慎入溅入眼内，要立即用硼酸水冲洗。

（2）选用抗氧化剂用一定剂量的胺型和酚型抗氧剂可以降低磷酸酯的毒性，如图 4-9 所示。

（3）限制工作区空气中的磷酸酯含量为了防止经呼吸道吸入磷酸酯造成中毒，应限制工作区空气中有毒物质含量。表 4-17 为苏联和美国对空气中磷酸酯含量极限值的规定。

表 4-17　　国外对工业企业空气中磷酸酯极限含量的规定

磷酸酯种类	允许极限浓度（mg/m^3）	
	苏联	美国
邻位异构体含量大于 3%的三甲苯磷酸酯	0.1	0.3
邻位异构体含量小于 3%的三甲苯磷酸酯	0.5	10
三（二甲苯基）磷酸酯	1	—

二、磷酸酯抗燃油的安全使用

磷酸酯抗燃油分解或燃烧时，产生大量的烟气，这些气体是有刺激性的，并可能对人体有轻

微的毒性。因为这些气体除了含有 CO、CO_2、水蒸气和有机分解物外，还可能含有五氧化二磷（P_2O_5），P_2O_5 在有湿气存在的情况下（如在肺中），可能形成磷酸，对人体是有害的。因此，从事接触磷酸酯抗燃油的工作人员，应注意以下事项：

（1）在工作时应穿防护工作服，戴手套和防护眼镜，工作现场不允许吸烟和饮食。

（2）加热抗燃油时，如测定闪点和自燃点，应在通风柜内进行。避免长时间待在抗燃油产生的烟气中。消防人员应配备自供氧装置，有效防止吸入烟气。

（3）人体接触后的处理措施如下：

1）误食处理。一旦吞进磷酸酯抗燃油，应立即采取措施将其呕吐出来，然后到医院进一步诊治。

2）误入眼内。立即用大量清水或硼酸水冲洗，再到医院治疗。

3）皮肤沾染。立即用水、肥皂清洗干净。

4）吸入蒸汽。立即脱离污染气源，如有呼吸困难，立即送往医院诊治。

5）生产和使用磷酸酯的场所应有良好的通风条件并定期进行空气检测。经常接触磷酸酯的人员应定期进行体检。

三、消防安全措施

磷酸酯抗燃油具有良好的抗燃烧性能，但不等于不燃烧。如有泄漏或着火现象，应采取如下措施：

（1）消除泄漏点，切断磷酸酯的连续流出。

（2）对油系统附近的保温层，应采取包裹或涂敷措施，覆盖绝热层，消除其多孔性表面，以免磷酸酯抗燃油渗入保温层中。

（3）将已泄漏的磷酸酯抗燃油通过导流沟收集。

（4）如果磷酸酯抗燃油渗入保温层并着火，使用二氧化碳及干粉灭火器灭火，不宜用水灭火。磷酸酯抗燃油燃烧会产生有刺激性的气体。因此，工作现场应配备防毒面具，防止吸入有害烟雾。

四、废磷酸酯抗燃油的处理

磷酸酯抗燃油随着运行时间的增长，油质不断劣化，虽然不停地被在线再生处理，但不能被再生吸附的劣化产物如游离酚等会在油中积累，当酸性产物积累到一定程度，就可能产生胶状物或油泥。这种情况下，油不能再被再生到合格状态。所以，磷酸酯抗燃油是有一定寿命的，如发现油中出现不能被除去的凝胶状物，或油中的游离酚含量较大时，说明油已经发生较大程度的劣化和水解变质，这些油就应该报废了，此时应考虑采取换油措施。

由于磷酸酯抗燃油是人工合成的化学液体，尤其已经劣化变质的废抗燃油，会对环境造成污染，不应随意排放。随着电力工业的发展，由于油质劣化而退出运行的磷酸酯抗燃油将越来越多，如何妥善处理退出运行的废抗燃油也是将来面对的一个重要问题。

对报废以及撒落的磷酸酯抗燃油应具体问题具体分析，建议采取如下办法妥善处理：

（1）对于退出运行的磷酸酯抗燃油，应进行全面评价，尽可能再生利用。如果确实没有再生利用价值，采取返回制造厂回收进行重新提纯处理，或者回收有用成分，重新利用，对于不能回收利用的废油可采取高温焚烧的方法处理。

（2）对于洒落的抗燃油应尽量收集。如果难以收集，用锯末或棉纱汲取收集，然后采取高温焚烧的措施处理。

思考题

1. 为什么在调速系统要使用抗燃油?
2. 抗燃油的电阻率降低会对调速系统造成什么危害?
3. 磷酸酯抗燃油的主要性能指标有哪些?

第五章　密　封　油

发电机在运行过程中，存在着导线和铁芯的发热损耗、转子转动时的鼓风损耗、励磁损耗和轴承摩擦等能量损耗。这些损耗最终都转化为热能，使发电机的定子和转子等部件发热，如不及时把这些热量排走，将会使发电机绝缘材料因超温而老化及损坏。为保证发电机在允许温度内正常运行，必须设置发电机的冷却设备。目前对于国内外大容量发电机组，发电机定子绕组、铁芯、转子的冷却方式主要有全氢冷系统、水-氢-氢冷却系统和水-水-空冷却系统（双水内冷）三种。

本章将通过介绍水-氢-氢的冷却方式，即发电机定子绕组用水进行冷却，而发电机的铁芯和转子绕组用氢气进行冷却，来重点介绍氢冷发电机中的密封油系统及密封油的性能、指标监控及维护等方面内容。

第一节　发电机氢、水、油系统概述

以水-氢-氢为冷却方式的发电机包含发电机氢气控制系统、密封油控制系统以及发电机定子绕组冷却水系统。

氢气控制系统包括气体控制站、氢气干燥器、液位信号器、仪表盘、抽真空管路及与定子水系统连接的管路等，用来置换发电机内部的气体，有控制地向发电机内输送氢气，保持机内氢压稳定，监视机内氢气纯度和液体泄漏，干燥机内氢气等。发电机内的氢气在发电机端部风扇的驱动下，以闭式循环方式在发电机内部做强制循环流动，使发电机的铁芯和转子绕组得到冷却。期间，氢气流经位于发电机四角处的氢气冷却器，经氢冷器冷却后的氢气又重新进入铁芯和转子绕组做反复循环，氢冷器的冷却水来自闭式循环冷却水系统。发电机的氢气供应一般可以通过厂内制氢站制备得来，也可以通过瓶装氢气供给。常温下，当氢气与氧气或空气混合后，如果被点燃（如发电机内的闪电点），则会发生爆炸。因此，要求发电机内的氢气纯度不低于96%，氧气含量不超过2%。在发电机静止或盘车时，对于氢气的充入，一般采用中间气体CO_2（或N_2）进行过渡置换，或者采用抽真空置换法，避免氢气中混入空气，防止爆炸。

采用氢气冷却的发电机，必须采取相应的措施防止氢气的泄漏，以保证生产安全。目前，普遍采用的方法是在发电机转子的轴端密封装置通以润滑油，达到防止氢气泄漏的目的。发电机密封瓦（环）所需的汽轮轴承润滑油，按其用途称为密封油，密封油控制系统便是用来保证密封瓦所需的压力油不间断地供应，从而保证发电机内部的氢气得以密封。密封油系统专门用于向发电机密封瓦供油，且使油压高于发电机内氢压0.056MPa±0.02MPa，以防止机内氢气沿转轴与密封瓦之间的间隙向外泄漏，同时也防止油压过高而导致发电机内大量进油。除密封外，密封油系统还同时实现润滑及冷却功能。图5-1所示是发电机密封油系统原理简图。

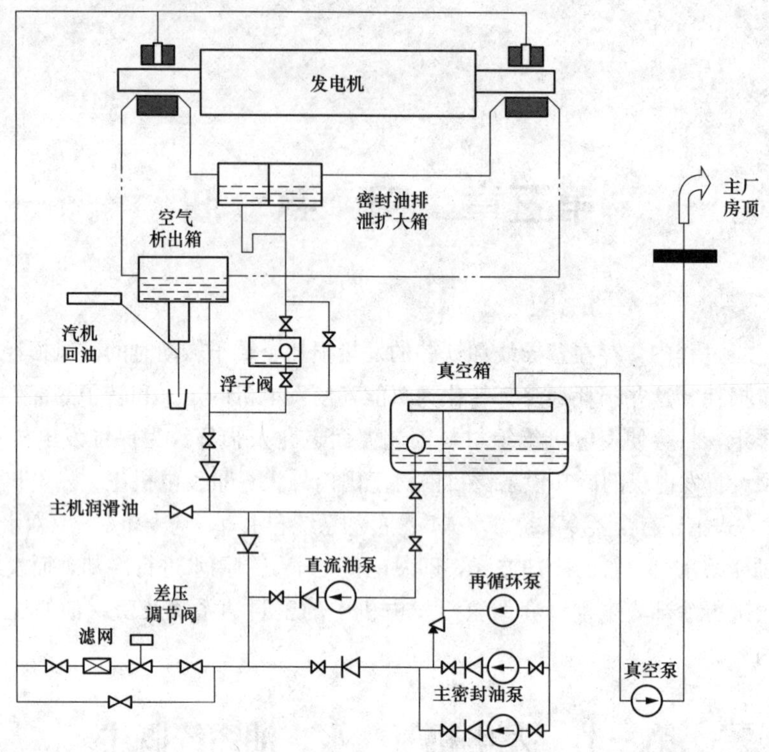

图 5-1　发电机密封油系统原理简图

定子绕组冷却水系统也称为定子冷却水系统或定冷水系统，其主要功能是用来向定子绕组不间断地供水，从而将定子绕组由于损耗而产生的热量带走，以保证温升符合发电机的有关要求。同时，该系统还必须控制进入定子绕组冷却水的压力、流量、温度、电导率等参数，使之符合相应规定。其中，水内冷绕组的导体既是导电回路又是通水回路，每个线棒分为若干组，每组含有一根空心铜管和数根实心铜线，空心铜管内通过冷却水带走线棒产生的热量。到线棒出槽以后的末端，空心铜管和实心铜线分开，空心铜管与其他空心铜管汇集成型后与专用水接头焊好，由一根较粗的空心铜管与绝缘引水管连接到总的进（出）汇流管。冷却水由一端进入线棒，冷却后由另一端流出，循环工作，从而不断带走定子线棒产生的热量。

第二节　氢冷发电机密封油控制系统

一、密封油系统设备的设置及功能

采用氢气冷却的发电机，为防止运行中氢气沿转子轴向外泄漏，引起火灾或爆炸，机组配置了密封油系统，向转轴与端盖交接处的密封瓦循环供应高于氢压的密封油。密封瓦油路示意如图 5-2 所示，一条密封油路分别进入汽端和励端的密封瓦，经中间油孔沿轴向间隙流向空侧和氢侧，形成的油膜起润滑、密封作用，然后分两路（氢侧、空侧）回油。

（一）系统设置

发电机密封油系统主要包括交流密封油泵（两台）、直流事故密封油泵、真空油箱、密封油回油扩大槽、浮子油箱、空气抽出槽、差压阀、平衡阀及相关管道、阀门、滤网等。系统还设置有真空泵、再循环泵、密封油排烟风机、仪表控制箱等设备。两台主油泵，一台工作，另一台备用，均由交流电动机带动，当主油泵故障时，事故油泵投入运行，由直流电动机带动。

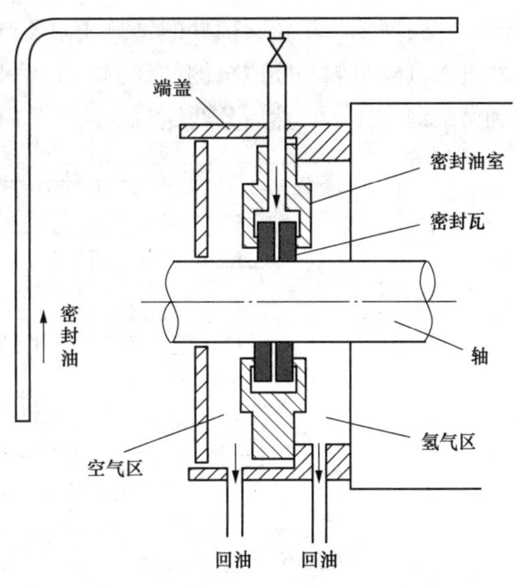

图 5-2　密封瓦油路示意

（二）系统功能及特点

（1）向密封瓦提供循环的密封油源，防止发电机内氢气沿轴逸出。

（2）保证密封油油压始终高于机内氢压某一定值，并维持密封瓦内氢侧与空侧油压相等。

（3）通过热交换器冷却密封油，从而带走因密封瓦与轴的摩擦损耗而产生的热量，确保瓦温与油温控制在要求的范围内。

（4）通过滤油器去除油中气体及杂质，保证密封油的洁净度。

（5）通过发电机消泡箱和氢侧回油控制箱释放掉溶于密封油中的饱和氢气。

（6）空侧油路各有多路备用油源，以确保发电机安全连续运行。

（7）利用压差开关、压力开关及差压变送器等自动监测密封油系统的运行。

（8）空、氢侧各装有一套加热器，以保证密封油的运行油温始终保持在要求的范围内。

二、两种类型密封油系统简介

发电机密封油控制系统的分类是根据密封瓦的形式而决定的，最常见的有单流环式密封油系统和双流环式密封油系统。

（一）单流环式密封油系统

单流环式供油系统即向密封瓦单路供油，系统一般设置交流密封油泵、直流密封油泵、射油泵，有些系统还有高位阻尼油箱共 4 个油源。为了保证油质和油温，密封油系统中还有滤网和冷油器等设备。另外，为了保证密封油系统供油的可靠性，有些机组还从润滑油冷油器前后向密封油系统提供备用油源。当密封油系统供油发生故障，密封油压降到仅比氢压高 0.025MPa 左右时，备用油源管路上的止回阀在备用油与密封油压力差的作用下自动打开，备用油源向密封油系统供油。

以美国 GE 公司为代表的发电机制造厂，对大型氢冷汽轮发电机密封瓦采用的是单流环式密封油系统。这种系统在国外和国内进口机组中使用较为广泛，运行可靠，可解决机组普遍存在的机内氢气湿度大的问题。该系统设有真空净油装置，以抽出密封油中的混合气体和水分，真空油箱内 92%以上的真空度可有效减少油中含水量，避免油系统中的水分扩散至机内引起氢气湿度增大的问题，同时净化了机内氢气，保持机内氢气纯度不受污染。该系统运行要求主要元部件较双流环式系统更为可靠，如主油泵、真空泵、差压阀、浮球阀等。采用单流环式密封油系统的有美国 GE 公司、日本东芝、日立公司、法国 ALSTOM 公司等。

图 5-3 所示为单流环式密封油系统示意。发电机定子铁芯及其转子部分采用氢气冷却，为了防止运行中氢气沿转子轴向外泄漏，引起火灾或爆炸，在发电机的两个轴端分别配置了密封瓦

（环），并向转轴与端盖交接处的密封瓦循环供应高于氢压的密封油。机组的密封油路只有一路，分别进入汽轮机侧和励磁机侧的密封瓦，经中间油孔沿轴向间隙流向空侧和氢侧，形成的油膜起到密封润滑作用，然后分两路（空侧、氢侧）回油。

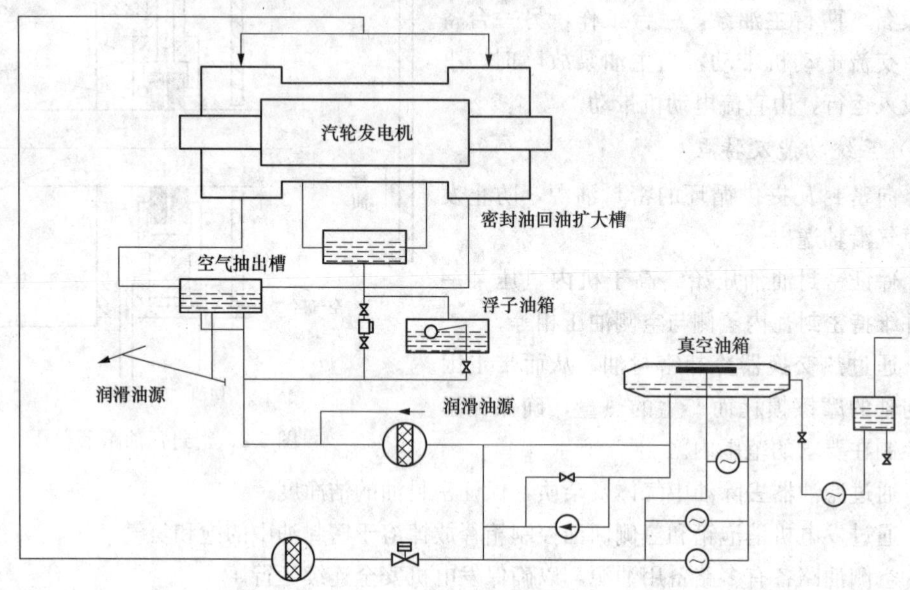

图 5-3 单流环式密封油系统示意

（二）双流环式密封油系统

由于单流环式密封油系统只有一路油源，油量较大，因此需要与汽轮机润滑油系统分开，并设置专门的油脱气净化设备。同时，密封油也将气体带入发电机内，使氢气受到污染而增加发电机的氢气排污及氢气损耗。为了减轻油净化设备的负荷并减少氢气的损耗，可以采用双流环式密封油系统。

双流环式密封油系统即向密封瓦双路供油，该系统具有两路油源，一路为供向密封瓦空气侧的空侧油，另一路为供向密封瓦氢气侧的氢侧油。该系统主要由消泡箱、密封油泵组、密封油备用油源、差压阀、平衡阀、减压阀、氢侧回油控制箱、油过滤器、冷油器、差压开关、压力开关和差压变送器等部件组成，如图 5-4 所示。对于空侧密封油路而言，空侧交流密封油泵从空侧回油箱取得油源，一部分油经过冷油器、滤油器进入密封瓦的空侧；另一部分油经过主差压调节阀流回油泵进油侧。主差压阀将密封瓦处的空侧密封油压维持在高出发电机内气体压力 0.084MPa 的水平。空侧密封油共有 3 路备用油源，汽轮机高压备用油源为第一备用油源，该油源来油压力不低于 0.9MPa，经过备用差压阀将油氢差压维持在 0.056MPa 左右；第二备用油源为空侧直流油泵，当油氢差压低于 0.035MPa 时自动启动，运行回路与空侧交流油泵相同；第三备用油源为汽轮机低压润滑油，来油压力不低于 0.2MPa，该油源投用时需将机内气体压力降至 0.014MPa。对于氢侧密封油路而言，氢侧密封油泵从氢侧油箱取得油源，一部分油经过冷油器、滤油器、平衡阀进入密封瓦的氢侧，另外在油泵旁装有旁路管道，通过阀门对氢侧油压进行粗调，氢侧油路的油压通过平衡阀进行精细调整，使之自动跟踪空侧油压，氢侧备用油泵以同样的方式循环。

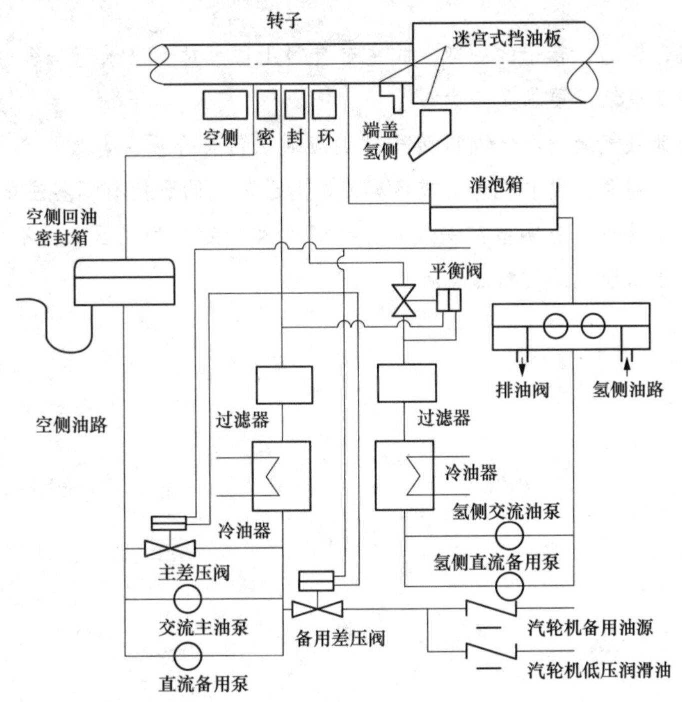

图 5-4 双流环式密封油系统示意

双流环式密封油系统中，空侧油混有空气，氢侧油混有氢气。两个油流在密封瓦处各自成为一个独立的油循环系统，空、氢侧油压通过油系统中的平衡阀作用而保持一致，从而使得在密封瓦中区（两个循环油路的接触处）没有油的交换。因此，理论上可认为双流环式密封油系统中被油吸收而损耗的氢气几乎为零（氢侧油吸收氢气至饱和后将不再吸收氢气，空侧油因不与氢气接触则不会对氢气造成污染）。双流环式油密封的优点是结构简单，安装、调整、检修方便，气密性能好，另外该系统可靠性高，若一路断油，另一路仍可向密封瓦供油，两路油互为备用。因此，我国国产机组大多采用双流环式密封油系统。

然而，由于用油密封氢气，即便采用双回路供油，实际上也会产生两种可能：一是油中的水分和空气会逐渐进入氢气中，使氢气受到污染；二是机内氢气会随油循环进入油系统。为此，必须设置一个较为完善的油密封系统。另外，由于密封油流动带出了一部分氢气，使油产生泡沫，所以需设置专门的消泡箱，氢气在此初步分离并返回机壳内。为保证氢压、氢侧油压、空侧油压三者间的压差关系，专门设置空侧密封油箱和氢侧密封油箱，以维持三个压力之间的关系。空侧密封油箱与氢侧密封油箱之间的油位不等，氢侧高于空侧，所以氢侧油压大于空侧油压，它们之间靠空、氢两侧油压高低调节阀自动调整。密封油泵的供油源于平衡油箱，当空侧真空油箱高于高位时，供油泵抽油；当空侧真空油箱低于低位时，由平衡油箱补入氢侧真空油箱。平衡油箱回油量大时，自动溢流回主油箱。它们之间的压力平衡关系依靠平衡阀配合调整。

思考题

1. 发电机定子绕组、铁芯、转子的冷却方式主要有哪几种？对于以水-氢-氢为冷却方式的机组，发电机内氢气纯度最低限要求是多少？
2. 为防止发电机内部氢气泄漏，发电机转子轴端应通以何种介质并与发电机内部氢气维持何种压力关系从而防止漏氢？发电机静止或盘车时，对于氢气的置换有哪些注意事项？
3. 密封油系统的功能及特点有哪些？一般可分为哪几类？如何加以区分？不同类型的密封油系统，其各自的工作原理及结构特点是什么？

第六章　风力发电机用齿轮油

在常规能源告急和全球生态环境恶化的双重压力下，风能作为一种技术最成熟的可再生能源之一，已成了全球能源工业关注的热点。截至 2015 年底，我国风电累计并网装机容量达 1.29 亿 kW，已经超过美国成为世界风电装机容量最多的国家。欧洲风力能源协会（EWEA）公布 2020 年全球战略目标是风力发电占全球电力的 12%，而我国目前风力发电量仅占总电量的 1.67%。预计我国的风电装机容量将会在 2020 年达到 2.5 亿 kW，2030 年超过 5 亿 kW。由此可见，在未来 20 年内，风力发电机组的装机容量及机组台数将持续增长。

随着风电机组的广泛应用，风机齿轮箱故障问题也逐渐凸显出来，现场因油质润滑问题导致的齿面磨损、齿面咬合擦伤、微点蚀等故障约占风机故障的 1/3，严重影响了风电行业的经济效益。本章将通过对风力发电设备的组成结构和风电机组的主要润滑部位，以及风电齿轮油的特性和相关标准的阐述，来针对风力发电机主齿箱用 320 号全合成齿轮油的运行维护与监督进行介绍。

第一节　风力发电机组及其润滑系统简介

风力发电机通过叶轮将风能转变为机械转矩，经齿轮箱增速到异步发电机的转速后，通过励磁变流器励磁而将发电机的定子电能并入电网。如果超过发电机同步转速，转子也处于发电状态，通过变流器向电网馈电。

一、风力发电机组的结构及功能

就最常见的 1.5MW 风机而言，一般在 4m/s 左右的风速自动启动，在 13m/s 左右发出额定功率。然后，随着风速的增加，一直控制在额定功率附近发电，直到风速达到 25m/s 时自动停机。风机的控制系统要根据风速、风向对系统加以控制，在稳定的电压和频率下运行，自动地并网和脱网；同时监测齿轮箱、发电机的运行温度和液压系统的油压，对出现的任何异常进行报警，必要时自动停机。

根据风力发电机旋转轴的区别，风力发电机可以分为水平轴风力发电机和垂直轴风力发电机。

(1) 水平轴风力发电机。旋转轴与叶片垂直，一般与地面平行，旋转轴处于水平的风力发电机。

(2) 垂直轴风力发电机。旋转轴与叶片平行，一般与地面垂直，旋转轴处于垂直的风力发电机。

目前占市场主流的是水平轴风力发电机，其功率最大已经做到了 5MW 左右。垂直轴风力发电机虽然最早被人类利用，但是用来发电还是近 10 多年的事。与传统的水平轴风力发电机相比，垂直轴风力发电机具有不用对风向、转速低、无噪声等优点，但同时也存在起动风速高、结构复杂等缺点，这都制约了垂直轴风力发电机的应用。

1.5MW 风力发电机主要的组成部分如图 6-1 所示。

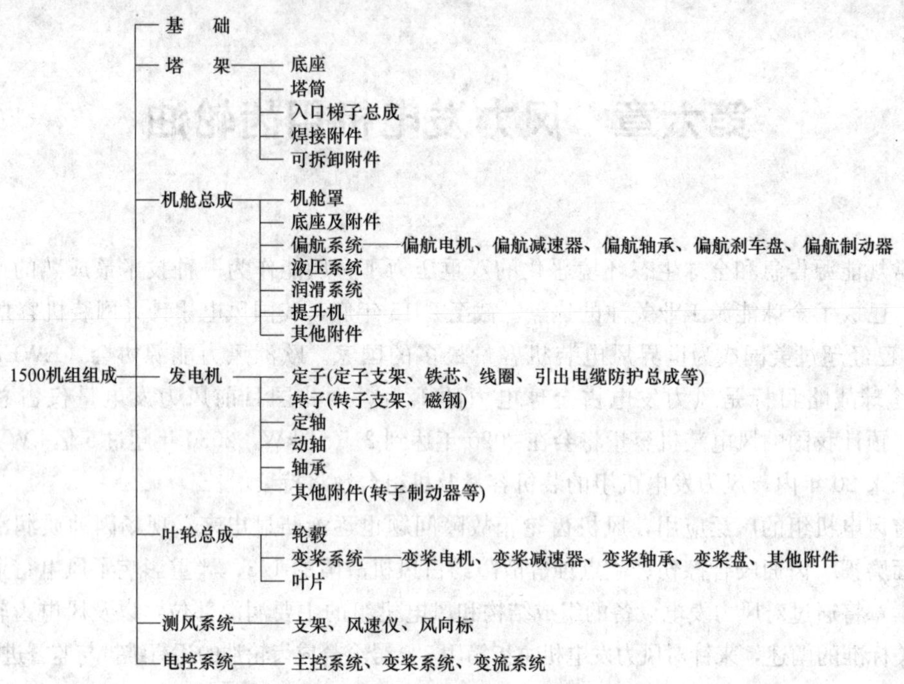

图 6-1　1.5MW 风力发电机主要的组成部分

风力发电机各组成部分如图 6-2 所示。水平轴风力发电机主要由叶片、变桨系统、齿轮箱、发电机、偏航系统、轮毂系统和底座总成等组成，各主要组成部分功能简述如下：

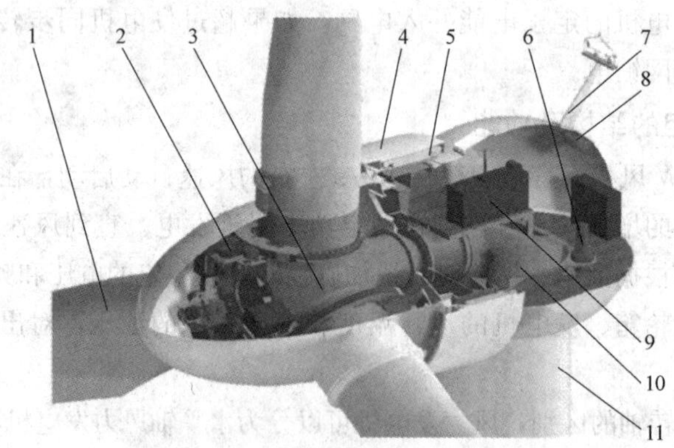

图 6-2　风力发电机各组成部分

1—叶片；2—变桨机构；3—轮毂；4—发电机转子；5—发电机定子；6—偏航驱动；7—测风系统；8—辅助提升机；9—顶舱控制柜；10—底座；11—塔架

（1）叶片。叶片是吸收风能的单元，用于将空气的动能转换为叶轮转动的机械能。叶轮的转动是风作用在叶片上产生的升力导致。每个叶片有一套独立的变桨机构，主动对叶片进行调节。叶片配备雷电保护系统。风机维护时，叶轮可通过锁定销进行锁定。

(2) 变桨系统。变桨系统通过改变叶片的桨距角，使叶片在不同风速时处于最佳的吸收风能的状态，当风速超过切出风速时，使叶片顺桨刹车。

(3) 齿轮箱。齿轮箱将风轮在风力作用下所产生的动力传递给发电机，并使其得到相应的转速。

(4) 发电机。发电机是将叶轮转动的机械动能转换为电能的部件。转子与变频器连接，可向转子回路提供可调频率的电压，输出转速可以在同步转速±30%范围内调节。

(5) 偏航系统。偏航系统采用主动对风装置，与控制系统相配合，使叶轮始终处于迎风状态，充分利用风能，提高发电效率。同时提供必要的锁紧力矩，以保障机组安全运行。

(6) 轮毂系统。轮毂的作用是将叶片固定在一起，并且承受叶片上传递的各种载荷，然后传递到发电机转动轴上。轮毂结构是3个放射形喇叭口拟合在一起的。

(7) 底座总成。底座总成主要由底座、下平台总成、内平台总成、机舱梯子等组成。通过偏航轴承与塔架相连，并通过偏航系统带动机舱总成、发电机总成、变桨系统总成。

二、风电机组主要的润滑部位

大型风力发电机的塔筒高度通常在50～100m，叶轮的长度20～50m，风力发电场主要集中在拥有风能资源的偏远地区，有的在山谷旷野处，也有的在近海地区。风力发电机设备昂贵，工作环境恶劣，设备处于高空，维修保养十分不便，确保可靠稳定的长周期运转最为重要，因此对润滑油脂提出了严格的要求。风力发电机的润滑部位主要包括增速齿轮箱、发电机轴承、叶轮轴承、主传动轴承、偏航系统轴承和液压刹车系统等。

(一) 增速齿轮箱的润滑

增速齿轮箱用于将叶轮从20～50r/min转速提高到1000～1500r/min，成为驱动大多数发电机所需的转速，是风力发电机的主要润滑部位。以国内常见的1.5MW机型为例，多采用三级行星正齿轮系统，由行星齿轮和斜齿轮组成，增速比为104，多采用齿轮油进行强制循环润滑，用油量多为300～500kg。

风力发电增速齿轮箱主要制造商有Winergy (Flender风电齿轮箱分支)、Hansen、Moventas (前身为Mesto) 等国外制造商，以及南京高速齿轮箱厂和重庆齿轮箱厂等国内制造商。风力发电机多安装在偏远、空旷、多风地区，如我国的新疆、内蒙古及沿海地区。增速齿轮箱的工作环境苛刻，属于高低温差大、高湿气，加上较大的扭力负荷，要求齿轮油除了具有良好的极压抗磨性能、抗乳化性能、热氧化稳定性、水解安定性外，还要求优异的黏温性能、低温流动性能以及长的使用寿命。同时，风电设备在风中会有振动，要求润滑油能防止表面经热处理而硬化的新型齿轮发生微点蚀带来的损害，给齿轮提供优异的润滑保护，同时还应具有较低的摩擦系数，以降低齿轮传动中的功率损耗。

目前，风电厂多采用全合成工业齿轮油，它们具有低温性能好、氧化稳定性好、使用寿命长等优点。这种齿轮油又分为PAO (聚α-烯烃) 和PAG (聚醚型) 两种合成油型产品，以PAO型合成油产品居多，黏度等级多为320，如Mobilgear SHC XMP、Optigear Synthetic X等；PAG型产品包括Carter SY WM320、Klubersynth GH 6等。部分国家和区域对于环境和土壤的保护有严格的法规，为了防止风力发电机内油品的意外泄漏可能造成的危害，推出了环保型生物降解产品，如GEARMASTER ECO系列。

（二）主轴承的润滑

在风力发电机中，主轴配置极为重要。由于风力产生的所有力矩均作用在主轴上，主轴必须能承受轴向负荷和径向负荷，载荷非常大、轴很长、转速相对较慢，容易变形，对其可靠性要求很高。要求所选用的滚动轴承必须有良好的调心性能，并在严酷且不断变化的条件下平稳运行，普遍采用 SKF、FAG 等轴承制造商产品。

对主轴承的润滑，多采用润滑脂润滑。要求润滑脂具有良好的承载能力、黏温性能和防腐性能。此外，风电机组夏日在旷野地带受太阳直射，机舱内的温度通常在 20～40℃，需考虑所选用润滑脂的高温使用性能；在维度较高的地区，冬季机舱能温度会低至－30℃左右，需要考虑润滑脂的低温启动性能，推荐使用 PAO 合成油为基础油调配的低温性能好、启动力矩小的润滑脂产品，如 Mobilith SHC220、Kluberplex BEM 41-141 等。

（三）叶片轴承润滑

风电透平设备通过转子叶片捕获风能，并将能量传递到转自轮毂上。叶片通过叶片轴承安装于轮毂上，并可在液压系统作用下转动以调节桨距，改变转子受风面，从而达到调节转速和关机的作用。叶片轴承连接着重达数吨的叶片，随叶片转子的转动承受交变的径向载荷和轴向载荷，一般采用专门的叶片轴承润滑脂润滑。叶片轴承润滑普遍采用 AWEOSHELL GEARSE 14，执行 MIL-G-25537C 标准，这种润滑脂是为直升机主叶片转子和尾转子轴承设计的，它的低温性能、抗水性、防锈性能可满足要求，但抗擦伤能力和承载能力（极压）设计较低，而大型风电设备的叶片自重及负荷远较直升机主叶片高，可能存在叶片轴承在极压条件下损伤或损坏的风险。

（四）发电机轴承的润滑

风力发电机舱中发电机的运行与在地面上其他类型发电机相比，要受到更多振动载荷的作用，对轴承保持架会产生负面影响。风力发电机轴承多采用圆柱滚子轴承和深沟球轴承，通过对这两种轴承的结构设计、加工工艺的改进、生产过程颗粒污染度的控制及相关组件的优选来降低轴承振动和噪声，使轴承具有良好的低噪声性能。其工作特点是相对高速、轻载和高温，对润滑脂的性能要求主要是能够减少摩擦阻力、降低运转温度的同时，满足轴承运转的低噪声需求。由于电机轴承补脂困难，最好选用合成型长寿命润滑产品，如 Mobilgrease XHP 222、Kluberplex BEM 41-132、URETHYN MP2 等。

（五）偏航及变桨系统的润滑

大型风力发电机常采用电动偏航系统来调整机组并使其对准风向，风力电机偏航系统的作用在于当风向变化时，能够快速平稳地对准风向，这样可以使风轮扫掠面积总是垂直于主风向，以得到最大的风力利用率。偏航系统一般包括感应风向的风向标、偏航电机、偏航行星齿轮减速器、回转体大齿轮等。风向标作为感应元件，将风向的变化用电信号传递到偏航控制系统内的其他部件，通过电机驱动起作用，机组对风完成后，风向标失去电信号，电机停止工作，偏航过程结束。

偏航系统驱动电机虽然速度不大，但偏转轴承和齿轮承受的负荷较大，且回转体大齿轮一般为开式结构。由于不像发电机轴承运转速度快，自身产生热量相对较少；但开放式回转体大齿轮承受负荷较大，受环境潮气、灰尘、海水潮气等影响较大，偏航齿轮润滑脂要具有良好的极压抗磨性能、低温性能、黏附性能和防腐蚀性能。一般推荐使用含固体添加剂的低温润滑脂，在－40℃以下仍能有效润滑。

（六）液压刹车系统润滑

风力发电机组有运行、暂停、停机或紧急停机等不同状态。当发生风速过快（如大于 23m/s）、振动过大、电机温度过高（若不采取停机措施，轴承最高温度可达 120℃）、刹车片磨损等故障时，变桨矩风力发电机组通过应急变桨机构和变速传动机构中的液动制动装置的动作来实现紧急停机；定桨矩风力发电机组通过叶尖气动刹车机构和变速传动机构中的气（液）动制动装置的动作来实现紧急停机。

液压制动系统是保证风力发电机组正常运行、防止事故发生、对风机启动和停机控制的关键。目前常见风电制动系统分为机械刹车与气动刹车，其刹车系统的动力来自液压制动系统，推动高速主轴上圆盘式刹车等执行动作，属于失效-安全保护模式。从工作环境状况安全考虑，风力发电机液压系统使用的液压油要求具有良好的黏温性能、防腐防锈性能以及优异的低温性能、过滤性能，以适应高空寒冷或沿海地区的潮湿环境。目前普遍推荐低温抗凝、高黏度指数的低凝抗磨液压油。

第二节　风力发电机齿轮油的性能

风力发电机齿轮油一般选用全合成基础油和高性能复合添加剂，经特殊制备工艺调制而成。可以在极端环境温度及恶劣工况条件下使用，能有效防止齿轮在运行中微点蚀的产生，同时具有抗极压和重负荷工业齿轮油的特性，在齿面形成极强的油膜，延长齿轮的使用寿命。

一、风力发电机齿轮油的组成

（一）基础油

目前风电用齿轮油如美孚 600XP、SHC XMP 系列齿轮油、壳牌 S4GX320 以及长城 SH5320 等均采用全合成基础油调合而成。各大齿轮油生产商使用的合成基础油主要为聚 α-烯烃合成油（PAO）和聚醚合成油（PAG）。

聚 α-烯烃合成基础油（PAO）即美国石油学会（API）1993 年颁布的基础油分类中的Ⅳ类基础油。PAO 是由线性 α-烯烃在催化剂作用下聚合，然后经过加氢和蒸馏等程序处理，而获得比较规则的长链烷烃。线性 α-烯烃即双键在第一个碳原子上的直链烯烃。制备线性 α-烯烃中间体最常用的工艺有蜡烯齐聚法和蜡裂解法。

齐聚法生产的 PAO 是较匀称规整的梳状结构的异构烷烃，其侧链的长度（C8～C10）整齐。直链烷烃骨架有良好的黏温特性；多侧链的异构烷烃骨架（其碳链的长度少于 10 个碳）有利于保持良好的低温流动性。

蜡裂解工艺生产的 α-烯烃含有较多内烯、双烯、烷烃、环烷烃和芳烃杂质，此 α-烯烃生产的 PAO 侧链（梳状）不如齐聚法生产的 PAO 匀称规整，侧链有长也有短，而且还可能含有芳烃、烷烃和烯烃等类物质。因此其低温流动性比齐聚法 PAO 好，高温稳定性不如齐聚法 PAO。但蜡裂解 PAO 与酯类油、添加剂等含苯环类物质或极性较强的物质之间的相容性比齐聚法 PAO 好。

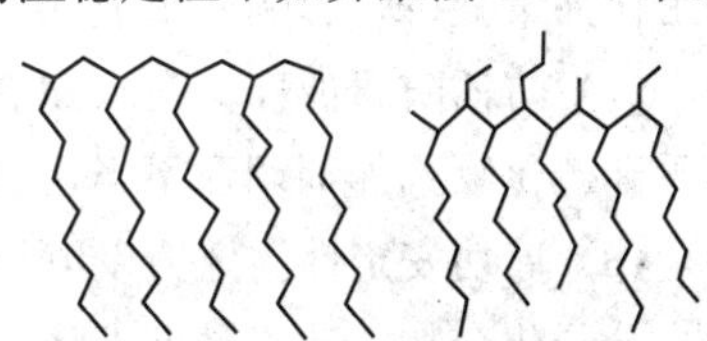

图 6-3　PAO 结构示意图

聚 α-烯烃合成油的化学结构与矿物油最接近，长链分子结构单一（见图 6-3），故又称其为合成烃润滑油，其黏度指数高，黏温特性优良；倾点低，低温流动性和高温稳定性好；

可在较广的温度范围内运行；长时间使用清洁性好，具有一定的抗擦伤、抗点蚀能力。将不同类型的 PAO 基础油（PAO4、PAO10 等）进行调和可得到不同黏度等级的基础油。

聚醚合成油（PAG）起初主要用于旋转螺杆式空气压缩机，抑制其工作过程中生成的油泥和漆膜。它是以环氧乙烷、环氧丙烷、环氧丁烷、四氢呋喃等为原料，在催化剂作用下通过开环均聚或共聚制得的线性聚合物。PAG 分子结构中氧元素在聚醚分子结构中表现出非常强的极性，在相互运转、摩擦的金属表面上能形成吸附能力很强的化学吸附膜。

（二）风力发电机齿轮油的添加剂

润滑添加剂是润滑剂的重要组成部分，是现代高级润滑油的精髓。风力发电机齿轮油除了添加防锈剂、分散剂、消泡剂、降凝剂、抗氧化剂等添加剂以满足普通润滑油对设备冷却润滑性能要求以外，是其极为重要的另一个使用性能——极压抗磨性，主要通过加入极压剂、抗磨剂和摩擦改进剂来实现。硫系、磷系添加剂是硫-磷型齿轮油配方的主剂，硫-磷型齿轮油的发展主要是围绕着磷剂的改进和添加剂复配技术的开发而发展的。含磷添加剂具有良好的极压、抗磨和金属去活性能，在高扭矩苛刻运转的条件下能防止齿面磨损、点蚀和剥落，是应用于风力发电机齿轮油产品中一类非常重要的多功能添加剂，在降低齿轮低速、高扭矩下的磨损起着重要作用。另外，近些年开发出来的多功能无毒硼系节能极压抗磨添加剂如无机硼酸盐和有机硼酸酯等，这类添加剂不仅具有极好的极压抗磨性能，且具有很好的氧化安定性，在高温下对铜无腐蚀，对钢铁具有良好的防锈性能，同时还具有很好的密封适应性。

二、风力发电机齿轮油的性能要求

风力发电机主齿箱润滑多处于混合润滑状态，对齿轮油既要求具有适合的黏度，保证低负荷下形成流体动力膜和弹性流体动力膜，又要求有合适的添加剂组分以保证在较高负荷下形成边界润滑膜，具体来讲，对风力发电机齿轮油的性能要求如下：

（1）高黏度指数。要求具有稳定的高温黏度和优异的低温流动性，既能适应炎热的高温，如在戈壁；又能适应隆冬的严寒，如在大兴安岭等地。

（2）极压抗磨性。要求良好的极压抗磨性，确保有效油膜，最大限度地减少冲击性负荷造成的微点蚀（抗微点蚀能力大于 10 级，抗刮伤负载能力大于 13 级）。

（3）油膜稳定性。要求具有良好的油膜稳定强度和承载力，防止齿面胶合，并充分吸收振动能力。

（4）水解安定性、抗乳化性。要求具有极高的水解安定性、抗乳化性和优异的防腐抗锈蚀能力，以适应沿海地区或者海上风电设备潮湿的工作环境。

（5）氧化安定性和热安定性。要求具有高温热氧化稳定性以抑制有机酸、胶质、沥青质和油泥等物质的产生，防止金属部件腐蚀磨损，延长换油周期、降低运维成本、减少非计划性停机。

（6）抗泡沫性。如果抗泡沫性不好，泡沫不易扩散，影响油膜形成，另外，夹带泡沫后，实际工作油量减少，影响机组散热，易造成磨损与胶合。

（7）防锈防腐蚀性。在水和氧气的共同作用下，齿轮和齿轮箱会产生锈蚀。齿轮油中的酸性物质和硫化物添加剂调配不当，也会产生设备腐蚀。

（8）剪切安定性。风力发电机齿轮油受到机械剪切作用，油中高分子化合物分子链被剪断成为小分子化合物，造成黏度下降，黏温性能亦随之下降。

（9）密封适应性。齿轮油良好的密封材料适应性，可确保变速箱的完好密封，防止风沙、灰尘对变速箱系统的侵蚀，也避免了齿轮油中油品的泄漏。

三、风力发电机齿轮油的技术规范

（一）国内风力发电机齿轮油新油标准

我国石油产品和润滑剂标准化技术委员会合成油脂分技术委员会（SAC/TC 280/SC5）于2017年10月1日颁布实施了GB/T 33540.3—2017《风力发电机组专用润滑剂　第3部分：变速箱齿轮油》，该标准规定了以合成型油品为基础油，加入多种类型功能添加剂调制而成的风力发电机组变速齿轮箱齿轮油的产品品种和标记、要求和试验方法、检验规则、标志、包装、运输和贮存。该标准提出了在风力发电机组齿轮传动系统（其中包括主齿轮箱、偏航减速箱和变桨减速箱）中使用的齿轮油的技术要求，其具体要求见表6-1。另外，我国工业齿轮油标准GB 5903—2011《工业闭式齿轮油》中，规定了L-CKB防锈抗氧型工业齿轮油、L-CKC中负荷工业齿轮油、L-CKD重负荷工业齿轮油三大主要产品的性能要求。风力发电机齿轮油新油的验收也可参考其中L-CKD的技术要求进行，其具体要求及试验方法见表6-2。同时，我国石化行业对于合成工业齿轮油也制定了标准，为NB/SH/T 0467—2010《合成工业齿轮油》，该标准规定了合成烃型工业齿轮油和聚醚型合成工业齿轮油应达到的技术规范，其具体要求及试验方法见表6-3。

表6-1　　风力发电机组变速箱齿轮油（合成型）的技术要求和试验方法

（摘自GB/T 33540.3—2017）

项　目		质量指标			试验方法
		黏度等级（GB/T 3141）			
		150	220	320	
运动黏度（mm^2/s）	40℃	135～165	198～242	288～352	GB/T 265 或 NB/SH/T 0870[a]
	100℃	报告	报告	报告	
黏度指数		≥140	≥150	≥150	GB/T 1995 或 GB/T 2541[b]
表观黏度（－30℃）（mPa·s）		≤150000			GB/T 11145
倾点（℃）		≤－40	≤－40	≤－33	GB/T 3535
闪点（开口）（℃）		≥220			GB/T 3536
泡沫特性（泡沫倾向/泡沫稳定性）（mL/mL）	程序Ⅰ（24℃）	≤50/0			GB/T 12579
	程序Ⅱ（93.5℃）	≤50/0			
	程序Ⅲ（后24℃）	≤50/0			
抗乳化性（82℃）	油中水（体积分数）（%）	≤2.0			GB/T 8022
	乳化液（mL）	≤1.0			
	总分离水（mL）	≥80.0			
水分（质量分数）（%）		痕迹			GB/T 260
液相锈蚀（24h）		无锈			GB/T 11143（B法）
铜片腐蚀（100℃，3h）（级）		≤1			GB/T 5096
氧化安定性（121℃，312h）	100℃运动黏度增长值（%）	≤4			SH/T 0123
	沉淀值增长值（mL）	≤0.1			

续表

项　　目		质量指标			试验方法
		黏度等级（GB/T 3141）			
		150	220	320	
承载能力（四球法）	烧结负荷（P_D）[N(kgf)]	≥2450（250）			GB/T 3142
	综合磨损值 ZMZ [N(kgf)]	≥441（45）			
抗磨损性能（四球机法）	磨斑直径（196N，60min，54℃，1800r/min）(mm)	≤0.35			SH/T 0189
抗微点蚀性能测试	失效等级（级）	≥10			FVA 54/Ⅰ-Ⅳ
	耐久试验	高级			
FE8 轴承磨损试验（D-7.5/80-80）	滚柱磨损（mg）	≤30			DIN 51819-3
	保持架磨损（mg）	报告			
承载能力（FZG 目测法）（通过级）		>12			NB/SH/T 0306
剪切安定性（20h）	剪切后 40℃运动黏度(mm^2/s)	在黏度等级范围内			NB/SH/T 0845
清洁度[c]（级）		≤8			DL/T 432
橡胶相容性[d]		报告			GB/T 1690

a　结果有争议时，以 GB/T 265 为仲裁方法。

b　结果有争议时，以 GB/T 1995 为仲裁方法。

c　洁净度按照 DL/T 432 测定方法进行判定，在客户需要时，可同时提供按 GB/T 14039 的分级结果。

d　根据客户提供的橡胶试验件，双方协商确定试验条件及指标。

表 6-2　　L-CKD 型闭式齿轮油产品标准（摘自 GB 5903—2011）

项　　目		质量指标	试验方法
黏度等级（GB/T 3141）		320	
外观		透明	目测
运动黏度（40℃）(mm^2/s)		288～352	GB/T 265
运动黏度（100℃）(mm^2/s)		报告	
黏度指数		≥90	GB/T 1995[b]
表观黏度达 150000mPa·s 时的温度（℃）		（根据客户要求选做）	GB/T 11145
倾点（℃）		≤−9	GB/T 3535
水分（质量分数）（%）		≤痕迹	GB/T 260
闪点（开口）（℃）		≥200	GB/T 3536
机械杂质（质量分数）（%）		≤0.02	GB/T 511
泡沫性（泡沫倾向/泡沫稳定性）(mL/mL)	程序Ⅰ（24℃）	≤50/0	GB/T 12579
	程序Ⅱ（93.5℃）	≤50/0	
	程序Ⅲ（后 24℃）	≤50/0	
铜片腐蚀（100℃，3h）（级）		≤1	GB/T 5096
抗乳化性（82℃）	油中水（体积分数）（%）	≤2.0	GB/T 8022
	乳化层（mL）	≤1.0	
	总分离水（mL）	≤80	

续表

项　　目		质量指标	试验方法
黏度等级（GB/T 3141）		320	
液相锈蚀（24h）		无锈	GB/T 11143（B法）
氧化安定性（95℃，312h）	100℃运动黏度增长（%）	≤6	SH/T 0123
	沉淀值（mL）	≤0.1	
极压性能（梯姆肯试验机法）	OK负荷值［N(1b)］	≥267（60）	GB/T 11144
承载能力	齿轮机试验/失效法	≥12	SH/T 0306
剪切安定性（齿轮机法）	剪切后40℃运动黏度（mm^2/s）	在黏度等级范围内	SH/T 0200
四球机试验	烧结负荷（P_D）［N(kgf)］	≥2450（250）	GB/T 3142
	综合磨损指数［N(kgf)］	≥441（45）	
	磨斑直径（196N，60min，54℃，1800r/min）（mm）	≤0.35	SH/T 0189

表6-3　　合成工业齿轮油的技术要求和试验方法（摘自NB/SH/T 0467—2010）

项目		质量指标		试验方法
品种		L-GCKD（聚醚型）	L-SCKD（合成烃型）	
黏度等级（按GB/T 3141）		320	320	—
外观		均匀、透明、无可见悬浮物和污染物	均匀、透明、无可见悬浮物和污染物	目测
运动黏度（40℃）（mm^2/s）		288～352	288～352	GB/T 265
黏度指数		≥200	≥130	GB/T 1995
表观黏度达150000mPa·s时的温度（℃）		报告	报告	GB/T 11145
倾点（℃）		≤−30	≤−30	GB/T 3535
闪点（开口）（℃）		≥230	≥230	GB/T 3536
水分（体积分数）（%）		报告	痕迹	GB/T 260
机械杂质（质量分数）（%）		≤0.02	≤0.02	GB/T 511
泡沫特性（泡沫倾向/稳定性）（mL/mL）	24℃	≤50/0	≤50/0	GB/T 12579
	93.5℃	≤50/0	≤50/0	
	后24℃	≤50/0	≤50/0	
铜片腐蚀（100℃，3h）（级）		≤1	≤1	GB/T 5096
液相锈蚀		（A法）无锈	（B法）无锈	GB/T 11143
抗乳化性（82℃）	油中水（体积分数）（%）	—	≤2.0	GB/T 8022
	乳化层（mL）		≤1.0	
	总分离水（mL）		≤80	

续表

项目			质量指标		试验方法
品种			L-GCKD（聚醚型）	L-SCKD（合成烃型）	
氧化安定性（312h）	95℃	100℃运动黏度增长（%）	—	—	SH/T 0123
		沉淀值（mL）	—	—	SH/T 0024
	121℃	100℃运动黏度增长（%）	报告	≤6	
		沉淀值（mL）	—	0.1	SH/T 0024
承载能力（四球法）		烧结负荷 P_D（N）	≥2450	≥2450	GB/T 3142
		综合磨损指数（N）	≥441	≥441	
抗磨损性能（四球机法）		磨斑直径（1800r/min，196N，60min，54℃）（mm）	≤0.35	≤0.35	SH/T 0198
承载能力（FZG或CL-100齿轮机法）失效级			≥12	≥12	SH/T 0306

（二）国外风力发电机齿轮油新油标准

美国齿轮制造者协会（AGMA）对工业齿轮油规格进行了多次的修订，已经发展到AGMA 9005-E02，该标准代表了国际工业齿轮油的质量水平。AGMA 9005-E02中主要将齿轮油分为抗氧防锈齿轮油（RO）、极压抗磨齿轮油（EP）、复合齿轮油（CP）。风力发电机齿轮油主要参考极压抗磨齿轮油（黏度等级320）来进行验收，其具体要求及实验方法见表6-4。

表6-4　AGMA 9005-E02中对于320号齿轮油的技术要求和试验方法

性能		质量指标（黏度等级320）	试验方法 ISO/ASTM
运动黏度	40℃（mm^2/s）	288～352	3104/D445
	100℃（mm^2/s）	报告[a]	3104/D445
黏度指数[b]		≥90	2909/D2270
在冷启动[c]时表观黏度（mPa·s）		≤150000	无/D2983
闪点（℃）		≥200	2592/D92
抗老化性（121℃），100℃时运动黏度的增加（%）		≤8	无/D2983
水分含量[d]		$\leqslant 300\times10^{-6}$	12937/D6304
泡沫倾向（5min后/10min后）（mL）	程序Ⅰ（24℃）	≤50/0	6247/D892
	程序Ⅱ（93.5℃）	≤50/0	
	程序Ⅲ（后24℃）	≤50/0	
颗粒污染度		使用时，必须透亮无肉眼可见杂质	无 目视

续表

性　能		质量指标（黏度等级 320）	试验方法 ISO/ASTM
抗乳化性[e]（82℃）	5h 后油中水（%）	≤2.0	无/D2711（B 程序）
	乳化层（mL）	≤1.0	
	总分离水（mL）	≥80.0	
抗锈蚀，B 部分		通过	7120/D665
铜片腐蚀（100℃，3h）（级）		≤1b	2160/D130
承载能力	齿轮机试验法（FZG，A/8.3/90）（失效级）	>12	14635-1/D5182

a　润滑油供应商可以根据该方法提供产品信息。

b　如果用户、制造商或者供应商同意，黏度指数低于上述最小值也可以接受。

c　初始启动温度由用户规定。在报告温度下为 150000mPa・s。

d　桶装基础油的水含量。对于一些合成油可以接受的数值可以更大，如 PAG 和合成混合油或者合成油和矿物油的混合油。这些值需要用户、制造商和/或供应商的同意。

e　所示最大值是用于矿物油的。对于一些合成油可以接受的数值可以更大，如 PAG 和合成混合油或者合成油和矿物油的混合油。这些值需要用户、制造商和/或供应商的同意。

欧洲工业齿轮油规格的典型代表是德国工业标准 DIN 51517 规格，该规定了 Part 1（C）、Part 2（CL）和 Part 3（CLP）三个质量等级的工业齿轮油，其中 Part 1 为基础油，Part 2 为抗氧防锈型，Part 3 为极压抗磨型。在欧洲，大多数风电齿轮制造商以 DIN 51517 Part3 为基础，再追加一些特殊性能制定各自企业的 OEM 规格。ISO 国际标准化组织在 ISO 12925-1《润滑剂、工业润滑油和有关产品（L 类）C 组（齿轮）　第 1 部分：密式齿轮系统用润滑剂规格》中规定了 L-CKB、L-CKC、L-CKD、L-CKE、L-CKS、L-CKT 规格的产品标准，对于每种规格产品的特点在前面的章节已经做了说明，其中 L-CKT 为合成烃极压型低温中负荷齿轮油，多用于国际风力发电机齿轮油的监督维护，表 6-5 中列出了 ISO 12925-1：1999 中 320 号 CKT 齿轮油的具体技术要求和试验方法。

表 6-5　　ISO 12925-1：1999 中 320 号 CKT 齿轮油的规格性能要求

试验项目		性能	试验方法
黏度等级		VG320	ISO 3448
外观		透明	目视
黏度指数		≥90	DIN ISO 2909
闪点（℃）		≥200	ISO 2592
倾点（℃）		≤−18	ISO 3016
抗泡沫性	泡沫倾向/稳定性（mL）	≤100/10	ISO 6247
氧化安定性（150℃）	100℃黏度增加百分比（%）	≤6	ASTM D2893
	沉淀指数	≤0.1	
防锈性		通过（A 和 B）	ISO 7120

续表

试验项目	性能	试验方法
铜片腐蚀（100℃，3h）（级）	≤1	ISO 2160
极压性（FZG A/8，3/90℃）（失效级）	≥12	DIN 51354-2

思考题

1. 风力发电设备的主要组成部分有哪些？
2. 风力发电设备的主要润滑部位有哪些？
3. 齿轮油在风力发电机主齿箱中的作用主要有哪些？
4. 风力发电机主齿箱齿轮油的主要性能有哪些？
5. 齿轮油劣化的主要原因是什么？

第七章 辅 机 用 油

电厂主机是指锅炉、汽轮机和发电机，除这三大主机以外的配套设备均是辅机，涉及的种类很多，如加热器、除氧器、凝气设备、磨煤机、空气预热器、空气压缩机等，其中使用到油品的辅机设备主要有各种水泵、风机、磨煤机、湿磨机、空气压缩机及空气预热器等，这些辅助设备用油，称为辅机用油。辅机所用的油品主要包括汽轮机油、齿轮油、液压油及空气压缩机油。汽轮机油除用在辅机上之外，主要作为主机用油用在汽轮机润滑系统，其特性、监督与维护在前面章节已经介绍，因此不再重复。本章主要介绍工业齿轮油、液压油和空气压缩机油。

第一节 工业齿轮油

工业齿轮油用于各种机械设备齿轮及蜗轮蜗杆传动装置的润滑，在使用过程中起到润滑、冷却及防腐防锈等作用，可分为闭式齿轮油和开式齿轮油两大类。其中闭式齿轮油是工业齿轮油的主体，用于密闭的齿轮箱。有的齿轮箱本身就是油箱，有的齿轮与油箱分设，通过泵将油供到齿轮部件润滑，然后又回到油箱。开式齿轮油用于非密闭的齿轮及链条润滑系统。对于火电厂而言，主要是磨煤机、湿磨机及空气预热器使用的各种牌号的工业闭式齿轮油，本节主要论述工业闭式齿轮油。

一、工业齿轮油的分类

1. 黏度分类

我国工业齿轮油按照 GB/T 3141—1994《工业液体润滑剂 ISO 黏度分类》的规定，根据 40℃运动黏度在 32～3200mm^2/s 范围内分成 20 个黏度等级。每个黏度等级按照 40℃时中间点运动黏度的整数值（mm^2/s）来表示。每个黏度等级的运动黏度范围允许为中间点运动黏度的±10%。

2. 产品分类

我国等效采用 ISO 6743-6—1990 标准，制定了工业齿轮油的分类标准 GB/T 7631.7—1995《润滑剂和有关产品（L类）的分类 第7部分：C组（齿轮）》，将工业齿轮润滑剂分为闭式齿轮润滑剂和开式齿轮润滑剂两个类型，见表 7-1。根据产品的组成和特性，工业闭式齿轮油又分为 4 个矿物型润滑油、2 个合成型润滑油和 1 个润滑脂。

1996 年底，ISO 进一步发布了 ISO 12925-1：1996《工业闭式齿轮润滑剂规格》，该标准包括 ISO 6743-6 中 6 个润滑油型产品，去除润滑脂型（CKG），黏度等级有 11 个牌号（VG32～1500），并规定其详细的性能指标。

表 7-1　　工业齿轮油质量分类（摘自 GB/T 7631.7—1995）

组别	应用范围	特殊应用	更具体应用	组成和特性	品种代号 L-	典型应用
C	齿轮	闭式齿轮	连续润滑（用飞溅、循环或喷射）	精制矿物油，并具有抗氧、抗腐（黑色和有色金属）和抗泡性	CKB	在轻负荷下运转的齿轮
				CKB 油，并提高其极压和抗磨性	CKC	保持在正常或中等恒定油温和中负荷下运转的齿轮
				CKC 油，并提高其热氧化安定性，能使用较高的温度	CKD	在高的恒定油温和重负荷下运转的齿轮
				CKD 油，并具有低的摩擦系数	CKE	在高摩擦下运转的齿轮
				在极低和极高温度条件下使用的具有抗氧、抗摩擦和抗腐（黑色和有色金属）性的润滑剂	CKS	在更低的、低的或更高的恒定流体温度和轻负荷下运转的齿轮
				用于极低和极高温度和重负荷下的润滑剂	CKT	在更低的、低的或更高的恒定流体温度和重负荷下运转的齿轮
			连续飞溅润滑	具有极压和抗磨性的润滑脂	CKG	在轻负荷下运转的齿轮
		装有安全挡板的开式齿轮	间断、浸渍或机械应用	通常具有抗腐蚀性的沥青型产品	CKH	在中等环境温度和通常在轻负荷下运转的圆柱形齿轮或锥齿轮
				CKH 油，并提高其极压和抗磨性	CKJ	
				具有改善极压、抗磨、抗腐和热稳定性的润滑脂	CKL	在高的或更高的环境温度和重负荷下运转的圆柱形齿轮或锥齿轮
			间断应用	为允许在极限负荷条件下使用的、改善抗擦伤性的产品和具有抗腐蚀性的产品	CKM	偶然在特殊重负荷下运转的齿轮

二、工业齿轮油的技术规范

（一）新油的国家标准

我国现行工业闭式齿轮油标准为 GB 5903—2011，主要规定了 L-CKB 防锈抗氧型工业齿轮油、L-CKC 中负荷工业齿轮油、L-CKD 重负荷工业齿轮油三大主要产品的性能要求。

1. L-CKB 抗氧防锈型齿轮油

抗氧防锈型齿轮油具有良好的抗氧、防锈、抗乳化及抗泡沫性能，适用于齿面应力小于 500MPa 的一般机械设备齿轮传动的润滑，L-CKB 闭式齿轮油的技术规范见表 7-2。

2. L-CKC 中负荷工业齿轮油

这类齿轮油除了具有良好的抗氧防锈、抗乳化及抗泡沫性能外，极压抗磨性能比抗氧防锈型齿轮油有明显提高。适用于齿面应力在 500～1100MPa 的密闭式圆柱齿轮、斜齿轮及人字齿轮等传动装置的润滑。L-CKC 闭式齿轮油的技术规范见表 7-3。

3. L-CKD 重负荷工业齿轮油

这类齿轮油具有优良的极压抗磨、抗氧防锈、抗乳化及抗泡沫性能。适用于齿面应力大于1100MPa 的重负荷齿轮传动装置的润滑。L-CKD 闭式齿轮油的技术规范见表 7-4。

表 7-2　　L-CKB 型闭式齿轮油产品标准（GB 5903—2011）

<table>
<tr><th colspan="2">项　目</th><th colspan="4">质 量 指 标</th><th rowspan="2">试验方法</th></tr>
<tr><td colspan="2">黏度等级（GB/T 3141）</td><td>100</td><td>150</td><td>220</td><td>320</td></tr>
<tr><td colspan="2">运动黏度（40 ℃）（mm²/s）</td><td>90.0～110</td><td>135～165</td><td>198～242</td><td>288～352</td><td>GB/T 265</td></tr>
<tr><td colspan="2">黏度指数</td><td colspan="4">≥90</td><td>GB/ T 1995[a]</td></tr>
<tr><td colspan="2">闪点（开口）（℃）</td><td>≥180</td><td colspan="3">≥200</td><td>GB/ T 3536</td></tr>
<tr><td colspan="2">倾点（℃）</td><td colspan="4">≤−8</td><td>GB/T 3535</td></tr>
<tr><td colspan="2">水分（质量分数）（%）</td><td colspan="4">痕迹</td><td>GB/T 260</td></tr>
<tr><td colspan="2">机械杂质（质量分数）（%）</td><td colspan="4">≤0.01</td><td>GB/T 511</td></tr>
<tr><td colspan="2">铜片腐蚀（100℃，3h）（级）</td><td colspan="4">≤1</td><td>GB/T 5096</td></tr>
<tr><td colspan="2">液相锈蚀（24h）</td><td colspan="4">无锈</td><td>GB/T 1143（B法）</td></tr>
<tr><td>氧化安定性</td><td>总酸值达 2.0mg/g（以 KOH 计）的时间（h）</td><td colspan="2">≥750</td><td colspan="2">≥500</td><td>GB/T 12581</td></tr>
<tr><td colspan="2">旋转氧弹（150℃）（min）</td><td colspan="4">报告</td><td>SH/T 0193</td></tr>
<tr><td rowspan="3">泡沫性（泡沫倾向/泡沫稳定性）（mL/mL）</td><td>程序Ⅰ（24℃）</td><td colspan="4">≤75/10</td><td rowspan="3">GB/T 12579</td></tr>
<tr><td>程序Ⅱ（93.5℃）</td><td colspan="4">≤75/10</td></tr>
<tr><td>程序Ⅲ（后 24℃）</td><td colspan="4">≤75/10</td></tr>
<tr><td rowspan="3">抗乳化性（82℃）</td><td>油中水（体积分数）（%）</td><td colspan="4">≤0.5</td><td rowspan="3">GB/T 8022</td></tr>
<tr><td>乳化层（mL）</td><td colspan="4">≤2.0</td></tr>
<tr><td>总分离水（mL）</td><td colspan="4">≤30.0</td></tr>
</table>

a　测定方法也包括 GB/T 2541。结果有争议时，以 GB/T 1995 为仲裁方法。

（二）新油的行业标准

我国石化行业关于合成工业齿轮油的行业标准为 NB/SH/T 0467—2010，该标准规定了合成烃型工业齿轮油和聚醚型合成工业齿轮油的应达到的技术规范，其具体要求及试验方法见表 7-5 和表 7-6。

（三）国外工业齿轮油的标准

美国齿轮制造者协会（AGMA）对工业齿轮油规格进行了多次修订，已经发展到 AGMA 9005-E02，代表了国际工业齿轮油的质量水平。欧洲工业齿轮油规格的典型代表是德国工业标准 DIN 51517 规格，规定了 Part1（C）、Part2（CL）、Part3（CLP）、三个质量等级的工业齿轮油，其中 Part1（C）为基础油，Part2（CL）为抗氧防锈型，Part3（CLP）为极压抗磨型。ISO 国际标准化组织 ISO 12925-1《润滑剂、工业润滑油和有关产品（L 类）C 组（齿轮） 第 1 部分：密式齿轮系统用润滑剂规格》中规定了 L-CKB、L-CKC、L-CKD、L-CKE、L-CKS、L-CKT 规格的产品标准。

表 7-3 L-CKC 型闭式齿轮油产品标准（摘自 GB 5903—2011）

项目		质量指标											试验方法
黏度等级（GB/T 3141）		32	46	68	100	150	220	320	460	680	1000	1500	
运动黏度（40℃）（mm^2/s）		28.8～35.2	41.4～50.6	61.2～74.8	90.0～110	135～165	198～242	288～352	414～506	612～748	900～1100	1350～1650	GB/T 265
外观		透明											目测[a]
运动黏度（100℃）（mm^2/s）		报告											GB/T 265
黏度指数		≥90								≥85			GB/T 1995[b]
表面黏度达 150000mPa·s 时的温度[c]（℃）													GB/T 11145
倾点（℃）		≤−12				≤−9				≤−5			GB/T 3535
闪点（开口）（℃）		≥180			≥200								GB/T 3536
水分（质量分数）（%）		痕迹											GB/T 260
机械杂质（质量分数）（%）		≤0.02											GB/T 511
泡沫性（泡沫倾向/泡沫稳定性）（mL/mL）	程序Ⅰ（24℃）	≤50/0									≤75/10		GB/T 12579
	程序Ⅱ（93.5℃）	≤50/0									≤75/10		
	程序Ⅲ（后 24℃）	≤50/0									≤75/10		
铜片腐蚀（100℃，3h）（级）		≤1											GB/T 5096
抗乳化性（82℃）	油中水（体积分数）（%）	≤2.0								≤2.0			GB/T 8022
	乳化层（mL）	≤1.0								≤4.0			
	总分离水（mL）	≤80								≤50.0			
液相锈蚀（24h）		无锈											GB/T 11143（B 法）
氧化安定性（95℃，312h）	100℃运动黏度增长（%）	≤6											SH/T 0123
	沉淀值（mL）	≤0.1											
极压性能（梯姆肯试验机法）OK 负荷值［N(1b)］		≥200（45）											GB/T 11144

续表

项目		质量指标											试验方法
黏度等级（GB/T 3141）		32	46	68	100	150	220	320	460	680	1000	1500	
承载能力（齿轮机试验/失效法）		≥10		≥12			>12						SH/T 0306
剪切安定性（齿轮机法）	剪切后 40℃ 运动黏度（mm^2/s）	在黏度等级范围内											SH/T 0200

a 取 30～50mL 样品，倒入洁净的量筒中，室温下静置 10min 后，在常光下观察。

b 测定方法也包括 GB/T 2541。结果有争议时，以 GB/T 1995 为仲裁方法。

c 此项目根据客户要求进行检测。

表 7-4　　L-CKD 型闭式齿轮油产品标准（摘自 GB 5903—2011）

项目		质量指标								试验方法
黏度等级（GB/T 3141）		68	100	150	220	320	460	680	1000	
运动黏度（40℃）（mm^2/s）		61.2～74.8	90.0～110	135～165	198～242	288～352	414～506	612～748	900～1100	
外观		透明								目测[a]
运动黏度（100℃）（mm^2/s）		报告								GB/T 265
黏度指数		≥90								GB/T 1995[b]
表面黏度达 150000mPa·s 时的温度[c]（℃）										GB/T 11145
倾点（℃）		≤−12		≤−9				≤−5		GB/T 3535
水分（质量分数）（%）		痕迹								GB/T 260
闪点（开口）（℃）		≥180	≥200							GB/T 3536
机械杂质（质量分数）（%）		≤0.02								GB/T 511
泡沫性（泡沫倾向/泡沫稳定性）（mL/mL）	程序Ⅰ（24℃）	≤50/0							≤75/10	GB/T 12579
	程序Ⅱ（93.5℃）	≤50/0							≤75/10	
	程序Ⅲ（后 24℃）	≤50/0							≤75/10	
铜片腐蚀（100℃，3h）（级）		≤1								GB/T 5096
抗乳化性（82℃）	油中水（体积分数）（%）	≤2.0							≤2.0	GB/T 8022
	乳化层（mL）	≤1.0							≤4.0	
	总分离水（mL）	≤80.0							≤50.0	

续表

项目		质量指标								试验方法
黏度等级（GB/T 3141）		68	100	150	220	320	460	680	1000	
运动黏度（40℃）（mm^2/s）		61.2～74.8	90.0～110	135～165	198～242	288～352	414～506	612～748	900～1100	
液相锈蚀（24h）		无锈								GB/T 11143（B法）
氧化安定性（95℃，312h）	100℃运动黏度增长（%）	≤6						报告		SH/T 0123
	沉淀值（mL）	≤0.1						报告		
极压性能（梯姆肯试验机法）	OK负荷值［N(1b)］	≥267（60）								GB/T 11144
承载能力	齿轮机试验/失效法	≥12			>12					SH/T 0306
剪切安定性（齿轮机法）剪切后40℃运动黏度（mm^2/s）		在黏度等级范围内								SH/T 0200
四球机试验	烧结负荷（P_D）［N(kgf)］	≥2450（250）								GB/T 3142
	综合磨损指数［N(kgf)］	≥441（45）								
	磨斑直径（196N，60min，54℃，1800r/min）	≤0.35								SH/T 0189

a　取30～50mL样品，倒入洁净的量筒中，室温下静置10min后，在常温光下观察。

b　测定方法也包括GB/T 2541。结果有争议时，以GB/T 1995为仲裁方法。

c　此项目根据客户要求进行检测。

表7-5　NB/SH/T 0467—2010合成工业齿轮油的技术要求和试验方法（一）

项目	质量指标															试验方法
品种	L-SCKC								L-SCKD							
黏度等级（按GB/T 3141）	68	100	150	220	320	460	680	1000	100	150	220	320	460	680	1000	
外观	均匀、透明、无可见悬浮物和污染物								均匀、透明、无可见悬浮物和污染物							目测
运动黏度（40℃）（mm^2/s）	61.2～74.8	90～110	135～165	198～242	288～352	414～506	612～748	900～1100	90～110	135～165	198～242	288～352	414～506	612～748	900～1100	GB/T 265
黏度指数	≥130								≥130							GB/T 1995

续表

<table>
<tr><td colspan="3">项　　目</td><td colspan="15">质　量　指　标</td><td rowspan="2">试验方法</td></tr>
<tr><td colspan="3">品种</td><td colspan="8">L-SCKC</td><td colspan="7">L-SCKD</td></tr>
<tr><td colspan="3">表观黏度达 150000mPa・s 时的温度（℃）</td><td colspan="8">报告</td><td colspan="7">报告</td><td>GB/T 11145</td></tr>
<tr><td colspan="3">倾点（℃）</td><td>≤−40</td><td>≤−36</td><td>≤−30</td><td>≤−30</td><td>≤−30</td><td>≤−24</td><td>≤−24</td><td>≤−24</td><td>≤−36</td><td>≤−30</td><td>≤−30</td><td>≤−30</td><td>≤−24</td><td>≤−24</td><td>≤−24</td><td>GB/T 3535</td></tr>
<tr><td colspan="3">闪点（开口）（℃）</td><td>≥210</td><td>≥220</td><td>≥220</td><td>≥230</td><td>≥230</td><td>≥230</td><td>≥230</td><td>≥230</td><td>≥220</td><td>≥220</td><td>≥230</td><td>≥230</td><td>≥230</td><td>≥230</td><td>≥230</td><td>GB/T 3536</td></tr>
<tr><td colspan="3">水分（体积分数）（%）</td><td colspan="8">痕迹</td><td colspan="7">痕迹</td><td>GB/T 260</td></tr>
<tr><td colspan="3">机械杂质（质量分数）（%）</td><td colspan="8">≤0.02</td><td colspan="7">≤0.02</td><td>GB/T 511</td></tr>
<tr><td rowspan="3">泡沫特性（泡沫倾向/稳定性）（mL/mL）</td><td colspan="2">24℃</td><td colspan="8">≤50/0</td><td colspan="7">≤50/0</td><td rowspan="3">GB/T 12579</td></tr>
<tr><td colspan="2">93.5℃</td><td colspan="8">≤50/0</td><td colspan="7">≤50/0</td></tr>
<tr><td colspan="2">后 24℃</td><td colspan="8">≤50/0</td><td colspan="7">≤50/0</td></tr>
<tr><td colspan="3">铜片腐蚀（100℃，3h）（级）</td><td colspan="8">≤1</td><td colspan="7">≤1</td><td>GB/T 5096</td></tr>
<tr><td colspan="3">液相锈蚀实验（B 法）</td><td colspan="8">无锈</td><td colspan="7">无锈</td><td>GB/T 11143</td></tr>
<tr><td rowspan="3">抗乳化性（82℃）</td><td colspan="2">油中水（体积分数）（%）</td><td colspan="8">≤2.0</td><td colspan="7">≤2.0</td><td rowspan="3">GB/T 8022</td></tr>
<tr><td colspan="2">乳化层（mL）</td><td colspan="8">≤1.0</td><td colspan="7">≤1.0</td></tr>
<tr><td colspan="2">总分离水（mL）</td><td colspan="8">≤80</td><td colspan="7">≤80</td></tr>
<tr><td rowspan="4">氧化安定性（312h）</td><td rowspan="2">95℃</td><td>100℃运动黏度增长（%）</td><td colspan="8">≤6</td><td colspan="7">—</td><td rowspan="2">SH/T 0123</td></tr>
<tr><td>沉淀值（mL）</td><td colspan="8">≤0.1</td><td colspan="7">—</td></tr>
<tr><td rowspan="2">121℃</td><td>100℃运动黏度增长（%）</td><td colspan="8">—</td><td colspan="7">≤6</td><td>SH/T 0024</td></tr>
<tr><td>沉淀值（mL）</td><td colspan="8">—</td><td colspan="7">≤0.1</td><td>SH/T 0024</td></tr>
<tr><td rowspan="2">承载能力（四球法）</td><td colspan="2">烧结负荷 P_D（N）</td><td colspan="8">—</td><td colspan="7">≥2450</td><td rowspan="2">GB/T 3142</td></tr>
<tr><td colspan="2">综合磨损指数（N）</td><td colspan="8">—</td><td colspan="7">≥441</td></tr>
<tr><td>抗磨损性能（四球机法）</td><td colspan="2">磨斑直径（1800r/min，196N，60min，54℃）（mm）</td><td colspan="8">—</td><td colspan="7">≤0.35</td><td>SH/T 0198</td></tr>
<tr><td colspan="3">承载能力（FZG 或 CL-100 齿轮机法）失效级</td><td colspan="8">≥9</td><td colspan="7">≥12</td><td>SH/T 0306</td></tr>
</table>

表 7-6　　NB/SH/T 0467—2010 合成工业齿轮油的技术要求和试验方法（二）

项　目			质　量　指　标															试验方法
品种			L-GCKC								L-GCKD							
黏度等级（按 GB/T 3141）			68	100	150	220	320	460	680	1000	100	150	220	320	460	680	1000	—
外观			均匀、透明、无可见悬浮物和污染物								均匀、透明、无可见悬浮物和污染物							目测
运动黏度（40℃）（mm^2/s）			61.2～74.8	90～110	135～165	198～242	288～352	414～506	612～748	900～1100	90～110	135～165	198～242	288～352	414～506	612～748	900～1100	GB/T 265
黏度指数			≥160	≥170	≥180	≥190	≥200	≥220	≥220	≥220	≥170	≥180	≥190	≥200	≥220	≥220	≥220	GB/T 1995
表观黏度达 150000mPa・s 时的温度（℃）			报告								报告							GB/T 11145
倾点（℃）			≤−40	≤−36	≤−30	≤−30	≤−30	≤−24	≤−24	≤−24	≤−36	≤−30	≤−30	≤−30	≤−24	≤−24	≤−24	GB/T 3535
闪点（开口）（℃）			≥210	≥220	≥220	≥230	≥230	≥230	≥230	≥230	≥220	≥220	≥230	≥230	≥230	≥230	≥230	GB/T 3536
水分（体积分数）（%）			报告								报告							GB/T 260
机械杂质（质量分数）（%）			≤0.02								≤0.02							GB/T 511
泡沫特性（泡沫倾向/稳定性）（mL/mL）	24℃		≤50/0								≤50/0							GB/T 12579
	93.5℃		≤50/0								≤50/0							
	后 24℃		≤50/0								≤50/0							
铜片腐蚀（100℃，3h）（级）			≤1								≤1							GB/T 5096
液相锈蚀实验（A 法）			无锈								无锈							GB/T 11143
氧化安定性（312h）	95℃	100℃运动黏度增长（%）	报告								—							SH/T 0123
	121℃	100℃运动黏度增长（%）	—								报告							
承载能力（四球机法）	烧结负荷 P_D（N）		—								≥2450							GB/T 3142
	综合磨损指数（N）		—								≥441							
抗磨损性能（四球机法）	磨斑直径（1800r/min，196N，60min，54℃）（mm）		—								≤0.35							SH/T 0198
承载能力（FZG 或 CL-100 齿轮机法）	失效级		报告								≥12							SH/T 0306

三、工业齿轮油的性能

（一）黏度和黏温性

适宜的黏度可以保证在弹性流体形成足够厚的油膜，使齿轮具有足够的承载能力，降低齿面磨损。齿轮油的黏度决定着润滑膜形成的厚度。黏度过低，形成油膜薄，易破裂，引起摩擦齿面的直接接触，使齿面磨损剧烈，发热严重时发生烧结。黏度过大，油品内摩擦力大，流动性差，齿轮在运转中会造成阻力发热及动力损失。所谓黏温性是指黏度随温度变化的性质，用黏度指数表示。黏度指数越高，黏度随温度的变化越小，可以保证在高温或低温时均形成适宜厚度的油膜，保证润滑效果。

（二）极压抗磨性

极压抗磨性能是齿轮油的最重要性能。齿轮在传动中，齿与齿间接触面不大，啮合部压力很高，润滑条件苛刻，对润滑油要求很高。为了使齿面不产生擦伤、胶合、点蚀及磨损，齿轮油应具有良好的极压抗磨性，在高速、低速重载荷和冲击负荷下，要靠齿轮油来形成润滑膜，防止齿轮金属工作面直接接触。如果齿轮油的极压抗磨性差，轻则会造成齿面磨损，重则会使齿面擦伤、剥落，甚至发生胶合，严重影响齿轮传动机构的正常工作。

（三）抗氧化安定性

由于齿轮油在工作中受摩擦工作面产生的热而使温度升高，同时还接触空气、水和具有催化作用的金属，因此很容易氧化。齿轮油氧化变质后会失去原有的性质，不但不能保证齿轮传动机构的正常工作，而且氧化产生的酸还会腐蚀金属，氧化产生的油泥、漆膜会沉积在齿轮表面，严重影响齿轮的正常润滑。因此，齿轮油的抗氧化性能决定油品的使用寿命。

（四）抗剪切安定性

工业齿轮油在齿轮传动过程中会受到机械剪切作用，油品中的高分子化合物分子链被剪断成小分子化合物，造成油品黏度下降，油品黏温性能也随之下降，使齿面得不到充分润滑，容易发生齿面损坏现象。

（五）防腐防锈性

齿轮油中含有活性添加剂组分，在边界润滑状态时，这些活性组分要与齿面金属反应生成化学反应膜，保证齿轮工作面的润滑。另外，齿轮传动机构中还有许多铜或铜合金部件，油中的活性组分不应腐蚀这些铜部件。齿轮油在使用中发生氧化会产生腐蚀性酸，要防止它们对金属的腐蚀。在齿轮运转中，因油被氧化而形成油泥、胶质及酸性物质使齿轮生锈，特别是和冷凝水接触时也容易生锈和腐蚀，所以要求齿轮油具有良好的防锈性能。

（六）抗泡沫性

齿轮油受激烈搅动，产生泡沫，会导致供油不足、产生泡沫而降低润滑性能，所以要求齿轮油具有良好的抗泡沫性。

（七）抗乳化性

齿轮在运转中常接触到冷凝水和冷凝液等使齿轮油乳化，引起添加剂水解或沉淀分离，产生有害物质，使齿轮油变质，失去润滑性，所以要求齿轮油具有良好的抗乳化性。如果油品不具备将混入油中的水迅速彻底分离的能力，则可能由于油品的乳化而使其润滑性和流动性变差，使油品其他性能如极压抗磨、防腐防锈性能遭到破坏。

油品的抗乳化性与基础油的精制深度有关，精制越深，油的抗乳化性越好，随着基础油黏度的增加，馏分变重，胶质、重芳烃等极性物质增多，其抗氧、抗乳化性随之下降。

工业齿轮油所加添加剂大多属表面活性剂，都对油水界面张力产生影响，从而改变了油品的抗乳化性。因此，工业齿轮油的乳化除基础油的影响外，抗乳化剂的种类、抗乳化剂与其他添加剂之间的配伍性对其影响更大。在使用中，由于添加剂的降解和消耗，会使原配方中的抗乳化性能发生变化，从而降低了油品的抗乳化性。

第二节　液　压　油

液压传动利用各种元件来组成所需要的控制回路，再由若干回路有机组合成为完成一定控制功能的传动系统来完成能量的传递、转换和控制。液压油是液压系统中传递和转换能量的工作介质，同时还具有润滑、冷却、防锈、减震等作用。液压油是工业润滑油的一大类，占工业润滑油的40%～50%，可以是石油型的，亦可以是水型或其他有机物组成的。其中石油型矿物液压油占93%，各种抗燃液压油占7%。对于火电厂而言，主要是各种水泵风机及湿磨机使用的各种牌号液压油。

一、液压油的分类

（一）黏度分类标准

液压油（液）的黏度分类标准采用GB/T 3141—1994，该标准等效采用国际标准ISO 3448—1992《工业液体润滑油－ISO黏度分类》。本黏度分类以40℃运动黏度为基础，在国际上具有互换性和先进性。其分类见表7-7。

表7-7　　GB/T 3141—1994液压油（液）黏度分类

GB/T 3141—1994规定黏度等级	40℃运动黏度范围（mm^2/s）	ISO黏度等级
15	13.5～16.5	VG15
22	19.8～24.2	VG22
32	28.8～35.2	VG32
46	41.4～50.6	VG46
68	61.2～74.8	VG68
100	90～110	VG100
150	135～165	VG150

（二）产品分类标准

1982年国际标准化组织（ISO）提出ISO 6743-4：1982《润滑剂、工业用油和相关产品的分类—第4部分：H组》，即该分类较系统地反映了液压油（液）间的互相关系和发展。1999年国际标准化组织发布了ISO 6743-4：1999，与1982版分类标准相比，增加HETG、HEPG、HEES、HEPR四种环境可接受液压液，取消HFDS、HFDT两种对环境和健康有害的难燃液压液。

2003年我国等同采用ISO 6743-4：1999分类标准，发布液压油（液）产品分类标准GB/T 7631.2—2003，代《润滑剂、工业用油和相关产品（L类）的分类　第2部分：H组（液压系统）》替历次版本GB 2512—1981、GB/T 7631.2—1987。GB/T 7631.2—2003于2003年10月实施，暂不包括汽车刹车液和航空液压液，见表7-8。

表 7-8　GB/T 7631.2—2003 液压油（液）分类

组别符号	应用范围	特殊应用	更具体应用	组成和特性	产品符号 ISO-L	典型应用	备注
H	液压系统	流体静压系统		无抑制剂的精制矿物油	HH		
				精制矿物油，并改善其防锈和抗氧性	HL		
				HL 油，并改善其抗磨性	HM	有高负荷部件的一般液压系统	
				HL 油，并改善其黏温性	HR		
				HM 油，并改善其黏温性	HV	建筑和船舶设备	
				无特定难燃性的合成液	HS		特殊性能
			用于要求使用环境可接受液压液的场合	甘油三酸脂	HETG	一般液压系统（可移动式）	每个品种的基础液的最小含量应不少于 70%（质量）
				聚乙二醇	HEPG		
				合成脂	HEES		
				聚 α 烯烃和相关烃类产品	HEPR		
			液压导轨系统	HM 油，并具有抗黏-滑性	HG	液压和滑动轴承导轨润滑系统合用的机床在低速下使振动或间断滑动（黏-滑）减为最小	这种液体具有多种用途，但并非在所有液压应用中皆有效
			用于使用难燃液压液的场合	水包油型乳化液	HFAE		通常含水量大于 80%（质量）
				化学水溶液	HFAS		通常含水量大于 80%（质量）
				油包水型乳化液	HFB		
				含聚合物水溶液[a]	HFC		通常含水量大于 35%（质量）
				磷酸酯无水合成液[a]	HFDR		
				其他成分的无水合成液[a]	HFDU		
		流体动力系统	自动传动系统		HA		与这些应用有关的分类尚未进行详细地研究，以后可以增加
			耦合器和变矩器		HN		

二、液压油的技术规范

（一）新油的国家标准

我国于1994年制定矿物油型和合成烃型液压油产品标准GB 11118.1—1994《矿物油型和合成烃型液压油》，后于2011年进行了修订，即GB 11118.1—2011《液压油（L-HL、L-HM、L-HV、L-HS、L-HG）》，包括HL、HM、HV、HS、HG五大类液压油产品。

1. HH液压油

一种不含任何添加剂的精制矿物油。其热氧化安定性差、易起泡，在液压设备中使用周期短，因此我国未生产此类产品。

2. HL液压油

由精制深度较高的APⅡ类（采用溶剂精制加工工艺）基础油，加入抗氧、防锈、抗泡添加剂制成，具有良好的氧化安定性和防锈性能。在无特殊极压抗磨性能要求的通用工业设备，如一般机床的液压箱、主轴箱和齿轮箱中使用时，可以减少机床润滑部位摩擦副的磨损，降低温升，防止设备锈蚀，延长机床加工精度的保持性，而且使用时间比普通机械油增加一倍以上，产品标准见表7-9。

3. HM液压油

从防锈、抗氧液压油基础上发展而来，不仅具有良好的防锈、抗氧性，在抗磨性方面表现更为突出。使用抗磨液压油的高压油泵，寿命比用防锈、抗氧液压油要长。产品标准见表7-10。

4. HR液压油

一种在环境温度变化大的中、低压液压系统中使用的液压油。该油在良好的防锈、抗氧基础上加有黏度指数改进剂，使油品黏度随温度变化不大。这种油使用面窄，用量小，又可用L-HV油替代，故国内尚未生产，也未列入产品国家标准中。

5. HV、HS液压油

两个不同档次的低温液压油。HV主要用于寒区，HS主要用于严寒区。HV液压油是采用深度脱蜡精制的矿物润滑油或与α烯烃合成油混合构成低倾点基础油，添加防锈、抗氧、抗磨、黏度指数改进剂、降凝剂等制成倾点不高于−36℃的低温液压油。

HS液压油是以低温性能优良的α烯烃合成油为基础，添加与HV液压油类似的添加剂，构成倾点不高于−45℃的低温液压油。

HV、HS液压油在GB 7631.2—2003中均属宽温度范围变化下使用的液压油，可称为低温抗磨液压油。此两种油都有低的倾点、优良的抗磨性、低温流动性和低温泵送性。黏度指数均大于130，由于油中加有高分子聚合物的黏度指数改进剂，因此要求油品还要有较好的剪切安定性。HV、HS液压油的标准见表7-11和表7-12。

6. HG液压油

是在HM液压油基础上添加抗黏滑剂（油性剂或减摩剂）构成的一类液压油。该油不仅具有优良的防锈、抗氧、抗磨性能，而且具有优良的抗黏滑性。目前的液压-导轨油属这一类产品。对于液压及导轨润滑为一个油路系统的精密机床，必须选用液压-导轨油。其标准见表7-13。

以上各种液压油均为易燃的烃类液压油。

表 7-9　L-HL 抗氧防锈液压油的技术要求和试验方法（摘自 GB 11118.1—2011）

项目		质量指标							试验方法
黏度等级（GB/T 3141）		15	22	32	46	68	100	150	
密度（20℃）[a]（kg/m^3）		报告							GB/T 1884 和 GB/T 1885
色度（号）		报告							目测
外观		透明							目测
闪点（开口）（℃）		≥140	≥165	≥175	≥185	≥195	≥205	≥215	GB/T 3536
运动黏度（mm^2/s）	40℃	13.5～16.5	19.8～24.2	28.8～35.2	41.4～50.6	61.2～74.8	90～110	135～165	GB/T 265
	0℃	≤140	≤300	≤420	≤780	≤1400	≤2560	—	
黏度指数[b]		≥80							GB/T 1995
倾点[c]（℃）		≤−12	≤−9	≤−6	≤−6	≤−6	≤−6	≤−6	GB/T 3535
酸值[d]（以 KOH 计）（mg/g）		报告							GB/T 4945
水分（质量分数）（%）		痕迹							GB/T 260
机械杂质		无							GB/T 511
清洁度[e]									DL/T 432 和 GB/T 14039
铜片腐蚀（100℃，3h）（级）		≤1							GB/T 5096
液相锈蚀（24h）		无锈							GB/T 11143（A 法）
泡沫性（泡沫倾向/泡沫稳定性）（mL/mL）	程序Ⅰ（24℃）	≤150/0							GB/T 12579
	程序Ⅱ（93.5℃）	≤75/0							
	程序Ⅲ（后 24℃）	≤150/0							
空气释放值（50℃）（min）		≤5	≤7	≤7	≤10	≤12	≤15	≤25	SH/T 0308
密封适应性指数		≤14	≤12	≤10	≤9	≤7	≤6	报告	SH/T 0305
抗乳化性（乳化液到 3mL 的时间）（min）	54℃	≤30	≤30	≤30	≤30	≤30	—	—	GB/T 7305
	82℃	—	—	—	—	—	≤30	≤30	
氧化安定性	1000h 后总酸值（以 KOH 计）[f]（mg/g）	—	≤2.0						GB/T 12581
	1000h 后油泥（mg）	—	报告						SH/T 0565

续表

项目	质量指标							试验方法
黏度等级（GB/T 3141）	15	22	32	46	68	100	150	
旋转氧弹（150℃）（min）	报告	报告						SH/T 0193
磨斑直径（392N，60min，75℃，1200r/min）（mm）	报告							SH/T 0189

a 测定方法也包括用 SH/T 0604。

b 测定方法也包括用 GB/T 2541，结果有争议时，以 GB/T 1995 为仲裁方法。

c 用户有特殊要求时，可与生产单位协商。

d 测定方法也包括用 GB/T 264。

e 由供需双方协商确定，也包括用 NAS 1638 分级。

f 黏度等级为 15 的油不测定，但所含抗氧剂类型和量应与产品定型时黏度等级为 22 的试验油样相同。

表 7-10　L-HM 抗磨液压油（高压、普通）的技术要求和试验方法（摘自 GB 11118.1—2011）

项目		质量指标										试验方法
		L-HM（高压）				L-HM（普通）						
黏度等级（GB/T 3141）		32	46	58	100	22	32	46	68	100	150	
密度[a]（20℃）（kg/m³）		报告				报告						GB/T 1884 和 GB/T 1885
色度（号）		报告				报告						GB/T 6540
外观		透明				透明						目测
闪点（开口）（℃）		≥175	≥185	≥195	≥205	≥165	≥175	≥185	≥195	≥205	≥215	GB/T 3536
运动黏度（mm^2/s）	40℃	28.8～35.2	41.4～50.6	61.2～74.8	90～110	19.8～24.2	28.8～35.2	41.4～50.6	61.2～74.8	90～110	135～165	GB/T 265
	0℃	—	—	—	—	≤300	≤420	≤780	≤1400	≤2560	—	
黏度指数[b]		≥95				≥85						GB/T 1995
倾点[c]（℃）		≤−15	≤−9	≤−9	≤−5	≤−15	≤−15	≤−9	≤−9	≤−9	≤−9	GB/T 3535
酸值[d]（以 KOH 计）（mg/g）		报告				报告						GB/T 4945
水分（质量分数）（%）		痕迹				痕迹						GB/T 260

续表

项目		质量指标										试验方法
		L-HM（高压）				L-HM（普通）						
黏度等级（GB/T 3141）		32	46	58	100	22	32	46	68	100	150	
机械杂质		无				无						GB/T 511
清洁度[e]												DL/T 432 和 GB/T 14039
铜片腐蚀（100℃，3h）（级）		≤1				≤1						GB/T 5096
硫酸盐灰分（%）		报告				报告						GB/T 2433
液相锈蚀（24h）	A 法	—				无锈						GB/T 11143
	B 法	无锈				—						
泡沫性（泡沫倾向/泡沫稳定性）（mL/mL）	程序Ⅰ（24℃）	≤150/0				≤150/0						GB/T 12579
	程序Ⅱ（93.5℃）	≤75/0				≤75/0						
	程序Ⅲ（后 24℃）	≤150/0				≤150/0						
空气释放值（50℃）（min）		≤6	≤10	≤13	报告	≤5	≤6	≤10	≤13	报告	报告	SH/T 0308
抗乳化性（乳化液到 3mL 的时间）（min）	54℃	≤30	≤30	≤30	—	≤30	≤30	≤30	≤30	—	—	GB/T 7305
	82℃	—	—	—	≤30	—	—	—	—	≤30	≤30	
密封适应性指数		≤12	≤10	≤8	报告	≤13	≤12	≤10	≤8	报告	报告	SH/T 0305
氧化安定性	1500h 后总酸值（以 KOH 计）（mg/g）	≤2.0				—						GB/T 12581
	1000h 后总酸值（以 KOH 计）（mg/g）	—				≤2.0						GB/T 12581
	1000h 后油泥（mg）	报告				报告						SH/T 0565
旋转氧弹（150℃）（min）		报告				报告						SH/T 0193
抗磨性	齿轮机试验[f]（失效级）	≥10	≥10	≥10	≥10	—	≥10	≥10	≥10	≥10	≥10	SH/T 0306
抗磨性	叶片泵试验（100h，总失重）[f]（mg）	—	—	—	—	≤100	≤100	≤100	≤100	≤100	≤100	SH/T 0307
抗磨性	磨斑直径（392N，60min，75℃，1200r/min）（mm）	报告				报告						SH/T 0189
抗磨性 双泵（T6H20C）试验[f]	叶片和柱销总失重（mg）	≤15				—						附录 A
抗磨性 双泵（T6H20C）试验[f]	柱塞总失重（mg）	≤300										

续表

项　目		质　量　指　标										试验方法
		L-HM（高压）				L-HM（普通）						
黏度等级（GB/T 3141）		32	46	58	100	22	32	46	68	100	150	
水解安定性	铜片失重（mg/cm^2）	≤0.2				—						SH/T 0301
	水层总酸度（以 KOH 计）（mg）	≤4.0				—						
	铜片外观	未出现灰、黑色				—						
热稳定性（135℃，168h）	铜棒失重（mg/200mL）	≤10				—						SH/T 0209
	钢棒失重（mg/200mL）	报告				—						
	总沉渣重（mg/100mL）	≤100				—						
	40℃运动黏度变化率（%）	报告				—						
	酸值变化率（%）	报告				—						
	铜棒外观	报告				—						
	钢棒外观	不变色				—						
过滤性（s）	无水	≤600				—						SH/T 0210
	2%水[g]	≤600				—						
剪切安定性（250 次循环后，40℃运动黏度下降率）（%）		≤1				—						SH/T 0103

a　测定方法也包括用 SH/T 0604。

b　测定方法也包括用 GB/T 2541。结果有争议时，以 GB/T 1995 为仲裁方法。

c　用户有特殊要求时，可与生产单位协商。

d　测定方法也包括用 GB/T 264。

e　由供需双方协商确定。也包括用 NAS 1638 分级。

f　对于 L-HM（普通）油，在产品定型时，允许只对 L-HM 22（普通）进行叶片泵试验，其他各黏度等级油所含功能剂类型和量应与产品定型时 L-HM 22（普通）试验油样相同。对于 L-HM（高压）油，在产品定型时，允许只对 L-HM 32（高压）进行齿轮机试验和双泵试验，其他各黏度等级油所含功能剂类型和量应与产品定型时 L-HM 32（高压）试验油样相同。

g　有水时的过滤时间不超过无水时的过滤时间的两倍。

表 7-11　L-HV 低温液压油的技术要求和实验方法（摘自 GB 11118.1—2011）

项目		质量指标							试验方法
黏度等级（GB/T 3141）		10	15	22	32	46	68	100	
密度[a]（20℃）（kg/m^3）		报告							GB/T 1884 和 GB/T 1885
色度（号）		报告							GB/T 6540
外观		透明							目测
闪点（℃）	开口	—	≥125	≥175	≥175	≥180	≥180	≥190	GB/T 3536
	闭口	≥100	—	—	—	—	—	—	GB/T 261
运动黏度（40℃）（mm^2/s）		9.00～11.0	13.5～16.5	19.8～24.2	28.8～35.2	41.4～50.6	61.2～74.8	90～110	GB/T 265
运动黏度 1500mm^2/s 时的温度（℃）		≤−33	≤−30	≤−24	≤−18	≤−12	≤−6	≤0	GB/T 265
黏度指数[b]		≥130	≥130	≥140	≥140	≥140	≥140	≥140	GB/T 1995
倾点[c]（℃）		≤−39	≤−36	≤−36	≤−33	≤−33	≤−30	≤−21	GB/T 3535
酸值[d]（以 KOH 计）（mg/g）		报告							GB/T 4945
水分（质量分数）（%）		痕迹							GB/T 260
机械杂质		无							GB/T 511
清洁度[e]									DL/T 432 和 GB/T 14039
铜片腐蚀（100℃，3h）（级）		≤1							GB/T 5096
硫酸盐灰分（%）		报告							GB/T 2433
液相锈蚀（24h）		无锈							GB/T 11143（B 法）
泡沫性（泡沫倾向/泡沫稳定性）（mL/mL）	程度Ⅰ（24℃）	≤150/0							GB/T 12579
	程度Ⅱ（93.5℃）	≤75/0							
	程度Ⅲ（后 24℃）	≤150/0							
空气释放值（50℃）（min）		≤5	≤5	≤6	≤8	≤10	≤12	≤15	SH/T 0308
抗乳化性（乳化液到 3mL 的时间）（min）	54℃	≤30	≤30	≤30	≤30	≤30	≤30	—	GB/T 7305
	82℃	—	—	—	—	—	—	≤30	
剪切安定性（250 次循环后，40℃运动黏度下降率）（%）		≤10							SH/T 0103
密封适应性指数		报告	≤16	≤14	≤13	≤11	≤10	≤10	SH/T 0305
氧化安定性	1500h 后总酸值（以 KOH 计）[f]（mg/g）	—	—	≤2.0					GB/T 12581
	1000h 后油泥（mg）	—	—	报告					SH/T 0565

续表

项目			质量指标							试验方法
黏度等级（GB/T 3141）			10	15	22	32	46	68	100	
旋转氧弹（150℃）(min)			报告	报告	报告					SH/T 0193
抗磨性	齿轮机试验[g]（失效级）		—	—	—	≥10	≥10	≥10	≥10	SH/T 0306
	磨斑直径（392N，60min，75℃，1200r/min）(mm)		报告							SH/T 0189
	双泵(T6H20C)试验[g]	叶片和柱销总失重（mg）	—	—	—	≤15				附录 A
		柱塞总失重（mg）	—	—	—	≤300				
水解安定性		铜片失重（mg/cm^2）	≤0.2							SH/T 0301
		水层总酸度（以 KOH 计）(mg)	≤4.0							
		铜片外观	未出现灰、黑色							
热稳定性（135℃，168h）		铜棒失重（mg/200mL）	≤10							SH/T 0209
		钢棒失重（mg/200mL）	报告							
		总沉渣重（mg/100mL）	≤100							
		40℃运动黏度变化（%）	报告							
		酸值变化率（%）	报告							
		铜棒外观	报告							
		钢棒外观	不变色							
过滤性（s）		无水	≤600							SH/T 0210
		2%水[h]	≤600							

a 测定方法也包括用 SH/T 0604。

b 测定方法也包括用 GB/T 2541。结果有争议时，以 GB/T 1995 为仲裁方法。

c 用户有特殊要求时，可与生产单位协商。

d 测定方法也包括用 GB/T 264。

e 由供需双方协商确定。也包括用 NAS 1638 分级。

f 黏度等级为 10、15 的油不测定，但所含抗氧剂类型和量应与产品定型黏度等级为 22 的试验油样相同。

g 在产品定型时，允许只对 L-HV 32 油进行齿轮机试验和双泵试验，其他各黏度等级所含功能剂类型和量应与产品定型时黏度等级为 32 的试验油样相同。

h 有水时的过滤时间不超过无水时的过滤时间的两倍。

表 7-12　L-HS 超低温液压油的技术要求和试验方法（摘自 GB 11118.1—2011）

项目		质量指标					试验方法
黏度等级（GB/T 3141）		10	15	22	32	46	
密度[a]（20℃）（kg/m³）		报告					GB/T 1884 和 GB/T 1885
色度（号）		报告					GB/T 6540
外观		透明					目测
闪点（℃）	开口	—	≥125	≥175	≥175	≥180	GB/T 3536
	闭口	≥100	—	—	—	—	GB/T 261
运动黏度（40℃）（mm²/s）		9.0～11.0	13.5～16.5	19.8～24.2	28.8～35.2	41.4～50.6	GB/T 265
运动黏度 1500mm²/s 时的温度（℃）		≤−39	≤−36	≤−30	≤−24	≤−18	GB/T 265
黏度指数[b]		≥130	≥130	≥150	≥150	≥150	GB/T 1995
倾点[c]（℃）		≤−45	≤−45	≤−45	≤−45	≤−39	GB/T 3535
酸值[d]（以 KOH 计）（mg/g）		报告					GB/T 4945
水分（质量分数）（%）		痕迹					GB/T 260
机械杂质		无					GB/T 511
清洁度[e]							DL/T 432 和 GB/T 14039
铜片腐蚀（100℃，3h）（级）		≤1					GB/T 5096
硫酸盐灰分（%）		报告					GB/T 2433
液相锈蚀（24h）		无锈					GB/T 11143（B 法）
泡沫性（泡沫倾向/泡沫稳定性）（mL/mL）	程度Ⅰ（24℃）	≤150/0					GB/T 12579
	程度Ⅱ（93.5℃）	≤75/0					
	程序Ⅲ（后 24℃）	≤150/0					
空气释放值（50℃）（min）		≤5	≤5	≤6	≤8	≤10	SH/T 0308

续表

项目			质量指标					试验方法
黏度等级（GB/T 3141）			10	15	22	32	46	
抗乳化性（乳化液到 3mL 的时间）(min)		54℃	≤30					GB/T 7305
剪切安定性（250 次循环后，40℃运动黏度下降率）(%)			≤10					SH/T 0103
密封适应性指数			报告	≤16	≤14	≤13	≤11	SH/T 0305
氧化安定性	1500h 后总酸值（以 KOH 计）[f]（mg/g）		—	—	≤2.0			GB/T 12581
	1000h 后油泥（mg）		—	—	报告			SH/T 0565
旋转氧弹（150℃）(min)			报告	报告	报告			SH/T 0193
抗磨性	齿轮机试验[g]（失效级）		—	—	—	≥10	≥10	SH/T 0306
	磨斑直径（392N，60min，75℃，1200r/min）(mm)		报告					SH/T 0189
	双泵（T6H20C）试验[g]	叶片和柱销总失重（mg）	—	—	—	≤15		附录 A
		柱塞总失重（mg）	—	—	—	≤300		
水解安定性	铜片失重（mg/cm^2）		≤0.2					SH/T 0301
	水层总酸度（以 KOH 计）(mg)		≤4.0					
	铜片外观		未出现灰、黑色					
热稳定性（135℃，168h）	铜棒失重（mg/200mL）		≤10					SH/T 0209
	钢棒失重（mg/200mL）		报告					
	总沉渣重（mg/100mL）		≤100					
	40℃运动黏度变化率（%）		报告					
	酸值变化率（%）		报告					
	铜棒外观		报告					
	钢棒外观		不变色					

续表

项目		质量指标					试验方法
黏度等级（GB/T 3141）		10	15	22	32	46	
过滤性（s）	无水	≤600					SH/T 0210
	2%水[h]	≤600					

a 测定方法也包括用 SH/T 0604。

b 测定方法也包括用 GB/T 2541。结果有争议时，以 GB/T 1995 为仲裁方法。

c 用户有特殊要求时，可与生产单位协商。

d 测定方法也包括用 GB/T 264。

e 由供需双方协商确定。也包括用 NAS 1638 分级。

f 黏度等级为 10 和 15 的油不测定，但所含抗氧剂类型和量应与产品定型时黏度等级为 22 的试验油样相同。

g 在产品定型时，允许只对 L-HS 32 进行齿轮机试验和双泵试验，其他各黏度等级油所含功能剂类型和量应与产品定型时黏度等级为 32 的试验油样相同。

h 有水时的过滤时间不超过无水时的过滤时间的两倍。

表 7-13　L-HG 液压导轨油的技术要求和试验方法（摘自 GB 11118.1—2011）

项目	质量指标				试验方法
黏度等级（GB/T 3141）	32	46	68	100	
密度[a]（20℃）（kg/m^3）	报告				GB/T 1884 和 GB/T 1885
色度（号）	报告				GB/T 6540
外观	透明				目测
闪点（开口）（℃）	≥175	≥185	≥195	≥205	GB/T 3536
运动黏度（40℃）（mm^2/s）	28.8～35.2	41.4～50.6	61.2～74.8	90～110	GB/T 265
黏度指数[b]	≥90				GB/T 1995
倾点[c]（℃）	≤−6	≤−6	≤−6	≤−6	GB/T 3535
酸值[d]（以 KOH 计）（mg/g）	报告				GB/T 4945
水分（质量分数）（%）	痕迹				GB/T 260
机械杂质	无				GB/T 511

续表

项　目		质　量　指　标				试验方法
黏度等级（GB/T 3141）		32	46	68	100	
清洁度[e]						DL/T 432 和 GB/T 14039
铜片腐蚀（100℃，3h）（级）		≤1				GB/T 5096
液相锈蚀（24h）		无锈				GB/T 11143（A 法）
皂化值（以 KOH 计）（mg/g）		报告				GB/T 8021
泡沫性（泡沫倾向/泡沫稳定性）（mL/mL）	程序Ⅰ（24℃）	≤150/0				GB/T 12579
	程序Ⅱ（93.5℃）	≤75/0				
	程序Ⅲ（后 24℃）	≤150/0				
密封适应性指数		报告				SH/T 0305
抗乳化性（乳化液到 3mL 的时间）（min）	54℃	报告			—	GB/T 7305
	82℃	—			报告	
黏滑特性（动静摩擦系数差值）[f]		≤0.08				SH/T 0361 的附录 A
氧化安定性	1000h 后总酸值/（以 KOH 计）（mg/g）	≤2.0				GB/T 12581
	1000h 后油泥（mg）	报告				SH/T 0565
	旋转氧弹（150℃）（min）	报告				SH/T 0193
抗磨性	齿轮机试验（失效级）	≥10				SH/T 0306
	磨斑直径（392N，60min，75℃，1200r/min）（mm）	报告				SH/T 0189

a　测定方法也包括用 SH/T 0604。

b　测定方法也包括用 GB/T 2541。结果有争议时，以 GB/T 1995 为仲裁方法。

c　用户有特殊要求时，可与生产单位协商。

d　测定方法也包括用 GB/T 264。

e　由供需双方协商确定。也包括用 NAS 1638 分级。

f　经供、需双方商定后也可以采用其他黏滑特性测定法。

（二）国外液压油的标准

欧美国家有代表性的液压油规格主要有德国国家工业标准 DIN 51524，包括三部分，DIN 51524-1 为 HL 液压油，DIN 51524-2 为 HLP（相当于 HM）液压油，DIN 51524-3 为 HVLP（相当于 HV）液压油。国际标准化组织 ISO 出台了 ISO 11158，规定了 HH、HL、HM、HR、HV、HG 六种规格的液压油。另外，ASTM D6158 也在 2014 年完成修订，颁布实施。

三、液压油的性能

（一）黏度和黏温特性

黏度是液压油的主要指标，对系统的平稳工作有着重要影响。黏度过小时，润滑表面容易产生磨损，从而使液压元件的内漏和外漏增加，泵容积效率降低，油温上升。而黏度过大时，泵吸油困难，流动过程能量损失增加，系统的发热增加，油温也升高。因此，必须具有合适的黏度。

黏温性是指油液黏度随温度而变化的程度，通常用黏数指数表示。黏度指数越大，表示油品的黏度随温度的变化程度越小，即随着温度的升高油品黏度下降越小，从而使液压系统的内泄漏不致过大；同时，黏度指数越大，表示随着温度的降低油品黏度升高也越小，这就保证了油品在低温下的黏度小于泵的最大启动黏度。因此，高黏度指数的油品的温度适用范围更宽。

（二）润滑性（抗磨性）

液压系统有大量的运动部件需要润滑以防止相对运动表面的磨损，特别是压力较高的系统，对液压油的抗磨性要求很高。在液压系统中，泵和大功率的油马达是主要运动部件。在启动和停车时往往可能处于边界润滑状态。在这种情况下，若液压油润滑不良、抗磨性差，则会发生黏着磨损、磨粒磨损和疲劳磨损，造成泵和油马达性能降低、寿命缩短、系统发生故障。因此，在液压油中常常添加一定量的抗磨和抗极压添加剂，如磷酸三甲苯酯和二烷基二硫代磷酸锌等，以提高油品的抗磨性和抗极压性能，满足润滑要求。

（三）抗剪切安定性

由于液压油经过泵、阀节流口和缝隙时，要经受剧烈的剪切作用，导致油中的一些大分子聚合物如增黏剂的分子断裂，变成小分子，使黏度降低，当油的黏度下降到一定程度后，就不能继续使用。因此，要求液压油具有良好的剪切安定性。

（四）抗氧化性和热稳定性

油品在高温下运行，在钢、铜等金属的催化作用下，会发生氧化，生成油泥等沉积物。过度的氧化会造成油品黏度和酸值的增长，造成阀黏结、油泥堵塞和铜腐蚀等，损害液压系统，同时使油品的寿命大大缩短，因此要求油品有良好的氧化安定性和热稳定性。由于节能、环保等各方面的原因，工程机械各设备制造商纷纷要求延长油品的换油期，对油品此项的要求也越来越高。

（五）防锈和防腐蚀性

液压油在使用过程中，不可避免地要接触水分和空气以及氧化后产生的酸性物质，这些都会使金属生锈和腐蚀，影响液压系统的正常工作。造成金属表面的锈蚀，要影响液压元件的精度，另外，锈蚀颗粒脱落，造成磨损。同时锈粒又是油品氧化变质的催化剂。因此，要求液压油具有良好的防锈性和防腐蚀性，以保证液压传动系统长时间地正常运转。

（六）耐水性

抗磨液压油的耐水性是指其抗乳化性能与水解安定性。油品和水形成乳化液的能力是乳化性，油品和水形成的乳化液分为两层的能力是抗乳化性，油品与水接触时抗水反应的能力是水解安定性，这两个性能对在潮湿环境下工作的液压机械和有水能进入油中的液压机械都十分重要。如果抗磨液压油的抗乳化性能差，会使水和油品形成的乳化液不能及时分开，降低油品的润滑性，增大泵和运动部件的磨损，缩短换油期。如果油的水解安定性差，油中有水时油与水在高温下反应生成水溶性酸腐蚀部件，尤其是铜部件。因此，要求液压油具有良好的耐水性。

液压油在工作过程中从不同途径混入的水分和冷凝水会损害液压泵和其他元件。所以要求液压油具有较好的破乳化性和水解安定性。在液压系统中已混入水分的油，在调节装置、泵及其他元件剧烈搅动下，很容易与水形成乳化液，破坏油的原有性质，产生锈蚀、发生磨粒磨损。抗乳化性是指油、水乳化液分离成油层和水层的能力。水解安定性是只有水混合时，油抗水反应的能力。

（七）抗泡沫性和空气释放值

在液压循环系统中，空气会通过各种方式混入液压油中，如油泵入口处密封不当，而且液压油本身也会溶解一部分空气。液压系统压力越高，溶解的空气的就越多。含有空气的液压油危害是很大的：一方面液压油与空气经过剧烈搅拌，生成大量气泡，会造成系统压力下降，润滑条件恶劣，系统能量传递不平稳，同时增加了油与空气的接触面积，加速了油品的氧化；另一方面，液压系统的压力由高变低时，大部分空气会释放出来，会使液压设备出现异常的噪声、震动，甚至造成气蚀，能量输出不稳定，严重时会毁坏液压设备。为了保证液压系统正常的工作，要求液压油必须具备优秀的抗泡沫性能与空气释放性能。

（八）颗粒污染度

液压油的颗粒污染度，是指液压油中所含固体颗粒污染物的多少。在用液压油中的颗粒杂质主要包括沙尘、管道锈屑、焊屑等，它们来自于未清洗或清洗不彻底的管道、未过滤或过滤不好的液压油以及通过呼吸孔等各种途径从外界进入的杂质。这些颗粒杂质会造成元件表面的磨粒磨损，引起阀的黏结、失灵，加剧油品的变质等。

第三节　空气压缩机油

空气压缩机油在通常情况下，按基础油种类可分为矿物油型压缩机油和合成型压缩机油两大类，按压缩机的结构形式可分为往复式空气压缩机和回转式空气压缩机两种。

一、空气压缩机油的分类

我国等效采用国际标准 ISO 6743/3A—1987，于 1997 年制定了压缩机油的分类标准 GB/T 7631.9—1997《润滑剂和有关产品（L 类）的分类　第 9 部分：D 组（压缩机）》见表 7-14。2003 年国际标准化组织（ISO）对 D 组压缩机润滑油制定了新的分类标准，我国于 2014 年修改采用 ISO－674－3：2003，对 GB/T 7631.9—1997 进行了修订，修订后的空气压缩机油分类标准 GB/T 7631.9—2014《润滑剂、工业用油和有关产品（L 类）的分类　第 9 部分：D 组（压缩机）》2014 年颁布实施，其分类情况见表 7-15，修订后的主要技术区别见表 7-16。

表 7-14 压缩机油的分类标准（摘自 GB/T 7631.9—1997）

组别符号	应用范围	特殊应用	更具体应用	产品类型和（或）性能要求	产品代号（ISO-L）	典型应用	备注
D	空气压缩机	压缩腔室有油润滑的溶剂型空气压缩机	往复式或滴油回转（滑片）式压缩机		DAA	轻负荷	见 GB/T 7631.9—1997 附录 A
					DAB	中负荷	
					DAC	重负荷	
			喷油回转（滑片和螺杆）式压缩机		DAG	轻负荷	
					DAH	中负荷	
					DAJ	重负荷	

表 7-15 空气压缩机润滑剂的分类（摘自 GB/T 7631.9—2014）

组别符号	应用范围	特殊应用	更具体应用	产品类型和（或）性能要求	产品代号（ISO-L）	典型应用	备注
D	空气压缩机	压缩腔室有油润滑的溶剂型空气压缩机	往复的十字头和筒状活塞或滴油回转（滑片）式压缩机	通常为深度精制的矿物油，半合成或全合成液	DAA	普通负荷	见附表 A
				通常为特殊配制的半合成或全合成液，特殊配制的深度精制的矿物油	DAB	苛刻负荷	
			喷油回转（滑片和螺杆）式压缩机	矿物油，深度精制的矿物油	DAG	润滑剂更换周期不大于 2000h	
				通常为特殊配制的深度精制的矿物油或半合成液	DAH	润滑剂更换周期 2000 ～ 4000h（含）	
				通常为特殊配制的半合成或全合成液	DAJ	润滑剂更换周期大于 4000h	
		压缩腔式无油润滑的容积型空气压缩机	液环式压缩机，喷水滑片和螺杆式压缩机，无油润滑往复式压缩机，无油润滑回转式压缩机	—	—	—	润滑剂用于齿轮、轴承和运动部件
		速度型压缩机	离心式和轴流式透平压缩机	—	—	—	润滑剂用于轴承和齿轮

续表

组别符号	应用范围	特殊应用	更具体应用	产品类型和（或）性能要求	产品代号（ISO-L）	典型应用	备注
D	真空泵	压缩腔室有油润滑的容积型真空泵	往复式、滴油回转式、喷油回转式（滑片和螺杆）真空泵	—	DVA	低真空，用于无腐蚀性气体	低真空为 10^2～10^{-1}kPa
				—	DVB	低真空，用于有腐蚀性气体	
			油封式（回转滑片和回转柱塞）真空泵	—	DVC	中真空，用于无腐蚀性气体	中真空为 10^{-1}～10^{-4}kPa
				—	DVD	中真空，用于有腐蚀性气体	
				—	DVE	高真空，用于无腐蚀性气体	高真空为 10^{-4}～10^{-8}kPa
				—	DVF	高真空，用于有腐蚀性气体	

表 7-16　修订后的主要技术区别

	产品代号（ISO-L）		产品类型和（或）性能要求		典型应用	
	本部分	GB/T 7631.9—1997	本部分	GB/T 7631.9—1997	本部分	GB/T 7631.9—1997
空气压缩机润滑剂的分类	DAA	DAA	通常为深度精制的矿物油，半合成或全合成液	—	普通负荷	轻负荷
	DAB	DAB	通常为特殊配制的半合成或全合成液，特殊配制的深度精制的矿物油	—	苛刻负荷	中负荷
	—	DAC	—	—	—	重负荷
	DAG	DAG	矿物油，深度精制的矿物油	—	润滑剂更换周期不大于 2000h	轻负荷
	DAH	DAH	通常为特殊配制的深度精制的矿物油或半合成液	—	润滑剂更换周期 2000～4000h（含）	中负荷
	DAJ	DAJ	通常为特殊配制的半合成或全合成液	—	润滑剂更换周期大于 4000h	重负荷

二、空气压缩机油的技术规范

（一）新油的国家标准

我国参照采用联邦德国标准 DIN 51506—1985《润滑剂含和不含添加剂的润滑油 VB 和 VC 及润滑油 VDL 分类和要求》，制定了 DAA、DAB 空气压缩机油国家标准 GB 12691—1990《空气压缩机油》。因新的分类标准是 2014 年颁布实施，而空气压缩机油的新油标准均为 2014 年前制定，因此其分类依然是按 1997 年的分类执行。

1. DAA 空气压缩机油

DAA 空气压缩机油的技术条件见表 7-17（GB 12691—1990）。

2. DAB 空气压缩机油

DAB 空气压缩机油的技术条件见表 7-18（GB 12691—1990）。

3. DAG 轻负荷喷油回转式空气压缩机油

DAG 轻负荷喷油回转式空气压缩机油技术条件见表 7-19（GB 5904—1986《轻负荷喷油回转式空气压缩机油》）。

（二）国外压缩机油产品标准

国外压缩机油的产品标准有德国 DIN 51506 和 ISO/DP 6521.3，而最具有代表性的压缩机油的标准是德国工业标准 DIN 51506。该标准是在 20 世纪 70 年代，因关注空气压缩机的安全性而提出来的。该标准中包含了 VB(VBL)、VC(VCL) 和 VDL 共三种级别的油品，适用于不同负荷空气压缩机的润滑。

三、空气压缩机油的性能

对于多数压缩机来说，空气经各段压缩后的温度通常有超过 170～180℃，甚至达到 220℃。为了保证压缩机安全运转、延长换油期、保持气压系统干净，压缩机油应具有良好的热稳定性和黏温性，防止积碳生成，还要有良好的抗腐蚀、抗乳化及抗泡等性能。

（一）黏温性

空气压缩机油工作过程中温度变化较大，喷油内冷回转式空气压缩机在工作过程中反复被加热和冷却。因此要求油品黏度不应由于温度变化而有太大变化，应具有良好的黏温性。

（二）闪点

闪点表示油品在大气压力下加热形成的蒸汽压力，达到用明火点燃的下极限浓度时的温度。闪点过高，油品馏分就重，黏度亦大，沥青质等含量就高，使用时易积碳。若片面追求高闪点的压缩机油，反而会成为不安全因素。所以，压缩机油的闪点要求适宜。

（三）积碳倾向性

压缩机油抗积碳倾向性如何对压缩机油的可靠运行是至关重要的。在实际工业使用中，大中型压缩机由于积碳而发生着火，爆炸的事故已屡见不鲜。排气系统有积碳聚集，将会使排气阀关闭不严，同时冷却效果差，使排气温度升高，压缩机发生故障，甚至着火、爆炸因此要求压缩机的积碳倾向性好。

压缩机中积碳形成的原因比较复杂，就润滑油方面来说，主要是空气压缩机内部润滑系统用油常以雾状形式与高温、高压、高氧分压的空气和金属催化剂相接触，使润滑油迅速氧化变

表 7-17　　DAA 空气压缩机油技术条件（摘自 GB 12691—1990）

项目		质量标准					试验方法
黏度等级		32	46	68	100	150	
运动黏度（mm^2/s）	40℃	28.8～35.2	41.4～50.6	61.2～74.8	90.0～100	135～165	GB/T 265
	100℃	报告					
倾点（℃）		≤−9				≤−3	GB/T 3535
闪点（开口）（℃）		≥175	≥185	≥195	≥205	≥215	GB/T 3536
腐蚀试验（铜片，100℃，3h）（级）		≤1					GB/T 5096
老化特性	200℃，空气蒸发损失（%）	≤15					SH/T 0192
	康氏残碳增值（%）	≤1.5			≤2.0		
中和值（以 KOH 计）（mg/g）	未加剂	报告					GB/T 4945
	加剂后	报告					
水溶性酸或碱		无					GB/T 259
水分（%）		痕迹					GB/T 260
机械杂质（%）		≤0.01					GB/T 511

表 7-18　　DAB 空气压缩机油的技术条件（摘自 GB 12691—1990）

项目		质量指标					试验方法
黏度等级		32	46	68	100	150	
运动黏度（mm^2/s）	40℃	28.8～35.2	41.4～50.6	61.2～74.8	90.0～100	135～165	GB/T 265
	100℃	报告					
倾点（℃）		≤−9				≤−3	GB/T 3535
闪点（开口）（℃）		≥175	≥185	≥195	≥205	≥215	GB/T 3536
腐蚀试验（铜片，100℃，3h）（级）		≤1					GB/T 5096
抗乳化性（40-37-3）（min）	54℃	≤30			—		GB/T 7305
	82℃	—			≤30		
液相锈蚀试验（蒸馏水）		无锈					GB/T 11143
硫酸盐灰粉（%）		报告					GB/T 2433

续表

项目		质量指标					试验方法
黏度等级		32	46	68	100	150	
老化特性（200℃，空气，三氧化二铁）	蒸发损失（%）	≤20					SH/T 0192
	康氏残碳增值（%）	≤2.5		≤3.0			GB/T 9168
	残留物康氏残碳（%）	≤0.3			≤0.6		GB/T 268
	新旧油 40℃运动黏度之比	≤5					GB/T 265
中和值（以 KOH 计）（mg/g）	未加剂	报告					GB/T 4945
	加剂后	报告					
水溶性酸或碱		无					GB/T 259
水分（%）		痕迹					GB/T 260
机械杂质（%）		≤0.01					GB/T 511

表 7-19　DAG 轻负荷喷油回转式空气压缩机油技术条件（摘自 GB 5904—1986）

项目		质量指标						试验方法
黏度等级		15	22	32	46	68	100	GB/T 3141
运动黏度（40℃）（mm^2/s）		3.5～16.5	19.8～24.2	28.8～35.2	41.4～50.6	61.2～74.8	90.0～100	GB/T 265
黏度指数		≥90						GB/T 2541
倾点（℃）		≤−9						GB/T 3535
闪点（开口）（℃）		≥165	≥175	≥190	≥200	≥210	≥220	GB/T 267
腐蚀（T3 铜片，100℃，3h）（级）		≤1						GB/T 5096
起泡性（24℃）（mL）	泡沫倾向	≤100						GB/T 12579
	泡沫稳定性	0						
抗乳化性（40-37-3）（min）	54℃	≤30						GB/T 7305
	82℃	≤30						
防锈试验 A 法		无锈						GB/T 1143
氧化安定性（h）		≥1000						GB/T 12581
机械杂质（%）		≤0.01						GB/T 511
水分（%）		痕迹						GB/T 260
水溶性酸或碱		无						GB/T 259
残碳（加剂前）（%）		报告						GB/T 268

质。另外，油不断蒸发使较重组分的油残留在活塞顶部、排气阀腔和排气管道中不断受热分解，脱氢聚合。其产物与吸入气体中的机械杂质和压缩机内金属磨屑混在一起，沉积在机体表面上被进一步加热，即成为积碳。

（四）氧化安定性

由于压缩机排气温度通常为120～200℃，有可能更高。油品在循环使用中，易被氧化变质生成各类酸类、胶质、沥青质物质，使油品的颜色变深，酸值增高，黏度增大并出现沉积物，产生过量磨损，降低工作性能，甚至可能引起气缸爆炸的危险，因此空气压缩机油应具有良好的氧化安定性。

（五）防腐防锈性

压缩机的油冷却等部件的材质为铜或铜金属，易被腐蚀，会使油品出现早期氧化变质生成油泥。这就要求油品应有良好的抗腐蚀能力。空气中的水分易在间歇操作的压缩机气缸内冷却，这对润滑不利并能产生磨损和锈蚀，要求压缩机油应具有良好的防锈蚀作用。

（六）油水分离性

压缩机在运行中不断与空气中的冷凝水相遇并被剧烈搅拌，易产生乳化现象，造成油气分离不清，油耗增大。由于油被乳化而使油膜破坏，造成磨损。乳化的油会促使灰尘、沙砾和污泥分散，影响阀的功能，增加摩擦、磨损和氧化。因此，优质压缩机油均具有好的抗乳化性能和油水分离性能。

（七）消泡性

回转式压缩机油在循环使用过程中，循环速度快，使油品处于剧烈搅拌状态，极易产生泡沫。压缩机油在启动或泄压时，油池中的油也易起泡，大量的油泡沫灌进油气分离器，使阻力增大，油耗增加，会造成严重过载、超温等异常现象。因此，优良的回转式压缩机油均加有抗泡沫添加剂，以保证油品的泡沫倾向性（即起泡性）小和泡沫稳定性（即消泡性）好。

思考题

1. 工业齿轮油有何分类？
2. 为什么极压抗磨性是齿轮油一项重要的性能？
3. 为什么氧化安定性是空气压缩机油的一项重要性能？

第二篇

油品监督与维护

第八章 汽轮机油

第一节 汽轮机油的监督

汽轮机油的质量是保证汽轮机设备润滑、冷却等的关键，决定着设备运行的安全可靠性。为此我国制定了新油、运行油的质量标准以及运行中油的监督维护导则，以指导油日常工作中油的质量监督及运行维护。本章结合相关标准对于汽轮机油的监督及维护进行全面介绍。

一、新油的验收

新油的验收是保证运行汽轮机油的质量关键环节。新油验收取样按照 GB/T 7597—2007《电力用油（变压器油、汽轮机油）取样方法》规定的方法进行，并留样备查。检测项目应严格按照合同指定的新油标准（如 GB 11120—2011）逐项进行，对进口油，应严格按照合同规定的技术指标进行验收，严禁不符合标准的新油注入设备内，以免造成运行油快速劣化。由于汽轮发电机组的运行条件比较苛刻，若油品质量特别是油的抗氧化性能较差，会严重缩短油的使用寿命，可能使用不久就需要进行处理或更换，不仅造成经济损失而且会影响到机组的安全运行。

二、运行中汽轮机油的监督

运行中汽轮机油的监督按照 GB/T 7596—2017《电厂运行中矿物涡轮机油质量》和 GB/T 14541—2017《电厂用矿物涡轮机油维护管理导则》进行检验。

三、运行油的监督指标和检验周期

1. 监督指标

GB/T 7596—2017 规定了电厂汽轮机、水轮机和燃气轮机系统用于润滑和调速的矿物涡轮机油的质量标准，调相机及给水泵等电厂设备所用的矿物涡轮机油的质量标准，也可参照执行，见表 8-1。

表 8-1　　运行中矿物涡轮机油质量（摘自 GB/T 7596—2017）

序号	项目		质量指标	检验方法
1	外观		透明，无杂质或悬浮物	DL 429.1
2	色度		≤5.5	GB/T 6540
3	运动黏度[a]（40℃）(mm^2/s)	32	不超过新油测定值±5%	GB/T 265
		46		
		68		
4	闪点（开口杯）（℃）		≥180，且比前次测定值不低 10℃	GB/T 3536
5	颗粒污染等级[b]（SAE AS4059）（级）		≤8	DL/T 432

续表

序号	项目		质量指标	检验方法
6	酸值（以 KOH 计）(mg/g)		≤0.3	GB/T 264
7	液相锈蚀[c]		无锈	GB/T 11143（A 法）
8	抗乳化性[c]（54℃）(min)		≤30	GB/T 7605
9	水分[c]（mg/L）		≤100	GB/T 7600
10	泡沫性（泡沫倾向/泡沫稳定性）(mL/mL)	24℃	≤500/10	GB/T 12579
		93.5℃	≤100/10	
		后 24℃	≤500/10	
11	空气释放值（50℃）(min)		≤10	SH/T 0308
12	旋转氧弹值（150℃）(min)		不低于新油原始测定值的 25%，且汽轮机用油、水轮机用油不小于 100 ，燃气轮机用油不小于 200	SH/T 0193
13	抗氧剂含量（%）	T501 抗氧剂	不低于新油原始测定值的 25%	GB/T 7602
		受阻酚类或芳香胺类抗氧剂		ASTM D6971

a　32、46、68 为 GB/T 3141 中规定的 ISO 黏度等级。

b　对于 100MW 及以上机组检测颗粒度，对于 100MW 以下机组目视检查机械杂质。

对于调速系统或润滑系统和调速系统共用油箱使用矿物涡轮机油的设备，油中颗粒污染等级指标应参考设备制造厂提出的指标执行，SAE AS4059 颗粒污染分级标准见 GB/T 7596—2017 的附录 A。

c　对于单一燃气轮机用矿物涡轮机油，该项指标可不用检测。

2. 检验周期

GB/T 14541—2017 规定了电厂汽轮机、水轮机和燃气轮机系统用于润滑和调速的矿物涡轮机油的维护管理及检测周期，调相机及给水泵等辅助设备所用的矿物涡轮机油也可参照执行，见表 8-2。

表 8-2　运行汽轮机油试验室试验项目及周期（摘自 GB/T 14541—2017）

序号	试验项目	投运一年内			投运一年后		
		蒸汽轮机	燃气轮机	水轮机	蒸汽轮机	燃气轮机	水轮机
1	外观	1 周		2 周	1 周		2 周
2	色度	1 周		2 周	1 周		2 周
3	运动黏度	3 个月		6 个月	6 个月		1 年
4	酸值	3 个月	1 个月	6 个月	3 个月	2 个月	1 年
5	闪点	必要时			必要时		
6	颗粒污染等级	1 个月			3 个月		
7	泡沫性	6 个月		1 年	1 年		2 年
8	空气释放值	必要时			必要时		
9	水分	1 个月			3 个月		

续表

序号	试验项目	投运一年内			投运一年后		
		蒸汽轮机	燃气轮机	水轮机	蒸汽轮机	燃气轮机	水轮机
10	抗乳化性	6个月			6个月		
11	液相锈蚀	6个月			6个月		
12	旋转氧弹	1年	6个月	1年	1年	6个月	1年
13	抗氧剂含量	1年	6个月	1年	1年	6个月	1年

注 1. 如发现外观不透明，则应检测水分和破乳化度。

2. 如怀疑有污染时，则应测定闪点、抗乳化性能、泡沫性和空气释放值。

需要注意的是：

(1) 新机组投运 24h 后，应检测油品外观、色度、颗粒污染等级、水分、泡沫性及抗乳化性。

(2) 油系统检修后应取样检测油品的运动黏度、酸值、颗粒污染、水分、抗乳化性及泡沫性。

(3) 运行人员至少应定期对下列项目进行巡检：

1) 每天应记录油品外观、油压、油温、油箱油位。

2) 定期记录油系统及过滤器的压差变化情况。

(4) 正常运行过程中的试验项目及周期应符合表 8-2 的规定。

(5) 补油后，应在油系统循环 24h 后进行油质全分析。

(6) 运行中系统的磨损、油品污染和油中添加剂的损耗状况，可以结合油中元素分析进行综合判断。

(7) 如果油质异常，应缩短试验周期，必要时取样进行全分析。

第二节 油质试验项目及意义

油质试验是判断运行油的质量状况以及保证油质合格需要采取维护措施的依据，以下就油质试验项目及其所能反映的油质问题以及可能需要采取的维护措施进行逐项介绍。

一、外观

运行油应目测检查外观，如果发现油质浑浊，有游离水或乳化物，可以初步判断出机组漏水。如果有不溶性油泥、纤维和固体颗粒等杂质，说明油的洁净度不合格，应进一步分析杂质的性质及杂质的来源，并采取措施如滤油等。

二、颜色

新汽轮机油一般是浅黄色的，在运行中颜色会逐渐变深，但这种变化是缓慢的。若油品颜色急剧加深，应该分析机组运行中是否有过热点或油中溶进其他物质。油的颜色加深是油质老化的外在表现，必须进行其他试验项目以证明油质变坏的程度。

三、水分

汽轮机油中水分的存在会加速油的老化及产生乳化，同时会与油中添加剂作用，促使其分解，导致设备锈蚀。水分存在的原因可能是冷油器泄漏、大气中湿气进入油箱或轴封部件密封不严，蒸汽进入油中所致。

四、运动黏度

若油中存在乳化物或氧化产物、油泥等，都会改变油的黏度。运行标准规定油的黏度变化范围不应超过新油黏度的±5%。另外，检查油的黏度还会发现补加油是否为同牌号汽轮机油或油中是否有污染物存在。

五、闪点

汽轮机油的闪点是一项防火安全性控制项目。因机组过热，造成油品热裂解产生低分子烃类或混入轻质油品，均可影响闪点降低。若测定闪点的结果比上次测定低10℃，应增加检验次数。若超出标准允许范围，应采取适当措施并查明原因。

六、酸值

酸值是一项较重要指标，它能反映油质的氧化程度。正常情况下酸值上升趋势比较缓慢，若油的酸值增加过快，说明油品发生氧化反应激烈，产生多种酸性产物。当酸值接近运行油指标时应采取正确的维护措施，如用吸附剂再生或补加T501抗氧化剂等。

七、油泥

油泥产生是由于油品受外界因素和内在原因自身氧化或外部杂质溶解于油中而产生的，初期阶段油泥在油中呈溶解状态，只是油质颜色加深。当油质劣化到一定程度就沉析出来，或加一定量有机溶剂（无芳烃正庚烷或石油醚）也会析出来，此时说明油品有变质迹象。应采取处理措施，避免油泥沉积在设备内，形成危害。

八、防锈性能

润滑油系统内黑色金属部件大多数需要防锈保护，通常是在油中添加防锈剂。通过液相锈蚀试验，确定油品是否有防锈性能。由于运行中随着油中水分和杂质的排出，均会使防锈剂量减少而导致油的防锈性能下降，所以在适当时应考虑补加防锈剂。

九、抗乳化性能

运行中汽轮机油乳化必须具备这样的条件：由轴承回到油箱的油冲力很大造成激烈搅拌；油质老化后产生的环烷酸、皂类等表面活性物质，即乳化剂；当与水分同时存在时，便会引起乳化。

乳化液可分为油包水型和水包油型两种。表面活性物质若为一价金属（钾和钠等）皂化物时，由于其极性较强易溶于水中，此时水为外相，将油滴包住形成水包油型乳化液。若乳化液为高价金属（钙、镁、铝、锌等）皂化物，由于其极性较弱，从而形成油包水型乳化液。两相浓度在一定条件下会相互影响和转换。若将少量水加入大量的油中，会形成油包水型乳化液；若增大水的量至某一限量时，则油包水型乳化液也可以变成水包油型；若再增大油的量至某一量时，则水包油型乳化液又可转变为油包水型乳化液。

汽轮机油的破乳性能良好，就能使乳化液在油箱中很快破乳，油水分离对设备不会有影响。如果汽轮机油的破乳化时间很长，油中水分就不能在油箱中有效地分离，乳化油在润滑系统中可能引起油膜的破坏，金属部件的腐蚀，加速油质的劣化，产生沉淀、油泥等，从而增加各部件摩擦引起轴承过热，对调速系统造成卡涩、失灵、严重时引起设备的损坏。

十、起泡沫性

混有空气的油经摇动搅拌彻底混合会形成泡沫。高质量的汽轮机油有一定的抗拒形成泡沫的能力，油表面上的气泡也能很快破裂。泡沫会增加油的氧化速度，这是由于有更多的油暴露在被油夹带的空气中。同时，氧化产物本身也能促进泡沫的形成和稳定。油中污染物质会降低油抗拒发生泡沫的能力。泡沫的积累会造成油的溢流和渗漏，故起泡性超过规定值时应进行处理和添加抗泡剂。

十一、空气释放值

该项目是表示油中存留空气（气体）的性能。特别对于大容量机组的调速系统而言，空气释放值越小越好，这样有利于润滑和调节作用。若空气释放值大，油中空气不能较快释放出来，会影响机组运行的稳定。

十二、颗粒污染度

大容量的汽轮发电机组对油中颗粒污染度（又称洁净度）的要求是非常严格的。应特别强调的是对新机组启动前或检修后的润滑油系统及调速系统，必须进行认真清洗和冲洗。运行中发现油中颗粒数突然增加，需立即检查净化装置的过滤层，如发现腐蚀或磨损颗粒，应对油系统进行精密过滤处理，并查明颗粒的来源，必要时应停机检查，以消除隐患，避免机组的磨损和造成损坏。

油质每项试验的数据应与上次试验数据比较，若变化很大，超过规定指标（或接近指标），应检查一下试验过程是否有意外情况，经检验都正常，还应再取样进行重复试验，若试验结果与第一次试验结果相同，确证油质突然变化很快，应与汽轮机专业共同研究机组运行情况，查明油质变化的原因，以便及时采取处理措施。

第三节 汽轮机油的维护

如前所述，运行中汽轮机油难免发生劣化，为了保持油质处于良好的状态，延长油的使用寿命，保证油系统设备的安全运行，在运行中必须加强油系统的污染控制和运行油的防劣化处理。污染控制的主要目的是获得与保持油及油系统的颗粒污染度，其工作主要涉及设备的安装、运行及检修等环节，因此应进行全过程的监督与维护。运行油的防劣化处理是在保持油及油系统颗粒污染度的前提下对运行油进行在线再生以及添加化学添加剂，以达到改善油的性能的目的。

一、投运前的污染控制

（一）基建安装阶段

对制造厂供货的设备，在交货前应加强对设备的监造，以确保油系统设备尤其是套装式油管道内部的清洁。

到货验收时，除制造厂有书面规定不允许解体的部件外，一般都应解体检查其组装的清洁程度，包括有无残留的铸沙、杂质和其他污染物，对不清洁的部件应进行彻底清理。

常用的清洗方法有人工擦洗、压缩空气吹洗、高压水冲洗、大流量油冲洗、化学清洗等，清理方法的选择应根据设备结构、材质、污染物的性质、分布情况等因素而定，一般擦洗只适合于能够达到的表面，对于系统内分布较广的污染物常用冲洗的方法；如果采用化学清洗，事先须征得制造厂的同意，并做好相应的措施。

对油系统设备验收时，要注意检查出厂时的防护措施是否完好。在设备存放与安装阶段，对出厂时有保护涂层的部件，如发现涂层起皮或脱落，应及时补涂，保持涂层完好；对于无保护层的易生锈的金属部件，应喷涂防锈剂（油）进行防锈保护并定期检查。

在施工中及时清理钻孔、气割及焊接产生金属屑、氧化皮、焊渣等；在油系统管道未接通前，对管道、设备的敞开部分应注意临时密封；施工中保持现场干净，确保已清理干净的油系统、设备不再受到污染。

（二）机组投运前的油系统冲洗

新机组在安装完成投运之前须进行油系统大流量冲洗过滤，使油系统设备和油的颗粒污染度合格。大流量冲洗的设备应使冲洗油有较高的流速，不低于油系统额定流速的两倍，使系统回路所有冲洗区段内的油流都应达到紊流状态。冲洗系统应有合适的加热与冷却措施，以便采用适当升温与降温的变温操作方式，提高冲洗效果。在冲洗过程中外加高精度大流量的过滤设备，对冲洗油进行过滤，及时去除冲洗出来的杂质。

1. 冲洗前的准备

在对油系统进行大流量冲洗前，应首先对润滑油系统管路进行适当的改装，设置临时滤网和仪表等，增加临时管路和阀门以减少冲洗时油系统的阻力。油系统中有些装置在出厂前已进行组装、清洁和密封，不参与冲洗，以免冲洗中进入污染物，冲洗前应将其隔离或旁路直到系统其他部分的颗粒污染度合格为止。应确保冲洗管路和设备安装可靠，不得有泄漏。

2. 冲洗方法过程

在循环冲洗过程中，为了缩短冲洗时间和提高冲洗效果，一般采用大流量高速冲洗，变温（30～70℃）、变流速冲洗等方法。在冲洗过程中从管道的上游开始沿管路对焊口、法兰、接头等部位进行敲击，必要时通入压缩空气产生气击等措施，以便于附着在油系统中的氧化皮、焊渣等杂质的脱落。

大流量高速冲洗能够将设备表面及拐角处的机械杂质冲刷下来；冷热交替的冲洗会使设备随油温的变化产生膨胀、收缩，使氧化皮及附着物易于脱落；变流速冲洗增加了对金属表面的冲刷力度，容易冲走剥落的机械杂质。

油冲洗一般分三个阶段进行：

（1）第一阶段。通常采用低温（30～40℃）大流量高速冲洗，主要去除较大的机械杂质。启动冲洗油泵后向供油管路、主油泵轴承箱供油冲洗，期间可通过调节阀控制油系统中各部位的冲洗油的流量和流速。冲洗一定时间后将主油箱中的冲洗油排入临时油箱，对主油箱和冲洗滤网进行清理。

（2）第二阶段。将临时油箱中的冲洗油通过滤油机倒回主油箱，装上油系统各部位的相应滤网，采用30～40℃和60～70℃两个温度范围反复交替冲洗，期间应注意检查各滤网的压差，并及时清理或更换。当取样后，无肉眼可见机械杂质时，停止冲洗。

将冲洗油排入临时油箱，再次清理主油箱，清理或更换油系统中各部位的滤网，拆除临时管路、阀门、滤网、仪表等，恢复油系统设备、管路、滤网的正常连接。

（3）第三阶段。油系统投运前的最后一次冲洗。先将合格的新油或运行油通过滤油机注入油箱，先后投入盘车油泵、电动油泵，在50～60℃进行恒温、恒流冲洗，同时投入外接滤油机进行过滤，直到油的颗粒污染度达到 SAE AS4059 7 级以内，注意在油的颗粒污染度指标合格前不得盘动转子，以免损伤轴颈轴瓦。

为了提高过滤效率，除清理或更换油系统及滤油机的滤网外，可以在系统冲洗一段时间后，停止冲洗，将油在主油箱和临时油箱间通过滤油机倒换过滤几次，并根据情况清理油箱，以加快过滤速度。最终油系统的颗粒污染度达到 SAE AS4059 7 级以内后可结束冲洗过滤。

对于大修后的机组油系统的冲洗过滤方法与新建机组基本相同。油系统冲洗的具体技术要求和注意事项可参照 GB/T 14541—2017 的附录 D。

二、运行油的污染控制

1. 运行中的污染控制

在对运行油油质进行定期检测的同时，应将汽轮机轴封和油箱上的油气抽出器（抽油烟机）以及所有与大气相通的门、孔、盖作为污染源来检督。当发现运行受到水分、杂质污染时，应检查这些装置的运行状况或可能存在的缺陷，如有问题应及时处理。当在油系统及附近进行可能对油品产生污染的作业时，要做好防护措施，不让油系统部件工作面暴露在易受污染的环境中。为了保持运行油的颗粒污染度，应对油净化过滤装置进行监督，确保油净化过滤装置处于良好的工作状态，能及时去除油中可能出现的杂质。

2. 检修过程中的污染控制

当油系统进行检修需要将油转移到临时油箱时，应事先将临时油箱彻底清理，通过滤油机将油系统中的油打入临时油箱，尽量避免油转移过程中造成的污染。

油系统排油，尽量将油系统的残油排放干净，对油箱、油泵、冷油器、滤油器等内部的污染物进行检查及取样分析，查明污染物的成分和可能来源，并采取相应的处理措施，如清理污染物、油净化处理、更换或检修有问题的部件等。在检修时应注意工艺质量及防护措施，防止外界灰尘污染物、金属杂质等浸入油系统等。对油系统能够清理到的地方必须采用适当的方法清理，清理时的擦拭物应干净、不起毛，清洗时所用的有机溶剂如酒精、丙酮等应洁净，并注意对清洗后的残留液的清除，清理后的部件应用洁净油冲洗，必要时用防锈剂（油）保护。清理时不宜用化学方法、热水或蒸汽清洗，清洗，因为残留的清洗药剂、水分会使运行油发生变质，导致金属部件锈蚀甚至损坏。

3. 检修后系统的冲洗

检修工作完成后油系统是否需要进行全面冲洗，应根据对油系统检查和油质分析的结果综合考虑而定。如果油系统内存在一般清理方法不能除去的油溶性污染物如油老化或添加剂的降解产物时，采用全系统大流量冲洗就非常必要。另外，检修中会向系统中引入某些机械杂质，如果没有条件进行大流量冲洗，也必须采用热油进行循环冲洗过滤，直到油的洁净度合格。

三、油净化处理

运行油的净化处理设施作为油系统的油质改善和控制手段，形式多样，常用的有颗粒过滤、重力沉降、离心分离、水分聚结/分离、真空脱水和吸附再生净化等各种装置。其净化的工作原理和特点各不相同，应根据各自的特点和适用范围并结合油质具体情况进行选用。

不同形式的油净化装置都有各自的局限性。如离心分离法与离心力有关，既可分离水分又可分离杂质，其去除杂质的效率取决于颗粒大小、颗粒杂质与油的密度差、油的黏度等因素；机械式过滤器去除杂质效率高但不能有效脱除水分；聚结/分离式设备主要是除水，但其效率受油的黏度、油中固体污染物、油的老化产物、表面活性剂存在的影响；不管是离心分离法还是聚结/分离法脱水，都不能去除油中的溶解水；真空脱水对油的脱水效率不高，但经多次循环，可脱除油中的溶解水；吸附再生法可以去除油中的老化产物，从根本上改善油的性能，但同时会吸附油中的添加剂，再生完毕需要补加添加剂。因此大容量机组常选用具有再生过滤脱水综合功能的设备，滤油设备的选用及安装应在保证安全的前提下以能最高效率为机组提供合格的油为原则。

四、添加剂的补加

油中添加化学添加剂是防止油质劣化，保障油系统设备运行的一项有效措施。其功能主要是提高油的抗氧化性能，抑制油的老化变质；改善油的防锈性能、抗泡沫性能、抗乳化性能等。化学添加剂的种类繁多，对于矿物汽轮机油，使用最多的是抗氧剂和防锈剂。

添加剂与运行中的汽轮机油应具有良好的相容性，具体要求是：感受性良好，功能改善作用明显；能溶解于油中，而不溶于水，不能从油中析出，对油的其他性能无不良影响；化学稳定性好，在运行条件下不受温度、水分及金属等作用发生分解；对油系统金属及其他材料物无侵蚀性等。按照上述要求，通过严格的规定试验选用添加剂。

添加剂的使用效果还与运行油的劣化程度、添加剂的有效剂量、油系统的清洁状况、运行油的补油率以及其他运行条件有关。为了提高添加剂的使用效果，除正确选用添加剂外，还应加强运行油的监督与维护，包括添加效果的评定，添加剂含量的测定，油系统污染的控制，补加添加剂等工作。

1. 添加抗氧剂

T501是一种常用的抗氧化添加剂，学名2,6-二叔丁基对甲酚，适合在新油（包括再生油）或轻度老化的运行油中添加使用。对于新油、再生油的添加剂量一般为0.3%～0.5%；对于运行油，其含量低于0.15%时，应进行补加。T501的主要技术指标应符合GB/T 14541—2017附录E的要求，见表8-3。

表 8-3　　T501质量标准（摘自GB/T 14541—2017）

项目	专业标准SH 0015		试验方法
	一级品	合格品	
外状	白色结晶	白色结晶[a]	目测
游离甲酚的含量（%）	≤0.015	≤0.03	附录
初熔点（℃）	69.0～70.0	68.5～70.0	GB/T 617
灰分（%）	≤0.01	≤0.03	GB/T 606[b]
水分（%）	≤0.06	—	GB/T 261
闪点（闭口）（℃）	报告	—	

a 储存后允许变为淡黄色，但仍可使用。

b 测定水分时，手续改为取3～4mL溶液甲，以溶液乙滴定至终点不记录读数，然后迅速加入试样1g（称准至0.01g）在不断搅拌下使之溶解，用溶液乙滴定至终点。

运行油添加或补加抗氧剂前，应先在试验室进行添加试验，评定添加效果。添加前对油进行再生净化处理，去除水分、油的老化产物和油泥等杂质后添加，其效果会更好。添加时先将抗氧剂用热油配成5%～10%浓度的母液，通过滤油机打入运行油中。添加后对油进行循环过滤或随机组运行，使药剂与油混合均匀，并对油质进行检测，以便及时发现异常情况。

2. 添加防锈剂

运行汽轮机油中进入水分，会引起油质乳化和油系统内金属表面锈蚀，为了有效防止油系统锈蚀，运行汽轮机油中一般都添加有防锈剂。目前电厂广泛使用的是T746防锈剂，学名十二烯基丁二酸，T746主要技术指标应符合GB/T 14541—2017附录E的要求，见表8-4，其结构式如图8-1所示。

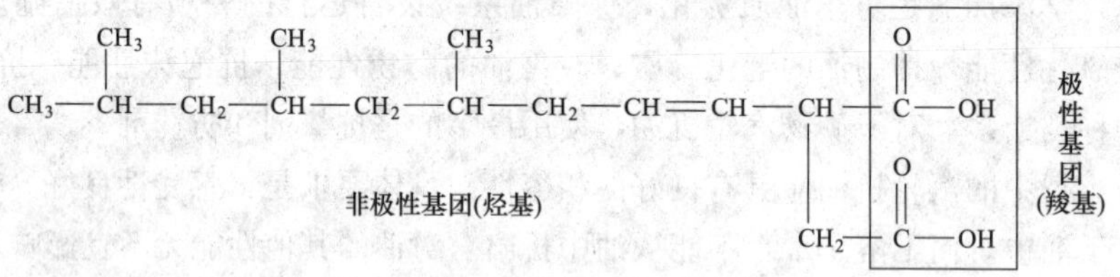

$$CH_3-\underset{}{\overset{CH_3}{\overset{|}{C}H}}-CH_2-\overset{CH_3}{\overset{|}{C}H}-CH_2-\overset{CH_3}{\overset{|}{C}H}-CH_2-CH=CH-\underset{\underset{CH_2-\overset{\overset{O}{\|}}{C}-OH}{|}}{CH}-\overset{\overset{O}{\|}}{C}-OH$$

非极性基团(烃基)　　极性基团(羧基)

图8-1　T746结构式

表8-4　　T746质量标准（摘自GB/T 14541—2017）

项目		专业标准SH 0043		试验方法
		一级品	合格品	
外观		琥珀色黏稠液体	琥珀色黏稠液体	目测
密度（50℃）（kg/m^3）		报告	报告	GB/T 2540
黏度（100℃）（mm^2/s）		40～60	40～100	GB/T 265
闪点（开口杯）（℃）		≥150	≥100	GB/T 267
酸值（以KOH计）（mg/g）		235～280	235～340	GB/T 264
pH值[a]		≥4.2	≥4.2	SY 2679
碘值（每100g）（g）		50～80	50～90	SY 2301
铜片腐蚀[a]（100℃，3h）		1	1	GB/T 5090
液相锈蚀[a]	蒸馏水	无锈	无锈	GB/T 11143
	人工海水	无锈	无锈	
	坚膜韧性	通过	通过	

a　试验用油均为32或46号油；未加添加剂的汽轮机油其防锈剂添加量为（0.03±0.01）%。

T746防锈剂分子中含有非极性基团的烃基和极性基团的羧基，极性基团的羧基易被金属表面吸附，而烃基则具有亲油性质易溶于油中。因此当T746防锈剂在油中遇到光洁的金属表面，就能有规则地吸附在金属表面，形成致密的分子膜，这样就阻止了水、氧和其他侵蚀性介质的分子或离子渗入到金属表面，从而起到防锈作用。

添加方法：

（1）添加前的准备。T746在汽轮机油中的添加量为油量的0.02%～0.03%，可通过液相锈蚀试验确定油中是否含有防锈剂以及是否需要补加。当液相锈蚀试验试棒有锈时，说明油中无防锈剂或剂量不足，就需要补加。

为了使 T746 防锈剂更好地在金属表面形成牢固的保护膜，达到预期的添加效果，添加前应将油系统的各个管路、部件及主油箱等全部进行清扫或清洗，使油系统内露出洁净的金属表面，同时用滤油机将油中的水分和杂质过滤合格。

(2) 添加过程。按运行油量计算出 T746 防锈剂的需要量，然后将 T746 防锈剂先用运行油配制成 10%的浓溶液，配制时可将油温加热到 60～70℃，进行搅拌，以便加快防锈剂的溶解，最后将配制好的浓溶液通过滤油机注入油箱内，继续循环过滤，使药剂与油混合均匀。

(3) 补加。由于 T746 防锈剂在运行中会逐渐消耗，因此需要定期补加，补加时间一般由运行油的液相锈蚀试验确定，只要金属试棒上出现锈斑就应及时补加，补加量控制在 0.02%左右，补加方法与添加时相同。

3. 添加破乳剂

对于漏汽、漏水的机组，必然会发生油质乳化。添加破乳剂是改善油的破乳化度的方法之一。

(1) 破乳化机理。汽轮机油在炼制过程中残留的天然乳化物和油质劣化时产生的低分子环烷酸皂、胶质等存在于油中作为乳化剂，当油中含水超过其饱和溶解量时，由于油在运行时轴承润滑以及循环流动产生的激烈搅拌作用，就会形成油水乳化液。

乳化剂和水的存在是油质乳化的物质因素。乳化剂通常都是表面活性物质，分子中含有极性基团（亲水基团）和非极性基团（亲油基团）。当油中含有过量的水时，乳化剂能在油水之间形成坚固的保护膜，使油水交融，难以分离。汽轮机油的乳化往往会形成油包水的乳化液，这是由于水与界面膜之间的张力大于油与界面膜之间的张力，水相收缩成水滴均匀的分散在油相中，形成油包水状的乳化液。

如果能在油包水状乳化液中加入与乳化剂性能相反的另一类表面活性物质（破乳化剂）使水与界面膜之间的张力变小或使油与界面膜之间的张力变大，最终使水与界面之间的张力等于油与界面之间的张力，这时界面膜破坏，水滴析聚，乳化现象消失，这就是乳化和破乳的简单机理。

(2) 汽轮机油对破乳化剂的要求。

1) 在常温下直接溶于油中，不需要有机助溶剂。

2) 具有较好的化学稳定性，在空气中或高温下氧化安定性要好。

3) 几乎不溶于水。

(3) 常用的破乳剂种类。

1) 氧化烯烃类聚合物。分子量 50 万左右的氧化烯烃聚合物添加量在万分之一左右时，能使油的破乳化度下降到 2～4min，但其维持时间较短。

2) 十八醇或丙二醇做引发剂的氧化烯烃聚合物（SP 或 BP 型破乳剂）。

一般加入万分之一的剂量后，能使油的破乳化度下降到 5min 左右。但这类破乳剂水溶性强，油溶性较差，因此随水排出损耗较大。

3) 聚氧化烯烃甘油硬脂酸酯（GPES 型破乳剂）。该破乳剂分子量在 2000～3000，其在油中的溶解度可以达到 0.5%，添加效果好，添加剂量一般在 19～20mg/kg。

(4) 添加方法。添加前对油系统进行过滤，除去油中的水分和杂质，根据试验确定添加剂的量，用运行油配成适当浓度的母液，通过滤油机加入油中，并使油循环与运行油混合均匀。

破乳化剂在运行过程中会逐渐消耗，需要定期补加。补加时间应根据破乳化度试验结果确定，当油的破乳化度大于30min时进行补加，补加量约为初次添加量的2/3，补加方法与添加方法相同。

如前所述，乳化剂、水分和油循环的搅拌作用是油质乳化的三个前提，最关键的还是避免油中进水，去除油中存在的乳化剂，消除引起油质乳化的物质因素。

4. 添加消泡剂

（1）消泡剂的作用机理。在汽轮机油中通常添加的消泡剂是二甲基硅油，这种消泡剂并不能预防汽轮机油产生泡沫，它的主要作用是吸附在油中的泡沫表面上，使泡沫局部表面张力降低，或者浸入泡沫的膜使泡沫破裂。从而起到消泡的作用。

（2）汽轮机油对消泡剂的要求。

1）表面张力要小。

2）具有较好的化学稳定性，在高温下氧化安定性要好。

3）凝点低，黏温性能好。

4）蒸汽压低，挥发性小。

5）几乎不溶于水和油。

（3）消泡剂的种类和应用。汽轮机油的消泡剂主要有聚硅氧烷如二甲基硅油和非硅型消泡剂如聚丙烯酸酯（T911、T912）两类。

1）二甲基硅油的添加应用。二甲基硅油是在润滑油中应用最多的一种消泡剂，常用的黏度为1000～100000mm^2/s，使用量一般为5～50mg/kg，汽轮机油中二甲基硅油消泡剂的使用量在10mg/kg左右。

二甲基硅油在油中的分散状态对于油的抗泡沫效果影响很大，只有将二甲基硅油分散成10μm以下的粒子存在于油中才能得到良好的消泡效果，如果二甲基硅油分散粒子较大，由于其密度比油稍大，则会沉降于油中，起不到消泡作用。

为了使二甲基硅油在油中分散良好，先用汽轮机油将硅油配成5%～10%的母液（用煤油配制消泡剂母液，消泡剂的分散性较好，但前提是煤油的使用量不得过大，以免影响润滑油的黏度和闪点），用高速搅拌机或胶体磨强烈搅拌，得到1～3μm的硅油粒子，再添加到油中，混合均匀，可以取得较好的消泡效果。

2）非硅消泡剂的应用。由于二甲基硅油消泡剂的油溶性不好，在油中难于分散均匀，影响了消泡效果，加大剂量（有的已增加到20×10^{-6}）不仅增加成本，而且影响油品空气释放值，因此人们开发了非硅系列消泡剂。T911和T912都是聚丙烯酸酯共聚物，其不同点是T911的分子量比T912小，T911在重质润滑油中效果较好，而在轻质油中效果不显著，T912在轻质和重质润滑油中均有较好的效果。非硅消泡剂最大优点是易溶于油，抗泡效果比较稳定，不影响油品空气释放值，但加剂量较大，故有的配方采用二者复合调配进行改良。缺点是添加量比硅油稍大（10～500μg/g）。

5. 各类添加剂的复合添加

为了改善汽轮机油的多种使用性能，同时需要添加两种或两种以上的添加剂，这一措施称为复合添加。

多种添加剂复合添加前，除通常按规定进行的复合添加剂感受性试验外，还应与单一添加剂的油品进行理化性能和使用性能比较，以便确定添加剂量，全面判断添加效果以及对油品性能的影响。通常要求复合添加后对油的理化性能如抗氧化性、防锈性、抗乳化和抗泡沫性能等无不良影响，而且绝对不允许有沉淀物产生，复合添加后的效果不应低于单一添加剂相同剂量的添加效果。

目前应用较多的是抗氧剂和防锈剂的复合添加剂。

运行汽轮机油中含有抗氧剂和防锈剂，若运行中机组漏水，造成油质乳化，还需要添加破乳剂等添加剂。复合添加和补加时，可将每种添加剂单独配成母液，分别加入，也可以混合配制母液一起加入。添加前应清扫油系统，对油进行过滤净化合格后加入并运转油系统或旁路过滤，使添加剂与油混合均匀。添加前后应取样检测油质，进行对比，确认添加效果。

五、油品的混合使用（油的相容性）

（1）汽轮机、水轮机、燃气轮机等发电设备需要补油时，应补加与原设备中油的规格牌号相同而且同一添加剂类型的新油或符合运行油质量标准的合格油品。由于新油与已老化的运行油对油泥的溶解度不同，当向运行油特别是已严重老化的油中补加新油或接近新油质量标准的油时，就可能导致油泥在油中析出，以致破坏汽轮机油的润滑、散热或调速特性，威胁机组的安全运行。因此补油前必须按DL/T 429.7—2017《电力用油油泥析出测定方法》先进行混合油样的油泥析出试验，无油泥析出时方可允许混油。

（2）参与混合的油，混合前其各项质量指标必须经检验合格。

（3）不同牌号的汽轮机油原则上不宜混合使用，因为不同牌号的油黏度范围是不同的，黏度是汽轮机油的一项重要指标。不同类型、不同转速的机组，使用不同牌号的油，在设计选用上有着严格的规定，一般不允许将不同牌号的油混合使用。在特殊情况下必须混用时，应先按实际混合比例进行混合油样黏度的测定，并征得汽轮机专业人员或设备制造厂方的认可后，进行油泥析出试验，以最终确定是否可以混合使用。

（4）对于进口油或来源不明的汽轮机油，若与不同牌号的油混合时，应将混合前的单个油样和混合油样分别进行黏度检测，如黏度在各自的合格范围内，并且混合油样的黏度值又征得了汽轮机专业人员或制造厂方认可后，再进行混油老化试验，老化后混合油的质量应不低于未混合油中质量最差的一种油，方可决定使用。

（5）试验时，油样的混合比例应与实际的比例相同；如果无法确定实际混合比例时，则按1∶1比例进行混油试验。

（6）矿物汽轮机油与用作润滑、调速的合成液体（如磷酸酯抗燃油）有着本质上的区别，切勿将两者混合使用。

六、典型油质劣化及油处理案例

1. 案例1

江苏某电厂装机容量为2×330MW，2013年6月油质定期监督中，发现1号机主机汽轮机油破乳化度超标（标准为不大于30min，实测70min），且颜色深至黑褐色。以上现象说明1号机汽轮机油油质严重老化，需尽快加以处理。

采用西安热工研究院生产的选择性吸附式汽轮机油再生装置对1号机汽轮机油进行了在线再生处理，处理后1号机主机汽轮机油破乳化度由处理前的70min降至2.4min，旋转氧弹值由处理前的79min（接近汽轮机油报废标准）提高至254min，颜色由处理前的黑褐色变浅至淡黄色，酸值等指标也得到改善，油质整体得到提高。

2. 案例 2

陕西某电厂建有 4×600MW 燃煤空冷发电机组，汽轮机系统润滑介质使用中国石油天然气股份有限公司润滑油分公司生产的昆仑 KTL 32 长寿命汽轮机油。2016 年 5 月 2 号机组停机检修时发现汽轮机轴瓦油挡与润滑油接触的部位附着有大量黑色固体沉积物。对 2 号机组运行汽轮机油进行检测分析发现该油漆膜倾向指数指标偏大，油中含有油泥，旋转氧弹值偏低，已发生了严重的劣化变质。

为解决油质问题，使用选择性吸附式汽轮机油再生装置对 2 号机汽轮机油进行了在线再生处理，处理前后油质检测结果见表 8-5。

表 8-5　2 号机汽轮机油现场在线再生处理前、后检测结果对比

检验项目	检测结果		质量指标	试验方法
	再生处理前	再生处理后		
油泥析出	有	无	无	DL/T 429.7
旋转氧弹（150℃）（min）	50	217	报告	SH/T 0193
漆膜倾向指数（MPC 值）	22.6	2.8	≤3	ASTM D7843
酸值（mgKOH/g）	0.138	0.098	未加防锈剂，≤0.2 加防锈剂，≤0.3	GB/T 264
破乳化度（54℃）（min）	15.8	5.0	≤30	GB/T 7605
水分（mg/L）	—	48	≤100	GB/T 260
颗粒度 SAE AS4059F（级）	—	6	≤8	DL/T 432

油质检测数据表明，2 号机组运行汽轮机油经现场在线再生处理后，油漆膜倾向指数由处理前的 22.6 降至 2.8；破乳化度由 15.8min 降至 5.0min，同时旋转氧弹值、酸值等都得到改善，延长了油的使用寿命，保证机组的安全运行。

思考题

1. 简述运行汽轮机油乳化的原因、危害。
2. 汽轮机油常用的添加剂有哪些？
3. 简述 T746 防锈剂的防锈机理。
4. 防止汽轮机油劣化可采取哪些维护措施？
5. 简述添加抗氧剂、防锈剂和消泡剂的作用和注意事项。

第九章 变压器油

第一节 变压器油的监督

变压器油是充油电气设备绝缘系统的重要组成部分，主要起绝缘、冷却散热和熄灭电弧等作用，其质量的好坏直接关系到充油电气设备的安全、可靠运行和使用寿命。虽然油质的老化是不可避免的，但是加强对油质的监督和维护，采取合理而有效的防劣措施，能够延缓油质的老化进程，延长油品的使用寿命，保证用油设备的健康运行。本章结合相关标准对于变压器油的监督及维护进行全面介绍。

一、变压器油取样、验收、注入设备前后的检验

1. 取样

正确取样是保证变压器油试验结果真实、可靠的先决条件，因此，必须按照 GB/T 7597—2007 有关取样要求，严格进行操作，使试验样品具有相应的代表性。同时，要注意油样在运输、存放期间的变化，有些重要试验项目的油样必须避光保存。

2. 新油交货时的验收

为了保证运行中变压器油的质量，应对新油进行认真的验收和跟踪监督。在新油交货时，应对接收的全部油品进行监督，并进行外观检验，应按采样方法规定的程序进行采样。国产新变压器油应按 GB 2536—2011 验收，对进口的变压器油应按国际标准（如 IEC 60296 标准）验收或按合同规定的指标验收。还应注意，验收时的试验方法应按合同规定的标准方法执行，而不能是“指标按国外的，方法按国内的”进行。国标方法虽大部分是等同或参照采用国际上的方法，但有些方法是有差异的。

3. 新油过滤后注入设备前的检验

当新油经验收合格后，在注入充油设备前必须用真空滤油设备进行过滤净化处理，以脱除油中的水分、气体和其他杂质，在处理过程中应按表 9-1 的规定进行油品的检验。互感器和套管用油的检验依据 GB 50150—2016《电气装置安装工程　电气设备交接试验标准》有关规定执行。

表 9-1　新油净化后的检验（摘自 GB/T 14542—2017《变压器油维护管理导则》）

项目	设备电压等级（kV）					
	1000	750	500	330	220	≤110
击穿电压（kV）	≥75	≥75	≥65	≥55	≥45	≥45
水分（mg/L）	≤8	≤10	≤10	≤10	≤15	≤20
介质损耗因数（90℃）	≤0.005					
颗粒污染度（粒[a]）	≤1000	≤1000	≤2000	—	—	—

注　必要时，新油净化后可按照 DL/T 722 进行油中溶解气体组分含量的检验。

a　100mL 油中大于 5μm 的颗粒数。

4. 新油注入设备进行热油循环后的检验

新油经真空注油注入设备后，经过 12h 以上的静置后，应进行热油循环，热油经过二级真空滤油设备由油箱上部进入，再从油箱下部返回真空滤油处理装置，一般控制滤油机出口温度为 60℃，热油连续循环时间为不少于三个循环周期。经过热油循环后，应按表 9-2 的规定进行检验。

表 9-2　　热油循环后的油质检验（摘自 GB/T 14542—2017）

项目	设备电压等级（kV）					
	1000	750	500	330	220	≤110
击穿电压（kV）	≥75	≥75	≥65	≥55	≥45	≥45
水分（mg/L）	≤8	≤10	≤10	≤10	≤15	≤20
油中含气量（%）（体积分数）	≤0.8	≤1	≤1	≤1	—	—
介质损耗因数（90℃）	≤0.005					
颗粒污染度（粒[a]）	≤1000	≤2000	≤3000	—	—	—

a　100mL 油中大于 5μm 的颗粒数。

5. 新油注入设备后通电前的检验

新油充入电气设备经热油循环处理后，即构成设备投运前的油。它的某些特性由于与绝缘材料接触中溶入一些杂质而较新油会有所改变，其变化程度视设备状况及与之接触的固体绝缘材料性质的不同而有所差异。因此，设备投运前的油既不同于新油，也不同于运行油。控制标准按 GB/T 7595—2017《运行中变压器油质量》中投入运行前油的要求（见表 9-3）。油中溶解气体组分含量的检验按照 DL/T 722—2014《变压器油中溶解气体分析和判断导则》规定执行。

二、运行中变压器油的质量标准

GB/T 7595—2017 规定了运行中变压器油质量标准，见表 9-3。另外，我国参照国际电工委员会的 IEC 60422《电气设备中矿物绝缘油的维护和管理指南》，制定了 GB/T 14542—2017。运行中变压器油检验项目及周期见表 9-4。

表 9-3　　运行中变压器油质量标准（摘自 GB/T 7595—2017）

序号	检测项目	设备电压等级（kV）	质量指标		检验方法
			投入运行前的油	运行油	
1	外观		透明、无沉淀物和悬浮物		外观目视
2	色度（号）		≤2.0		GB/T 6540
3	水溶性酸（pH 值）		>5.4	≥4.2	GB/T 7598
4	酸值[a]（以 KOH 计）（mg/g）		≤0.03	≤0.10	GB/T 264
5	闪点（闭口[b]）（℃）		≥135		GB/T 261
6	水分[c]（mg/L）	330～1000	≤10	≤15	GB/T 7600
		220	≤15	≤25	
		≤110	≤20	≤35	
7	界面张力（25℃）（mN/m）		≥35	≥25	GB/T 6541

续表

序号	检测项目	设备电压等级（kV）	质量指标		检验方法
			投入运行前的油	运行油	
8	介质损耗因数（90℃）	500～1000	≤0.005	≤0.020	GB/T 5654
		≤330	≤0.010	≤0.040	
9	击穿电压（kV）	750～1000	≥70	≥65	GB/T 507
		500	≥65	≥55	
		330	≥55	≥50	
		66～220	≥45	≥40	
		≤35	≥40	≥35	
10	体积电阻率[d]（90℃）（Ω·m）	500～1000	$\geqslant 6\times10^{10}$	$\geqslant 1\times10^{10}$	DL/T 421
		≤330		$\geqslant 5\times10^{9}$	
11	油中含气量[e]（体积分数）（%）	750～1000	≤1	≤2	DL/T 703
		330～500		≤3	
		电抗器		≤5	
12	油泥与沉淀物[f]（质量分数）（%）		—	≤0.02（以下可忽略不计）	GB/T 8926—2012
13	析气性	≥500	报告		NB/SH/T 0810
14	带电倾向[g]（pC/mL）		报告		DL/T 385
15	腐蚀性能[h]		非腐蚀性		DL/T 285
16	颗粒污染度（粒[i]）	1000	≤1000	≤3000	DL/T 432
		750	≤2000	≤3000	
		500	≤3000	—	
17	抗氧化添加剂含量（质量分数）（%）含抗氧化添加剂油		—	大于新油原始值的60%	SH/T 0802
18	糠醛含量（质量分数）（mg/kg）		报告	—	NB/SH/T 0812 DL/T 1355
19	二苄基二硫醚（DBDS）含量（质量分数）（mg/kg）		检测不出[j]	—	IEC 62697—1

a 测试方法也包括 GB/T 28552，结果有争议时，以 GB/T 264 为仲裁方法。

b 测试方法也包括 DL/T 1354，结果有争议时，以 GB/T 261 为仲裁方法。

c 测试方法也包括 GB/T 7601，结果有争议时，以 GB/T 7600 为仲裁方法。

d 测试方法也包括 GB/T 5654，结果有争议时，以 DL/T 421 为仲裁方法。

e 测试方法也包括 DL/T 423，结果有争议时，以 DL/T 703 为仲裁方法。

f “油泥与沉淀物”按照 GB/T 8926—2012（方法 A）对“正戊烷不溶物”进行检测。

g 测试方法也包括 DL/T 1095，结果有争议时，以 DL/T 385 为仲裁方法。

h DL/T 285 为必做试验，是否还需要采用 GB/T 25961 或 SH/T 0804 方法进行检测可根据具体情况确定。

i 指 100mL 油中大于 5μm 的颗粒数。

j 检测不出指 DBDS 含量小于 5mg/kg。

表 9-4　　运行中变压器油及断路器油检验项目及周期（摘自 GB/T 14542—2017）

设备类型	设备电压等级	检测周期	检验项目
变压器、电抗器	330～1000kV	投运前或大修后	外观、色度、水溶性酸、酸值、闪点、水分、界面张力、介质损耗因数、击穿电压、体积电阻率、油中含气量、颗粒污染度[a]、糠醛含量
		每年至少一次	外观、色度、水分、介质损耗因数、击穿电压、油中含气量
		必要时	水溶性酸、酸值、闪点、界面张力、体积电阻率、油泥与沉淀物、析气性、带电倾向、腐蚀性硫、颗粒污染度[a]、抗氧化添加剂含量、糠醛含量、二苄基二硫醚含量、金属钝化剂[b]
	66～220kV	投运前或大修后	外观、色度、水溶性酸、闪点、水分、界面张力、介质损耗因数、击穿电压、体积电阻率、糠醛含量
		每年至少一次	外观、色度、水分、介质损耗因数、击穿电压
		必要时	水溶性酸、酸值、界面张力、体积电阻率、油泥与沉淀物、带电倾向、腐蚀性硫、抗氧化添加剂含量、糠醛含量、二苄基二硫醚含量、金属钝化剂[b]
	≤35kV	3 年至少一次	水分、介质损耗因数、击穿电压
断路器	＞110kV	投运前或大修后	外观、水溶性酸、击穿电压
		每年一次	击穿电压
	≤110kV	投运前或大修后	外观、水溶性酸、击穿电压
		3 年至少一次	击穿电压

注　1. 互感器和套管用油的检验项目及检测周期按照 DL/T 596 的规定执行。

2. 油量少于 60kg 的断路器油 3 年检测一次击穿电压或以换油代替预试。

a　500kV 及以上变压器油颗粒污染度的检测周期参考 DL/T 1096 的规定执行。

b　特指含金属钝化剂的油。油中金属钝化剂含量应大于新油原始值的 70%，检测方法为 DL/T 1459。

三、运行中断路器油质量标准

运行中断路器油质量标准见表 9-5，断路器油检验周期见表 9-4。

表 9-5　　运行中断路器油质量标准（摘自 GB/T 7595—2017）

序号	项目	质量指标	检验方法
1	外状	透明、无游离水分、无杂质或悬浮物	外观目视
2	水溶性酸（pH 值）	≥4.2	GB/T 7598
3	击穿电压（kV）	110kV 以上，投运前或大修后不小于 45，运行中不小于 40 110kV 及以下，投运前或大修后不小于 40，运行中不小于 35	GB/T 507

四、500kV 及以上超高压变压器油中颗粒度控制

随着电力变压器不断向超高压大容量方向发展，对 500kV 及以上超高压变压器油的要求也越来越高。研究表明，固体颗粒杂质对油的电气性能有显著影响，为保证超高压变压器的安全运行，有必要对颗粒杂质进行检测控制。除 GB/T 14542—2017、GB/T 7595—2017 有油中颗粒度的检测规定外，电力行业还制定了 DL/T 1096—2018《变压器油中颗粒度限值》，DL/T 1096—2008 的规定见表 9-6。

表 9-6 换流变压器组和交流变压器油中颗粒度限值要求（摘 DL/T 1096—2018）

类别	电压等级（kV）	颗粒度限值		
		注油前	热油循环后	运行中
换流变压器组	±400	≤2000	≤3000	—
	±500	≤1000	≤2000	≤3000[a]
	±800	≤1000	≤1000	≤3000
交流变压器	500	≤2000[a]	≤3000[a]	—
交流变压器	750	≤1000	≤2000	≤3000
	1000	≤1000	≤1000	≤3000

a 此处为推荐值。

五、运行中变压器油超限值和控制对策

变压器油在运行中的劣化程度和污染状况是不完全相同的，因此一般情况下不能用某一项试验来准确判断油质的状况，只能在全面检测结果后并分析油质劣化原因和确认了污染来源后，才能确定该油是否可以继续运行，以保证设备的安全可靠和经济成本的合理。

对一般运行变压器油而言，下述试验基本可以反映油质的情况和设备的健康水平：

（1）油的颜色和外观；

（2）油的击穿电压值；

（3）油的介质损耗因数或电阻率；

（4）酸值；

（5）界面张力；

（6）油中水分含量。

对于运行中变压器油的所有检验项目，超出质量控制极限值的原因分析及应该采取的措施可参考表 9-7。除此之外还应考虑：

（1）当试验结果超出运行中变压器油的质量标准时，应与以前的试验结果进行比较，在进行任何措施之前，应重新取样分析以确认试验结果无误。

（2）如果油质快速劣化，则应缩短检测周期进行跟踪试验，必要时检测油中抗氧化剂含量，结合油温、负荷及色谱分析结果采取相应措施。

（3）某些特殊试验项目，如击穿电压低于运行油标准要求，或是色谱检测发现有故障存在，则可以不考虑其他特殊性项目，应果断采取措施以保证设备安全。

（4）如检测变压器油的介质损耗因数、颗粒污染度等指标异常时，可关注并检测油中铜、铁等金属含量。

表 9-7 运行中变压器油超限值原因及对策（摘自 GB/T 14542—2017）

序号	项目	超限值	可能原因	采取对策
1	外观	不透明，有可见杂质或油泥沉淀物	油中含有水分或纤维、碳黑及其他固形物	脱气脱水过滤或再生处理
2	色度（号）	＞2.0	可能过度劣化或污染	再生处理或换油

续表

序号	项目	超限值		可能原因	采取对策
3	水分（mg/L）	330～1000kV	>15	（1）密封不严、潮气侵入； （2）运行温度过高，导致固体绝缘老化或油质劣化	（1）检查密封胶囊有无破损，呼吸器吸附剂是否失效，潜油泵管路系统是否漏气； （2）降低运行温度； （3）采用真空过滤处理
		220kV	>25		
		≤110kV	>35		
4	酸值（以KOH计）（mg/g）	>0.10		（1）超负荷运行； （2）抗氧剂消耗； （3）补错了油； （4）油被污染	再生处理，补加抗氧剂
5	击穿电压（kV）	750～1000kV	<65	（1）油中水分含量过大； （2）杂质颗粒污染； （3）有油泥产生	（1）真空脱气处理； （2）精密过滤； （3）再生处理
		500kV	<55		
		330kV	<50		
		66～220kV	<40		
		≤35kV	<35		
6	介质损耗因数（90℃）	500～1000kV	>0.020	（1）油质老化程度较深； （2）杂质颗粒污染； （3）油中含有极性胶体物质	再生处理或换油
		≤330kV	>0.040		
7	界面张力（25℃）（mN/m）	<25		（1）油质老化，油中有可溶性或沉析性油泥； （2）油质污染	再生处理或换油
8	体积电阻率（90℃）（Ω·m）	500～1000kV	$<1\times10^{10}$	同介质损耗因数原因	再生处理或换油
		≤330kV	$<5\times10^{9}$		
9	闪点（闭口）（℃）	小于135并低于新油原始值10℃以上		（1）设备存在严重过热或电性故障； （2）补错了油	查明原因，消除故障，进行真空脱气处理或换油
10	油泥与沉淀物[a]（质量分数）（%）	>0.02		（1）油质深度老化； （2）杂质污染	再生处理或换油
11	油中溶解气体组分含量（μL/L）	见DL/T 722		设备存在局部过热或放电性故障	进行跟踪分析，彻底检查设备，找出故障点并消除隐患，进行真空脱气处理
12	油中含气量（体积分数）（%）	750～1000kV	>2	设备密封不严	与制造厂联系，进行设备的严密性处理
		330～500kV	>3		
		电抗器	>5		
13	水溶性酸（pH值）	<4.2		（1）油质老化； （2）油被污染	（1）与酸值比较，查明原因； （2）再生处理或换油
14	腐蚀性硫	腐蚀性		（1）精制程度不够； （2）污染	再生处理、添加金属钝化剂或换油

续表

序号	项目	超限值		可能原因	采取对策
15	颗粒污染度（粒[b]）	750～1000kV	＞3000	（1）油质老化； （2）杂质污染； （3）油泵磨损	（1）再生处理； （2）精密过滤； （3）换泵
16	糠醛含量（质量分数）（mg/kg）	—		纸绝缘热老化	做聚合度试验，考虑降负荷运行或更换变压器
17	二苄基二硫醚（DBDS）含量（质量分数）（mg/kg）	—		腐蚀性硫	再生处理、添加金属钝化剂或换油

a 按照 GB/T 8926—2012（方法 A）对“正戊烷不溶物”进行检测。

b 100mL 油中大于 5μm 的颗粒数。

IEC 60422 所要求的设备注油后通电前油的质量要求见表 9-8。

表 9-8 IEC 60422 对变压器注油后通电前油的质量要求（摘自 IEC 60422—2005）

性 能	设备电压等级（kV）		
	＜72.5	72.5～170	＞170
外观	清洁、无沉淀物和悬浮物		
颜色（级）	≤2.0	≤2.0	≤2.0
击穿电压（kV）	≥55	≥60	≥60
水分含量（mg/kg）	≤10	≤5	≤5
酸值（以 KOH 计）（mg/g）	≤0.03	≤0.03	≤0.03
介质损耗因数（90℃）	≤0.015	≤0.015	≤0.010
电阻率（90℃）（G·Ω·m）	≥60	≥60	≥60
界面张力（mN/m）	≥35	≥35	≥35
总 PCB 含量（mg/kg）	不检测	不检测	＜2
颗粒含量（颗粒数）	5μm≤1000；15μm≤130		

IEC 60422 对运行变压器油按设备及电压等级的不同分为 8 个档次，并按照油质情况分为好、差、坏三种情况，分别对各种情况提出了质量的极限值要求。表 9-9 列出了 IEC 60422 对运行油质的极限值要求。

IEC 60422 将设备分为以下几种类别：

（1）O 类。电压在 420kV 以上的电力变压器。

（2）A 类。电压在 170～420kV 的电力变压器和非常重要需连续供电的任何电压等级的变压器及类似设备。

（3）B 类。电压在 72.5～170kV 的电力变压器。

（4）C 类。电压为 72.5kV 的电力变压器（含油开关）。

（5）D 类。电压为 170kV 以上的互感器。

（6）E 类。电压为 170kV 的互感器。

（7）F 类。带负荷抽头切换装置。

（8）G类。充油高压断路器。

表9-9　　IEC 60422对运行油质的极限值要求（摘自IEC 60422—2005）

项目		O	A	B	C	D	E	F	G
击穿电压（kV）		＞50	＞50	＞40	＞30	＞50	＞40	—	＞30
水分（mg/kg）		≤10	≤10	≤15	≤25	≤10	≤15	—	—
酸值（以KOH计）（mg/g）	好	＜0.10	＜0.10	＜0.10	＜0.15	＜0.10	—	—	—
	差	0.10～0.15	0.10～0.15	0.10～0.15	0.15～0.30	0.10～0.15			
	坏	＞0.15	＞0.15	＞0.15	＞0.30	＞0.15			
电阻率（90℃）（G·Ω·m）	好	＞10	＞10	＞10	＞3	＞10	＞3	—	—
	坏	1～10	1～10	1～10	0.2～3	1～10	0.2～3		
	差	＜1	＜1	＜1	＜0.2	＜1	＜0.2		
tanδ（90℃）	好	＜0.1	＜0.1	＜0.1	＜0.1	＜0.1	＜0.1	—	—
	差	0.1～0.2	0.1～0.2	0.1～0.2	0.1～0.5	0.1～0.2	0.1～0.3		
	坏	＞0.2	＞0.2	＞0.2	＞0.5	＞0.2	＞0.3		
界面张力（mN/m）	好	＞28	＞28	＞28	＞28	＞28	＞28	—	—
	差	28～22	28～22	28～22	28～22	28～22	28～22		
	坏	＜22	＜22	＜22	＜22	＜22	＜22		
闪点（℃）		最大比原始值降低10%							

表9-8和表9-9中的水分是校准到20℃时的水分含量，如果采样油温高于20℃时，测定结果应加以校准；如果采样温度低于20℃，则不用校准，直接以测定结果表示。

水分的校正因子为

$$f = 2.24e(-0.04t) \tag{9-1}$$

式中　f——校正因子；

　　　t——采样温度。

例如：采样温度为40℃时，所测油中水分含量为10mg/kg，根据式（9-1）中可计算出$f=0.45$。

则校正后的水含量为：10mg/kg×0.45=4.5mg/kg。

六、固体绝缘的化学监督

变压器的寿命实质就是固体绝缘材料的寿命，因此对固体绝缘的监督不容忽视。除气相色谱分析诊断外，通过糠醛含量和绝缘纸（板）聚合度的测定可分析纤维素绝缘材料的老化程度。

（一）油中糠醛含量

研究表明，测定油中糠醛含量，可在一定程度作为固体绝缘的判断依据。它是基于绝缘纸的纤维素受高温、水分、氧气的作用而发生裂解，会形成多种小分子化合物，在这些小分子的化合物中糠醛C_4H_3OCHO（即呋喃甲醛）是绝缘纸因降解而产生的最主要的特征液体分子，利用高效液相色谱分析技术测定油中的糠醛含量，可以结合气相色谱分析判断如下情况：

（1）已知变压器内部存在故障时可进一步判断是否涉及固体绝缘。

（2）是否存在线圈绝缘局部老化的低温过热现象。

（3）可对运行年久设备的绝缘老化程度作出判断。

国内外的研究表明：

（1）油中的糠醛含量与代表绝缘纸老化的聚合度之间有较好的线性关系，即

$$\log(F_a)=1.51-0.0035D \tag{9-2}$$

式中　F_a——糠醛含量，mg/L；

D——纸的聚合度。

当然，判断绝缘的最终老化，测定糠醛含量只是一种间接判断的方法，还是以纸的聚合度为主要判断老化的依据较为可靠，这是因为对糠醛含量的测定存在某些影响因素。

（2）油中糠醛含量随着变压器运行时间的增加而上升，据资料介绍存在如下关系式

$$\log(F_a)=-1.3+0.05T \tag{9-3}$$

式中　T——运行年限。

超过式（9-3）的极限值，为非正常值，应引起注意。

（3）滤油及吸附处理会使油中糠醛含量不同程度地降低，所以在进行判断时一定要注意这一情况。这就是有些变压器设备虽然运行时间长，而油中糠醛含量仍低的一个重要原因。另外，糠醛在油中和绝缘纸中的含量随着温度的变化而发生转移，因此对测出糠醛含量高的变压器应引起特别重视。

（二）绝缘纸（板）聚合度

直接测量变压器绝缘纸的聚合度是判断变压器绝缘老化程度的一种可靠手段，纸的聚合度的大小直接地反映了绝缘的劣化程度。一般新的油浸纸的聚合度值约为1000，但当运行后，由于受到温度、水分、氧的作用后，纤维素发生降解，即D-葡萄糖单体的个数减少。国内外资料表明，当聚合度值达到250左右时，绝缘纸的机械强度可下降50%以上，此时如遇机械振动或其他冲击力，就可能造成损坏的严重后果。一般认为，如聚合度值降低到250后，从各方面考虑，这种绝缘已严重老化的变压器应尽早地退出运行。

第二节　油质试验及其意义

一、外观

这是一种简易的目视测定油中杂质的方法。将油样放入透明的具塞玻璃管中，以管颈为支点反复将其晃动，观察有无杂质从底部浮起或油中是否有悬浮物存在，这样就可以看出油样是否浑浊、有无悬浮物和沉淀物。

检查运行油的外观，可以发现油中的不溶性油泥、游离水分、碳粒、纤维、灰尘等是否存在。杂质会使变压器油的某些性能（如击穿电压、黏度、介质损耗因数）遭到破坏。油中的水分等无色物质，当它们的溶解度超出极限值时，才有可能被发现；油中的固体杂质，是以沉淀物或悬浮物的形式出现的。

沉淀物多为金属加工残渣（铁、铜、铝）及其腐蚀产品（如氧化铁）与浸渍漆的颗粒，以及绝缘与密封材料等其他固体颗粒。油泥在油氧化到相当深的程度以后才出现，它是化学组分不易测定的高分子烃类聚合物。

悬浮物与沉淀物不同，往往是分布于整个油中，但不分解，多为纸绝缘掉落的纤维物质。

二、水溶性酸

水溶性酸是指油品中含有的能溶于水的无机酸、低分子的有机酸（一般指 C1～C4 的有机酸）等。因在运行变压器油中常以酸性组分出现，因此，称为水溶性酸。它的测定方法有两种：第一种是定量的测定方法，它是利用蒸馏水抽提油中的酸性组分，然后以酚酞作指示剂，用氢氧化钾的标准溶液滴定水抽出液，其结果用 mg/g（以 KOH 计）表示，这个方法目前在电力生产现场用得较少。第二种方法是以等体积的油样与蒸馏水混合摇动，分离出水抽出液通过比色或用酸度计来测定其 pH 值的大小，其关键是必须用除盐水或二次蒸馏水，且要求煮沸后水的 pH 值为 6～7，并且水的电导率应小于 3s/cm（15℃），否则对试验结果有影响。

油品中水溶性酸碱的来源：一是油品在炼制和再生过程中，由于清洗和中和不完全，而残留于油中；二是油品在储运和使用过程中，由于污染和油品自身氧化而产生的。一般新油如精制处理得当，不应含有水溶性酸碱。运行油在使用过程中，由于长期与空气中的氧接触，再加上受温度、电场及金属构件的催化作用等，油品会氧化生成一系列氧化产物，其中就有低分子有机酸生成。

运行变压器油中的水溶性酸，不仅能直接腐蚀金属，而且可以加速油的进一步老化，其更严重的危害是能被纤维素绝缘吸收，对纤维素绝缘具有极强的腐蚀作用，最终使绝缘遭到破坏，缩短变压器绝缘系统的寿命。

三、酸值

中和 1g 试油中含有的酸性组分，所需要的氢氧化钾毫克数，称为酸值，以 mgKOH/g 表示。从试油中所测得的酸值，为有机酸和无机酸的总和，也叫总酸度。变压器油在运行中由于老化产生的酸性成分主要是低分子酸、环烷酸和脂肪酸。

酸值的测定分为指示剂滴定法和电位滴定法。在电力系统最常用的是指示剂滴定法，最常用的指示剂为碱蓝 6B，它在非水溶液中其颜色由蓝色变为浅红色。采用指示剂滴定法时应注意下述几点：

（1）所用无水乙醇不应含有醛类物质。因醛在稀碱溶液影响下，会发生缩合反应。随着时间的延长，会使氢氧化钠乙醇溶液变黄、变坏。

（2）呈碱性的无水乙醇在使用前应用 0.1mol/L 盐酸中和其碱性，使乙醇呈微酸性后再用。否则，乙醇空白无法测出，而且测出的酸值偏低。

（3）碱蓝 6B 指示剂加入油中后，油品呈蓝色，待快到滴定终点时，蓝色中出现红色，随着碱量的增加，红色增多，溶液呈蓝紫色，最后变为红色。判断终点时应以溶液中的蓝色刚消失稍微呈现红色为终点。对于某些深色的油品，由于老化产物的干扰，使滴定终点变色不很明显。若蓝色消退后不显红色，则以滴定至蓝色明显消退时为滴定终点。

（4）酸值的测定应排除二氧化碳的干扰。由于室温下空气中的二氧化碳极易溶于乙醇中（二氧化碳在乙醇中的溶解度比在水中的溶解度要大 3 倍）。因此，滴定必须趁热，避免二氧化碳溶入其中，所以规定自加热回流停止起至滴定完成，这一操作过程不应超过 3min。

（5）测定过程中，试样需加热煮沸回流 5min，其目的一方面是将油中的有机酸萃取出来，另一方面是通过煮沸将溶液中的二氧化碳赶出，以免影响测定结果。

（6）加入的指示剂的量规定为 0.5mL，用量太多时，由于指示剂本身是一种有机酸性物质，会消耗碱量，使结果误差偏大。

(7) 酸值滴定至终点附近时，应缓慢加入碱液，在估计差1～2滴就要到达终点时，改为半滴滴加，以减少滴定误差。

在新油中酸值一般很小，但在运行中由于长期受氧、温度和金属催化剂等作用，会使酸值增加，一般运行油的酸值愈高，表明油的老化程度愈深，因此，酸值是运行油老化程度的主要控制指标之一。油中所含的酸性产物会对电气设备的金属构件产生腐蚀，影响设备的寿命。同时，因腐蚀而生成的金属盐类是油品氧化反应的催化剂，会加速油品的老化进程。另外，酸性产物使油的导电性增强，从而降低油的绝缘性能。若油中同时存在水分，它可以促使纤维素绝缘的老化和腐蚀，缩短设备的使用寿命。

四、闪点（闭口）

在规定的条件下，将油样放入密闭的金属（一般为铜质）容器内加热并搅动，随油温的升高，油蒸汽在油面空气中的浓度也随之增加，当升高至某一温度时，油蒸汽和空气组成的混合气体中，油蒸汽含量达到可燃浓度，如将火焰靠近这种混合物，它就会闪火，把产生这种现象的最低温度称为石油产品的闪点（闭口）。

对于蒸发性较大的轻质油品和在密闭容器中使用的油品，如变压器油多用闭口杯法测定闪点，目的是使所测得的闪点与使用时的实际情况尽量相似。

测定闪点（闭口）时应注意下述几点：

(1) 在密闭油杯内盛装的试油量过多，则所测定结果偏低；试油量少则所测结果比正常值偏高。因为油量多少与液面上部的空间有关，从而影响油蒸汽和空气的混合气体的浓度。

(2) 点火用的火焰大小及离液面的距离和停留时间等因素，都会直接影响测定的结果。

(3) 加热的速度也应按规定的方法进行。加热速度快，则单位时间内给予油品的热量多，油品蒸发快，使混合蒸汽的浓度提前达到闪点，测定结果会偏低。加热速度慢时，测定时间延长，点火的次数多，损耗了部分油蒸汽，延迟了混合气体达到闪火浓度的时间，使测定结果偏高。

(4) 如果试油中含有水，在测定闪点之前必须脱水。因为加热试油时，分散在油中的水会气化成水蒸气，或有时形成气泡覆盖于液面上，影响油的正常气化，推迟了闪火时间，使测定结果偏高。

(5) 在点火过程中，要先看温度后点火，不应点火后再看温度。因为点火后油温会升高，不是原闪火时的温度，而使测得结果偏高。

(6) 闪点与测定时大气压力有关，一般压力高闪点高，否则反之。所以在测定闪点时，应根据当地气压情况予以修正。

从闪点的高低可判定油品发生火灾的危险性，闪点愈低，油品愈易燃烧，火灾危险性愈大。对于新油及检修处理后的油，测定闪点可以防止或发现是否混入轻质馏分的油品。对于运行油，闪点降低表示油中有挥发性可燃物质产生，这些可燃性气体往往是由于设备有局部过热或放电等原因引起变压器油在高温下热裂解而产生的。因此，通过闪点的测定可及时发现电气设备严重故障。一般当油的闪点明显降低时，应及时进行油中气体组分的色谱检测，以判定事故的原因及部位。

五、水分

油品中的水分大致有三个方面的来源，一是油品在运输和储存过程中，容器、管道等污染或渗入的水分；二是油品有一定的吸水性，当与大气和设备接触时，由于空气和接触材料的潮气，而使油品吸入了水分；三是由于油品和有机材料老化产生的水分。水在油中有游离水、溶解水及乳化水三种存在状态，正常运行的变压器油中主要是溶解水。

变压器油水分含量测定国内主要有库仑法和色谱法两种方法，色谱法在早期应用较多，现在已很少使用。目前使用较普遍的是自动库仑仪法。该法的基本原理是由卡尔-费休滴定法发展而来的。就是卡氏试剂与水反应，其反应式为

$$H_2O+I_2+SO_2+3C_5H_5N \longrightarrow 2C_5H_5N \cdot HI+C_5H_5N \cdot SO_3 \tag{9-4}$$

$$C_5H_5N \cdot SO_3+CH_3OH \longrightarrow C_5H_5N \cdot HSO_4CH_3 \tag{9-5}$$

从反应式（9-4）和式（9-5）中可看出，主要是水、碘和二氧化硫发生反应，无水时则不发生反应。但在反应式（9-4）中生成的 $C_5H_5N \cdot SO_3$（硫酸酐吡啶）不稳定，必须在无水甲醇中使其转变成稳定的 $C_5H_5N \cdot HSO_4CH_3$（甲基硫酸氢吡啶）。

这里需要指出，卡尔-费休法测定水分是一个经典的方法，是比较可靠的。现在市面上流行销售的无吡啶卡氏试剂，一般来说稳定性较差。使用库仑法测定时，应注意下列问题：

(1) 电解液应放在干燥的暗处保存，温度不宜高于10℃。

(2) 搅拌速度对测试结果是有影响的，太快、太慢都会影响数据的稳定性，通常最好是能够使电解液呈一旋涡状为宜。

(3) 电解液测试较多油样后，灵敏度会降低，因此，应经常用纯水标定。

(4) 应注意电解液和试样的密封性，在测试过程中不要让大气中的潮气侵入试样中。

水分能使绝缘油的电气性能变坏，如能使击穿电压、绝缘电阻下降，介损增加，并能使电气设备的整体绝缘水平降低。能加速纸质纤维材料的老化降解，特别是当油中含有较多的低分子酸时，水分对纤维水解影响更甚，使纸绝缘遭到永久的破坏。

水分在油中与绝缘纸中为一个平衡状态。油在不同温度下有不同的饱和水分溶解量，这一饱和溶解量随温度的升高而增大，因而在高温下绝缘纸中水分即进入油中，当油温下降时，油中水分有一部分将向纸中扩散，使油中的含水量下降。一般来说，运行温度越高，纸中水分向油中扩散得越多，因而使油中含水量增高。但必须指出：水分在油-纸间的平衡状态不是一个静止的平衡，而是处在一种动态平衡之中。但是，实现这种平衡需要一个较长的过程（以月为单位计）。因此，不能一概以油中含水量的多少来肯定或否定变压器的受潮情况，特别是在环境温度很低，而变压器又处于停运状态下测出油中的含水量很低，就不能作为变压器绝缘干燥的唯一判据。相反在变压器的运行温度较高时（不是短暂的升高），所测油中的含水量很低，倒是可以作为绝缘状况良好的依据之一。

纸中含水量在与油中含水量的平衡过程中，按理在高温时将随油中水分的增加而减少，当温度降低时，油中水分将被纸吸收，使纸的含水量升高。但运行实践表明：在密封条件较好的变压器中，如果没有外部水分的渗入，在不同温度下引起油中水分的变化量即使全部与纸中水分的变化量相平衡，此时纸中含水量的变化幅值也是很小的。这是因为油中含水量的单位是mg/kg，纸中含水量以%计。就是说，变压器中绝缘纸的含水量的绝对量要比油中多许多。因此不能根据某一温度下测得的油中含水量直接从文献中记载的油纸含水量与温度的平衡曲线中去推测纸中的含水量。可以认为不同的平衡曲线是在不同的系统内部条件下获得的，即除油-纸系统中原有的水分外，还有外界空气中水分渗入了平衡系统。如果变压器绝缘确已受潮，也就意味着平衡系统内部条件发生了变化，即有外界水分的侵入或者由于多年老化的结果而产生了一定水分。图

9-1 所示是空气-油-纸绝缘系统中含水量平衡与温度和空气湿度的关系。当油纸之间含水量达到平衡后，可以利用油中含水量数据通过平衡曲线图而间接查得绝缘纸中的大概含水量。

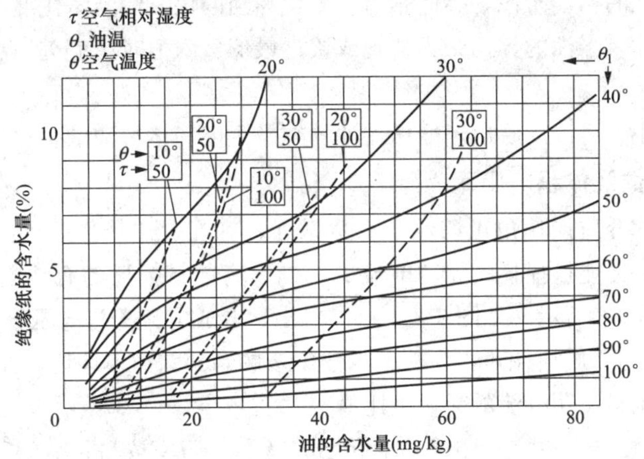

图 9-1　空气-油-纸绝缘系统中含水量平衡与温度和空气湿度的关系

如在 30℃时，若油中含水量为 20mg/kg 时，则纸中含水量将达到 5.0%，有资料表明，变压器中的水分约 99%吸附在固体纤维绝缘中，只有 1%以下的水分溶解于油中。

六、界面张力

油品的界面有油-气、油-液、油-固等，绝缘油的界面张力是指被测定油与不相容的水之界面产生的张力，通常用 25℃时垂直作用在液体交界面上单位长度的力来表示。油对水界面张力测定按照铂丝圆环法的原理来进行。该法的基本原理是：油中所含的氧化产物分子中的—COOH 及—OH 类型的极性基团是亲水的，在油-水两相的界面上，这些分子的极性基团向极性的水相转移，而憎水的碳氢链则向非极性的油相渗透，由于两相的液体分子都受到各自内部分子的吸引，且各自都力图缩小其表面积，这样就在两相的分界面产生了使液体表面积缩小的张力。油中的氧化产物和杂质既对水分子有吸引力，又对油分子有吸引力，于是油和水的界面便变得不明显，其界面张力也就减小了。所以油的界面张力值是与油的劣化程度密切相关的。测定油的界面张力值应注意：

（1）为保证铂环能完全为液体润湿，试验前应将环和试验杯按方法要求清洗干净。否则，会导致界面张力数值下降。

（2）由于计算时使用了校正系数 F，因此对铂环和试杯的尺寸规定均有严格要求。试杯底部要平整，环应保持圆形，并与其相连的镫保持垂直。在测量水的表面张力时，应保证铂环浸入水中不少于 5mm 深；在进行油-水界面张力测量时，加在水面上的油样应保持约 10mm 厚度。如果过薄，就会使铂环从油水交界面拉出时，触及油面上的另一相（空气），会给试验带来误差。

（3）试验用水采用中性纯净蒸馏水。

（4）对质量不同的油，由于所含极性物质的类型和浓度不同，故向油水界面的迁移速度和要求达到平衡或稳定状态所需时间也不同，往往需要较长的时间。因此，应严格按规定在形成界面 1min 时，记录数据。

（5）表面张力是随温度的升高而逐渐减小。因为温度升高引起物质的膨胀，从而增大了分子间距离，使分子间吸引力减小，所以表面张力将减小。以在25℃时测出的结果为准。

界面张力是检查变压器油中含有因老化或污染的可溶于油中的极性杂质的一种间接有效的方法。变压器油在劣化的初期阶段，界面张力的变化相当的快，但当劣化继续进行时，界面张力的变化趋于平稳。因此，当油的界面张力达到或接近最低极限值时，应进一步通过相关的试验查明原因。

界面张力值的大小，可以反映出新变压器油的纯净程度和运行油的劣化状况。

七、介质损耗因数及体积电阻率

介质损耗因数又称介质损耗角正切，以 tanδ 表示。在交变电场作用下，电介质内流过的电流可分为两部分，一是无能量损耗的无功电流 I_c，二是有能量损耗的有功电流 I_R，其合成电流为 I，电流的向量如图 9-2 所示。从图 9-2 中可以看出，合成电流 I 与电压 U 的相位差非 90°，而比 90°小 δ 角，此角称为介质损耗角，为功率因数角 φ 的余角。简单地说，油的 tanδ 是指在测量回路中流过的有功电流与无功电流的无量纲比值。

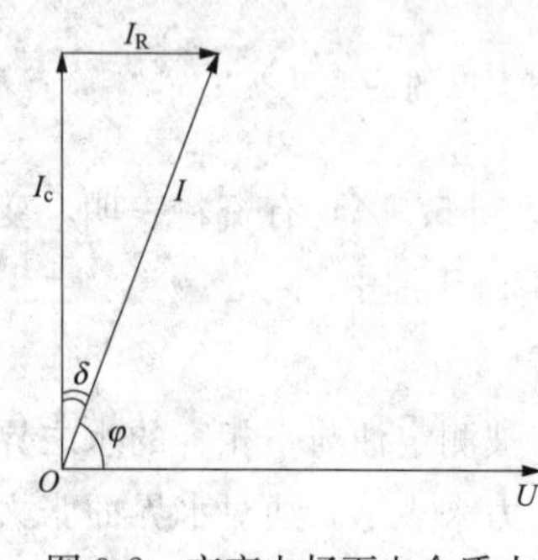

图 9-2 交变电场下电介质内电流向量图

介质损耗因数及体积电阻率按 GB/T 5654—2007《液体绝缘材料相对电容率、介质损耗因数和直流电阻率的测量方法》进行测定。

影响介质损耗因数测定主要有两方面因素，一是与施加的电压与频率有关，一般在电压较低时，电压对介质损耗因数没有明显的影响。但当试验电压提高时，介质在高电压作用下产生了偶极转移，可引起电能的损失，使介质损耗因数值会有明显的增加。因此在测定时，应按规定加到额定电压。介质损耗因数也与施加电压的频率有关，因为介质损失角正切值（tanδ）是频率的函数，因此，规定测量介质损耗因数时，采用50Hz的交流电压。二是温度的影响，温度对介质损耗因数的测量结果影响较大。当温度升高时，介质电导随之增大，漏泄电流也会增大，故介质损耗因数也增大。因此，GB/T 5654—2007 中将测试温度定为 90℃。

绝缘油的体积电阻率，表示两电极间，绝缘油单位体积内电阻的大小，通常用 ρ 表示。

影响体积电阻率测定主要有温度、电场强度、施加电压的时间三方面因素，为了使测得的结果具有可比性，应在规定的电场强度下进行测定。

介质损耗因数对油中可溶性的某些污染物、劣化产物或胶体物质是很敏感的，甚至当轻微污染而用化学方法检测不出时，它都可以满足要求。

介质损耗因数和电阻率都可以判断变压器油的劣化程度与污染程度，两者之间有一定关系。当油温升高时，电阻率降低而介质损耗因数值增大。所以对同一个油样通常不要求同时进行这两项试验。

油的介质损耗因数值随温度的不同而有很大的变化。在室温和高温（90℃）两个温度下测量介质损耗因数或电阻率时，常能获得有用的补充数据。如在 90℃下所测结果满意而在室温下所测结果不满意，则可指出油中有水分存在或是在冷却时油中的劣化产物析出；若在两个温度下所测结果值都不满意时，则指出油中可能污染程度严重，不可能使油恢复到满意的水平，此时应考虑对油进行吸附处理或者更换。因此，介质损耗因数试验是变压器油的关键监督项目，具有特殊意义。

八、击穿电压

绝缘油击穿电压，是指施加某一电压时，两个标准球（板）间隙之间的 2.5mm 厚的油层发生闪络击穿，这一电压称为击穿电压，单位为 kV。击穿电压除以施加电压的两个电极之间距离所得的商，称为介电强度（或绝缘强度）。

击穿电压试验按照 GB/T 507—2002《绝缘油　击穿电压测定法》进行。

用于击穿电压测定的电极分为球型电极、半球型（又称为球盖型、蘑菇型）电极（国外称为 VDE 电极）和平板（圆盘）型电极三种。三种电极所测定的结果是不相同的。球型电极测定结果最高，半球型电极次之，而平板型电极测定结果最低。GB/T 507—2002 中规定用球型电极、半球型电极进行测定，原电力行业标准使用的平板（圆盘）型电极法已废止。

影响击穿电压测定的因素主要有油中气泡、游离碳、温度、湿度、电极形状、电极间距离、升压速度等，因此，应严格按标准中规定的条件、步骤进行试验。

击穿电压的试验数据分散性大，其主要原因是引起击穿过程的影响因素比较多。因此，试验方法中规定应取 6 次试验的平均值作为试验结果。

变压器油的击穿电压是评价油耐受极限电应力的能力，是变压器油的重要指标。干燥和清洁的油具有很高的击穿电压值。但当油中含有水分和固形物时，由于它们都具有比油高的电导率和介电常数，在电场作用下会构成导电桥路，而降低油的击穿电压值。击穿电压试验可以判断油中水分、杂质和导电颗粒的污染程度，但它不能判断油品中有机酸性物质和油泥的存在。

九、油中含气量

油中含气量是指溶解在油中的各种气体的总含量。一般用油中溶解的气体在 101.3kPa、0℃下的体积与油在相同条件下的体积的百分比来表示。油中含气量的主要成分是油中空气的含量。绝缘油中含气量可按 DL/T 423—2009《绝缘油中含气量的测定方法　真空差压法》或 DL/T 703—2015《绝缘油中含气量的气相色谱测定法》进行测定。

测定油中的总含气量对于评定油本身的质量一般意义不大。但对于超高压、大容量的变压器运行有重要意义。这类变压器一般都采用强油循环，变压器中油流速度较高，油流路中局部可能会存在负压，因此，油中溶解的气体极易析出，形成气泡。另外，如油中溶解的气体含量较高，在温度和压力骤然下降时，也极易析出形成气泡。在高场强的条件下，气泡极易击穿，危及设备安全运行。油中气泡对绝缘强度的影响，随电压等级的升高，其危害更甚。因此，为保证变压器绝缘的可靠性，对新注入设备的油和运行油中油的含气量制定了严格要求。

运行油中的含气量与设备的密封程度有极大的关系，而与油的质量无关。即设备的密封好，运行中油的含气量就较低，并且比较稳定。否则，油中含气量会随时间的延长而增长，直至达到饱和。因此油中含气量也是检验设备密封状况的重要指标。

十、油泥和沉淀物

油泥和沉淀物的测定可按 GB/T 8926—2012《在用的润滑油不溶物测定法》进行测定。

运行油样品用正庚烷稀释，观察有无油泥析出。将析出的油泥过滤后用混合溶剂（甲苯、丙酮、乙醇或异丙醇等体积混合）洗出残渣，最后将混合溶剂蒸发。分别对以上两部分的沉淀物进行烘干称重，即可得出油泥和固体沉淀物的量。

该试验能区分油中的沉淀物和总油泥（即不溶性油泥加上用正庚烷稀释而从油中沉淀出的

油泥)。

沉淀物包括不溶性的氧化产物及固体、液体绝缘材料的劣化产物、各种有机纤维、碳粒、金属氧化物等，这些都是由于设备运行条件的影响而产生的。固体颗粒的存在可以降低油的绝缘性能。另外，沉淀物可以妨碍油的热交换，从而加速绝缘的进一步劣化。

对于高电压、大容量的设备，在运行中控制这些固体物质的数量，对设备的安全运行是很重要的。有条件的地方可以监测油中的颗粒污染度以及油中 Cu、Fe 的含量，并采取相应的精密过滤措施，以提高设备的安全水平。

由于油泥在新油和劣化油中的溶解度不同，当劣化油中掺入新油时，油泥便会沉析出来。油泥的沉积将会影响设备的散热性能，同时还对固体绝缘材料的寿命带来严重影响，导致绝缘性能下降和绝缘劣化。因此，对大于 5%的比例混油时，必须进行油泥析出试验。

十一、氧化安定性

氧化安定性的测定是根据变压器油加有抗氧化剂和不加抗氧化剂，采取不同的氧化温度进行，但其共同之处是，都用铜丝螺旋线圈作为催化剂，然后通入氧气（或空气）进行氧化，经过一定时间后测定其氧化后的酸值和沉淀物的量。

变压器油的氧化安定性试验是评价其使用寿命的一种重要手段。变压器油在长期的使用过程中，不可避免地会与氧接触，而发生氧化反应过程。同时在变压器油的炼制过程中虽然经过了一定的精制工艺，但最后的成品油中还会含有少量的胶质物等杂质，所以必须进行深度精制，将其中的有害杂质成分去掉，以提高油品的氧化安定性。适度地加入抗氧化剂可以提高变压器油的抗氧化性能。因此进行新油的质量评价时，氧化安定性是一项重要指标。

十二、倾点（或凝点）

表征油品低温流动性的指标有倾点、凝点两种指标，两者对油品质量描述的意义相同，过去老标准中用凝点，现在新标准中基本都用倾点。倾点可按 GB/T 3535—2006《石油产品倾点测定法》进行测定，凝点可按 GB 510—1983《石油产品凝点测定法》进行测定。两者的区别主要是测试条件与步骤不同，倾点是在规定条件下冷却时，油品能够流动的最低温度；而凝点是油品在规定的条件下冷却至停止流动时的最高温度。由于凝点和倾点的测定方法和条件不同，因此，两个结果是不相同的，而且两者之间没有一定的对应关系。但一般情况下，倾点和凝点有 2～5℃的差异。

油品黏度随着温度的降低而增大，当黏度增大到一定程度时，油品就丧失了流动性。这主要是溶解在油中的石蜡发生结晶而引起的。当油品冷却到某一临界温度时，石蜡开始形成小晶体，当继续冷却时，这种晶体微粒聚合起来，形成“石蜡结晶网络”，这种网络逐渐漫延至整个液体中，将油分子束缚，使油品失去流动性。

倾点（或凝点）是油在低温下流动能力的指标。它对严寒地区充油电气设备用油的选择、安全运行具有重要意义。

十三、油中溶解气体组分含量

变压器油是由许多不同分子量的碳氢化合物组成的混合烃类。当变压器设备中存在局部过热或放电故障时，油中形成的氢气和低分子烃类气体可溶解于油中。这些可燃性气体的组成和含量与设备的故障类型及其严重程度有密切关系。检测油中的低分子烃类气体的组成和含量，能及早发现设备内部存在的潜伏性故障，并可随时监视故障的发展状况，及时消除这些故障隐患，对保证变压器设备的安全运行是十分重要的。

目前，用于检测油中溶解气体组分含量的方法较多，特别是在线监测技术的发展，开发了不同原理的检测仪器，主要有气相色谱法、光声光谱法、红外检测法、半导体传感器法等，试验室用得比较多且成熟的还是传统的气相色谱法，只有该方法形成了国家标准。因此，在试验室该项测试一般按 GB/T 17623—2017《绝缘油中溶解气体组分含量的气相色谱测定法》进行测定。测试结果按 DL/T 722—2014 判断。

十四、抗氧化剂含量测定

目前油中添加的抗氧化剂除了经典的 T501 外，还出现了 T502 等新品种，还有一些添加剂，油品生产厂家出于商业需要还处于保密状态。因此，判定油品的抗氧化性能应该以抗氧化安定性为准。如果需要测定抗氧化剂含量，应首先向油品生产厂家了解添加剂的品种。油中 T501 抗氧化剂含量的测定可按 GB/T 7602《运行中汽轮机油、变压器油 T501 抗氧化剂含量测定法》中的分光光度法或红外光谱法、液相色谱法进行测定。分光光度法精度较差，操作较复杂，目前已用的较少。

（一）GB/T 7602.1—2008《运行中汽轮机油、变压器油 T501 抗氧化剂含量测定法 第 1 部分：分光光度法》

该方法是以石油醚、乙醇作为溶剂，磷钼酸作显色剂。它是基于 T501 抗氧化剂在碱性溶液中与磷钼酸生成磷钼兰络合物，利用其能溶于水的性质，采用分光光度计的比色测定。

用于配制标准曲线的基础油（不含抗氧剂的油），一定要检查不得含有 T501。磷钼酸应呈黄色，应使用时现配制，若颜色变绿则不能使用。

（二）GB/T 7602.2—2008《运行中汽轮机油、变压器油 T501 抗氧化剂含量测定法 第 2 部分：红外光谱法》

该方法是利用油中的 T501 抗氧剂在 $3650cm^{-1}$ 地方出现酚羟基的伸缩振动吸收峰，该峰的高度与 T501 的浓度成正比，通过标准工作曲线，即可求得 T501 的含量。

测定 T501 抗氧剂的含量，对于运行变压器油的维护管理是不可或缺的。油的氧化不可避免，因此油中 T501 的消耗是一种正常现象。GB/T 14542—2017 中明确指出，当新油中 T501 抗氧化剂的含量为 0.08%～0.40%（质量分数）时，运行油中的含量应不低于新油原始值的 60%，如果运行变压器油的 T501 含量降低，应进行补加，以延长油的运行寿命。另外，在进行油的吸附再生时，T501 有一部分会被吸附，从而减少了油中 T501 的含量，也需要对吸附净化油进行补加。补加前，应确定该油是否适合添加 T501 抗氧化剂和添加时的有效剂量。对 T501 抗氧化剂感受性差的油，可将油进行净化或再生处理后，再做感受性试验。

十五、腐蚀性硫的测定

某些活性硫化物对铜、银（开关触头）等金属表面具有很强的腐蚀性，特别是在温度作用下，能与铜导体化合形成硫化铜侵蚀绝缘纸，从而降低绝缘强度。因此，变压器油中必须控制腐蚀性硫的存在。

腐蚀性硫的检测按照 DL/T 285—2012《矿物绝缘油腐蚀性硫检测法 裹绝缘纸铜扁线法》进行，该方法主要为将 15mL 油样装入 20mL 顶空瓶里，放入规定尺寸的包裹一层绝缘纸的铜扁线，密封后在 150℃±2℃进行 72h 试验，观察铜扁线的表面变化情况来确定被试油样中的潜在腐蚀性硫。

GB/T 7595—2017 规定各电压等级设备中的变压器油腐蚀性硫检测结果应为非腐蚀性，若油中含有腐蚀性硫，可能是变压器油精制程度不够或受到污染，需进行再生处理、添加金属钝化剂或换油。

第三节 变压器油的维护管理

运行中变压器油质量的好坏直接关系到用油电气设备的安全运行和使用寿命，虽然油质的老化是不可避免的，但是加强对油质的监督和维护，采取合理而有效的防劣措施，能够延缓油质的劣化进程，延长油的使用寿命，保证设备的健康运行。目前，在进行变压器油的维护时，主要是针对水分、氧气的危害性采取一些机械、物理和化学的方法进行维护处理。

在进行维护前，首先应对设备中的油质情况作一基本的评估，并应注意对几种防劣措施的配合使用和加强有关监督以发挥协同效应。

一、运行中变压器油的分类概况

根据我国变压器油的实际运行经验，运行油可按其主要特性指标的评价，大致分为以下几类：

（1）第一类。可满足变压器连续运行的油。此类油的各项性能指标均符合 GB/T 7595—2017 中按设备类型规定的指标要求，不需采取处理措施，而能继续运行。

（2）第二类。能继续使用，仅需过滤处理的油。这类一般是指油中含水量、击穿电压超出 GB/T 7595—2017 中按设备类型规定的指标要求，而其他各项性能指标均属正常的油品。此类油品可用机械过滤去除油中水分及不溶物等杂质，处理后油中水分含量和击穿电压应能符合 GB/T 7595—2017 中的指标要求。

（3）第三类。油品质量较差，为恢复其正常特性指标必须进行油的再生处理。此类油通常表现为油中存在不溶物或可沉析的油泥，酸值、界面张力或介质损耗因数超出 GB/T 7595—2017 中的规定，此类油必须进行再生处理或者更换。

（4）第四类。油品质量很差，多项性能指标均不符合 GB/T 7595—2017 中的要求。从技术角度考虑应予报废。

为了正确地对运行中变压器油进行维护和管理，油质化验人员和管理者应掌握 GB/T 14542—2017 的有关要求，才能保证用油设备的安全运行。

IEC 60422 也将运行油分为质量不同的三类油并给出了极限值，参见表 9-8。

美国 IEEE（电气与电子工程师协会）将运行油分为以下四类：

（1）第Ⅰ类。油质良好，能够继续使用；

（2）第Ⅱ类。油必须经处理后才可继续使用；

（3）第Ⅲ类。油质差，需进行再生处理或废弃；

（4）第Ⅳ类。油质极差，不能再使用的废油。

IEEE 的运行油分类标准见表 9-10。

表 9-10　　IEEE的运行油分类标准

试验项目	Ⅰ类（可使用油）	Ⅱ类（需处理油）	Ⅲ类（需再生油）	Ⅳ类（废油）
击穿电压（平板电极）（kV）（最小值）	27	24	23	19
酸值（mgKOH/g）（最大值）	0.30	0.32	0.45	0.85
界面张力（mN/m）（最小值）	24	23	20	14
介质损耗因数（60Hz，25℃）（%）（最大值）	0.8	1.1	1.36	2.2
水分（mg/kg）（最大值）	34	40	66	91

二、运行油防劣化措施

为延长运行中变压器油的寿命，应采取必要的防劣化措施。主要为：

（1）安装油保护装置（包括呼吸器和密封式储油柜），以防止水分、氧气和其他杂质的侵入。

（2）安装油连续再生装置（即净油器），以清除油中存在的水分、游离碳和其他劣化产物。

（3）在油中添加抗氧化剂（主要是使用T501抗氧化剂），以提高油的氧化安定性。

（4）在油中添加静电抑制剂（主要使用BTA），以抑制或消除油中静电荷的积累。

维护措施应根据充油电气设备的种类、形式、容量和运行方式等因素来选择。

（一）安装油防潮保护装置

1. 空气除潮

（1）呼吸器。充油电气设备一般均应安装呼吸器。这种设备结构最简单，大型或特大型电力变压器所采用的空气除潮装置，其干燥呼吸器一般装在油枕前。

在油枕中，油面以上的空气一般是经过干燥的。当油温升高时，变压器油膨胀，使油面以上空气受到挤压，部分空气经过排气管排入内部装有吸水性能良好的吸潮剂（如硅胶、分子筛等）的干燥装置（呼吸器），再排入大气。吸潮剂是通过油封（U形管）与外界空气隔离的。当油温下降时，经过干燥装置（呼吸器）吸入干燥除潮的空气。干燥剂使用失效时应及时更换。

（2）热电式冷冻除湿器。这种除湿器既能防止外界水分的侵入，又可清除设备内部的水分。它通常与普通型油枕配合使用，其热电制冷组件应具有足够的功率，且能实现自动除霜操作。装有冷冻除湿器的变压器油枕（储油柜）内的空气相对湿度，一般能够经常保持在10%以下。

图9-3所示为半导体制冷绝缘干燥仪的工作原理。

（1）工作原理。半导体制冷绝缘干燥仪安装在变压器密封油枕的端部，它是利用热虹吸原理将油枕上部的空气送入干燥器，应用珀尔帖效应，首先使干燥器内冷冻室温度下降至－20～0℃，由于油枕内空气温度高，使干燥器与油枕组成的密封系统，形成空气的热虹吸作用。油枕内空气中含有的水分进入冷冻室后，水分以冰霜形式冻结在冷冻室内装设的波状肋片上。这样从冷冻室出来的空气露点降至0℃以下，使空气得到了干燥。当冷冻维持一个周期（一般为24h左右），冷冻室内结满了冰霜后，转换电源极性，热电元件则由制冷转为加

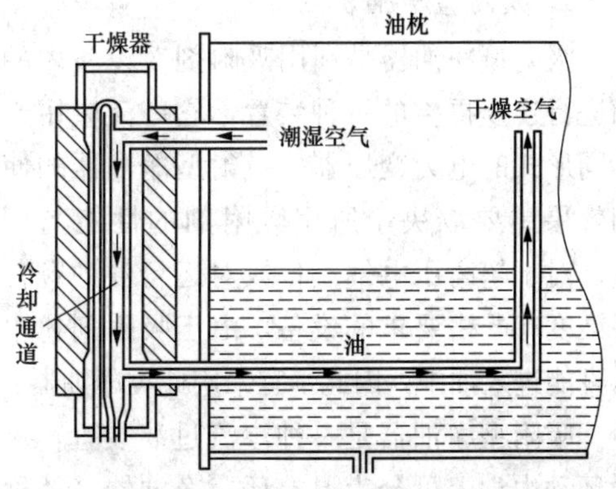

图9-3　半导体制冷绝缘干燥仪工作原理

热，将冷冻室内的冰霜融化成水，从冷却导管排水口排出（化霜时间约为15min）。根据水分在变压器油、空气和固体绝缘之间的分配平衡原理，首先降低油枕内空气侧的水蒸气分压，经过冷冻干燥器连续不断地循环，相应地便会降低油和固体绝缘纸的水分含量，最终达到干燥绝缘，改善电气性能，延缓变压器绝缘寿命的目的。

(2) 运行和维护。一般情况下在受潮严重的变压器上运行时宜采用冰点运行方式，以加速排除受潮变压器内的水分，尽快恢复绝缘纸的干燥状态，而当绝缘水平较高时，可采用露点运行方式，此时干燥仪的目的主要是防止潮湿空气的侵入。

2. 隔膜密封

防止油品氧化的根本办法是能够有效地阻止水分和氧的侵入，使变压器油不受潮和延缓氧化的早期发生，延长油品和绝缘材料的使用寿命。

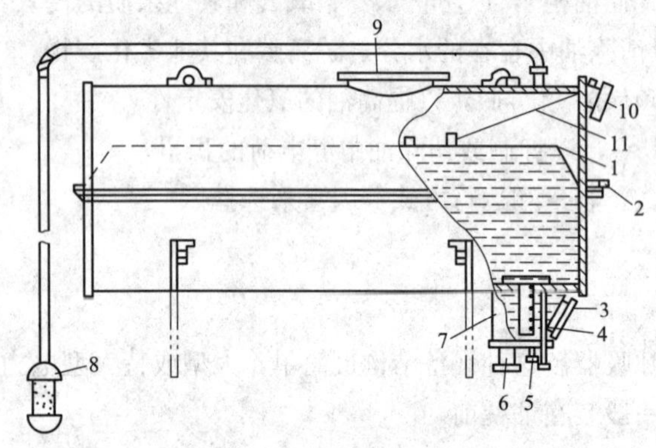

图 9-4 隔膜式油枕

1—隔膜；2—放水阀；3—视察窗；4—排气管；5—注放油管；6—气体继电器联管；7—集气盒；8—呼吸器；9—人孔；10—铁磁式油位计；11—连杆

(1) 工作原理。隔膜密封是在油枕的油面上放一个以耐油橡胶制成的气袋，使油面与空气隔绝开来，变压器通过气袋内部的空间容积来呼吸。由于这项措施结构简单、维护方便、效果显著，因而，目前在国内外得到广泛应用。大型的电力变压器基本上采用隔膜密封的油枕，隔膜式油枕如图 9-4 所示，胶囊式油枕如图 9-5 所示。

(2) 运行监督与维护。运行中应经常检查隔膜袋内气室呼吸是否畅通，如吸潮器堵塞应及时排除，以防溢油。并注意油位变化是否正常，如发现油位忽高忽低时，说明油枕内可能存有空气，应想办法排除。运行中，油质应按规程要求定期检验并测定油中含气量和含水量，当发现油质明显劣化或油中含气、含水量增高时，应仔细检查隔膜袋是否破裂并采取相应措施。

(二) 油连续再生装置（净油器）

净油器可分为吸附型和精滤型两种。

1. 吸附型净油器

吸附型净油器是利用吸附剂对设备内的油进行连续再生的一种装置，它广泛应用于不同形式的电力变压器。吸附型净油器的使用效果主要取决于所用吸附剂的性能与用量。对于超高压电气设备或对运行油的颗粒污染度有严格要求的设备，由于吸附剂粉尘有可能进入油中，因此不宜采用此类净油器。

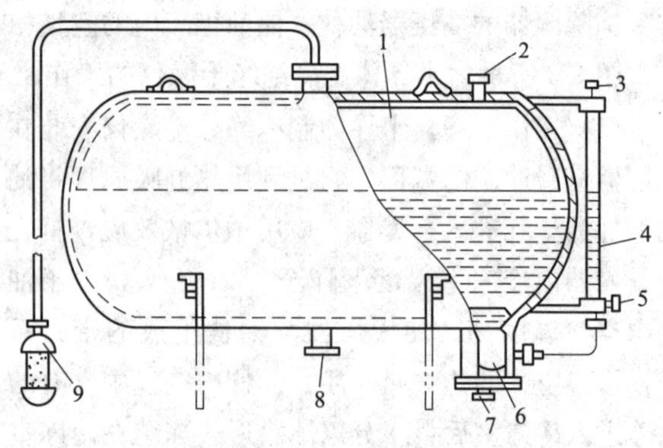

图 9-5 胶囊式油枕

1—胶囊；2—放油塞；3—放气塞；4—油位计；5—放油塞；6—油压表；7—放气塞；8—气体继电器连杆；9—呼吸器

吸附型净油器是一种渗流过滤装置，从循环动力学上可分为温差环流净油器（俗称热虹吸器）和强制环流净油器两种。

(1) 热虹吸器。热虹吸器是利用颗粒状吸附剂对变压器油进行运行中连续吸附净化的一种装置，它具有结构简单、使用方便、维护工作量少，对油防劣效果好等优点，所以它在变压器上得到广泛使用，成为变压器油防劣的一项有效措施。

温差环流净油器（热虹吸器）安装在油浸自冷或油浸风冷变压器的油箱壁上。其通用形式规格和安装方式如图 9-6 所示，在设计和选型时可根据变压器形式和容量确定。

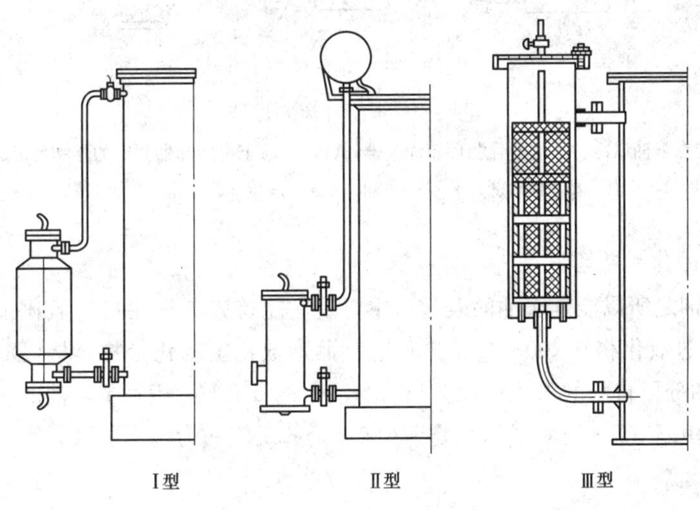

图 9-6 净油器安装方式

对容量较大的变压器可选用图 9-6 中Ⅰ型或Ⅱ型的净油器；对较小容量的变压器（如配电变压器），可选用图 9-6 中的Ⅲ型的净油器（联管上无阀门）或在油箱内装设吸附剂袋。净油器的尺寸应根据设备容量而定，吸附剂用量一般为设备内油量的 0.5%～1.5%（质量分数）。如在一台设备上装一台净油器不够时，可适当增加净油器的个数。

净油器在投入运行时应切换重瓦斯继电器，改接信号，并应随时打开放气塞（或放气门），以排尽内部的气体。投运期间按 GB/T 7595—2017 规定的检验周期化验油质变化情况。每次检验，应在净油器进、出口分别取样，当发现油中的酸值、介质损耗因数有上升趋势时，说明吸附剂已失效，应及时更换新的吸附剂。

(2) 强制环流吸附净油器。强制环流吸附净油器应用在强迫油循环的电力变压器上，一般将其连接在压管段上成为油循环的支路。图 9-7 所示为强制环流净油器。

对于强油风冷变压器的净油器可吊装在风冷却器的下端；强油水冷变压器的净油器可附着于冷却器筒体的侧壁上。

2. 精滤型净油器

精滤型净油器是利用精密滤层对设备内的油进行精滤。它主要应用于小油量设备及自动调压开关装置中，以吸附油中的碳粒和油泥等物质。

(三) 油中添加 T501 抗氧化剂

T501 抗氧化剂的学名为 2,6-二叔丁基对甲基酚，为白色粉状晶体，是烷基酚系列中抗氧化能力最好的一种，英文缩写字母为 DBPC。

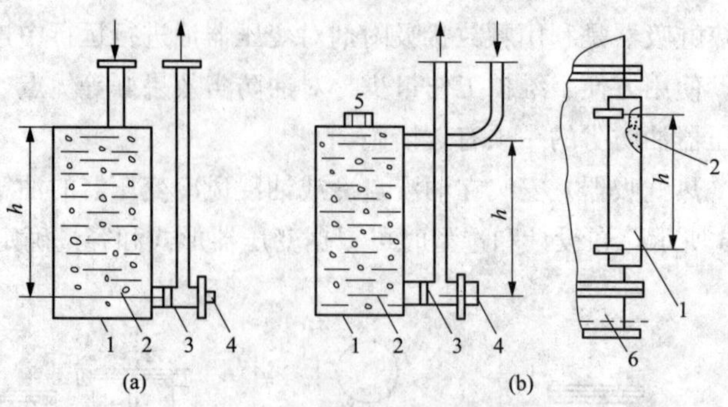

图 9-7　强制环流净油器

(a) 装在强油风冷却下端的强制环流净油器；(b) 附着于水冷却器侧壁的强制环流净油器

1—壳体；2—吸附剂；3—滤网；4—取样门；5—放气塞；6—水冷却器

1. 抗氧化剂的作用机理

T501 抗氧化剂之所以能延缓油的老化，主要是它能首先与油在自动氧化过程中生成的活性自由基（R·）和过氧化物（R00·）发生反应，而形成稳定的化合物，从而消耗了油中生成的自由基而阻止了油分子自身的氧化进程。只有当油中的 T501 消耗完了，油的氧化进程才会大大加快。T501 与自由基（R·）和过氧化物（R00·）的反应式为

CH_3 / H_9C_4 / C_4H_9 / OH　$+R\cdot \longrightarrow$　$\cdot CH_3$ / H_9C_4 / C_4H_9 / OH　$+RH$

CH_3 / H_9C_4 / C_4H_9 / OH　$+R\dot{O}O \longrightarrow$　$\cdot CH_2$ / H_9C_4 / C_4H_9 / OH　$+ROOH$

而抗氧化剂自身的过氧化产物，又可进一步相互联合和氧化，最终形成稳定的芪醌产物，反应式为

CH_2 / H_9C_4 / C_4H_9 / OH　$\xrightarrow{\text{联合}}$　CH_2—CH_2 / H_9C_4 / C_4H_9 / OH　H_9C_4 / C_4H_9 / OH

[1,2-联(3，5-二叔丁基-4-羟基)乙烷]

$\xrightarrow{\text{再氧化}}$　CH—CH / H_9C_4 / C_4H_9 / O　H_9C_4 / C_4H_9 / O

(3,5,3′,5′-四叔丁基,4,4′-芪醌)

2. T501抗氧化剂的质量及其性能优点

T501抗氧化剂是以甲酚和异丁烯为原料进行烷基化反应，再经中和、结晶而制得的。由于工艺条件和原料纯度，在反应过程中会有许多烷基酚的同系物或异构体生成，以及残留的甲酚存在。烷基酚同系物各自的抗氧化能力是大不相同的，所以在购买T501时，应对其质量进行检验（见表8-3）。必须保证添加的是合格产品，如有必要时还可进行油在添加T501后的抗氧化安定性试验，以确认其产品质量。同时还应注意产品的保管，因T501见光、受潮或存放时间过长，会使产品的颜色发黄而降低质量。

T501抗氧化剂与其他种类的抗氧化剂相比，具有如下性能优点：

(1) 由于T501独特的化学结构（屏蔽酚）使它具有高度的抗氧化性能，所以油中加入这种抗氧化剂后，能有效地改善油的氧化安定性，抑制油氧化后的酸性产物、沉淀物及低分子有机酸的生成。

(2) T501抗氧化剂有较广泛的适用范围，不仅适用于新油、再生油和轻度老化的油，而且对于许多类型的润滑油均有效果。

(3) T501对油的溶解性能良好，不会使油产生沉淀物。

(4) T501抗氧化剂本身及其氧化生成产物对绝缘油和设备中的固体绝缘材料的介电性能均不会产生不良的影响。

(5) T501抗氧化剂为中性、无腐蚀性、不溶于水、不吸潮、沸点高（265℃）、挥发性低、不易损失，而且无毒。

综上所述，T501抗氧化剂可以延缓油的老化，延长油的使用寿命，是运行中变压器油防劣的一项有效措施，具有效果好、费用省、操作简便、维护工作量少等优点。因此在国内外得到了广泛的应用。

3. 油中T501抗氧化剂的添加

(1) 感受性试验。通过油的氧化（老化）试验，其结果若有一项指标较不加T501抗氧化剂的原油提高20%～30%，而其余指标均无不良影响时，则认为此油对该抗氧化剂有感受性。实践证明，国产油对T501抗氧化剂的感受性较好，而且成品油均添加了T501抗氧化剂。使用中若需补加抗氧化剂时，一般只需测定T501的含量和油质老化情况决定是否添加，而不必再做感受性试验。但是，对不明牌号的新油、进口油，以及各种再生油和老化、污染情况不明的运行油，则应进行感受性试验以确定是否适宜添加和添加时的有效剂量。

(2) 抗氧化剂有效剂量的确定。对许多新油来说，T501抗氧化剂在油中的添加量与油的氧化安定性有密切关系，一般是油的氧化寿命随着添加剂量的增加而增加，但对不同牌号的油，由于它的化学组成、精炼方法或精制深度的不同，添加抗氧化剂后的氧化寿命与添加剂量的关系并不相同。

研究发现，T501含量若超过0.6%以后，对油的氧化寿命已提高不多，若低于0.3%则油的氧化寿命达不到2000h。所以，T501抗氧化剂合理的添加剂量应为0.3%～0.5%。进一步研究发现，加有T501抗氧化剂的油在人工老化过程中油质的变化与T501的含量降低有一定规律性：

1) T501含量降低小于原始加入量的30%时，油质的变化不大明显（指酸值、介质损耗因数）。

2）T501含量降低原始加入量的30%～50%时，油质开始有变化。

3）T501含量降低大于原始加入量的50%时，则油质变化迅速，酸值和介质损耗因数急剧升高。

因此，当新变压器油中T501抗氧化剂的含量为0.08%～0.40%（质量分数）时，运行油中的含量应不低于新油原始值的60%，如果运行变压器油的T501含量降至0.15%，应进行补加。补加时还应控制运行油的pH值不低于5.0为好。

（3）T501抗氧化剂的添加方法。运行中油在添加T501之前应清除设备内和油中的油泥、水分和杂质。具体加入方法如下：

1）热溶解法。从设备中放出适量的油，加温至60℃左右将所需量的T501加入，边加入边搅拌，使T501完全溶解，配制成一定浓度的母液（一般为5%左右），待母液冷却到室温后，以压滤机送入变压器内，并继续进行循环过滤，使药剂充分混合均匀。

2）从热虹吸器中添加。将T501按所需要的量分散放在热虹吸器上部的硅胶层内，由设备内通向热虹吸器的热油流将药剂慢慢溶解，并随油流带入设备内混匀。

（4）添加T501抗氧化剂油的维护和监督。为了保证抗氧化剂能够发挥更大的作用，对添加抗氧化剂的油除按GB/T 7595—2017中规定的试验项目和检验周期进行油质监督外，还应定期测定油中T501的含量，必要时还应进行油的抗氧化安定性试验，以掌握油质变化和T501的消耗情况。当添加剂含量低于规定值时，应进行补加。如设备补入不含T501抗氧剂油时，应同时补足添加剂量。

（四）在油中添加静电抑制剂（BTA）

对于大型强油循环的变压器，油在循环流动中产生的静电已成为危害变压器安全运行的一个值得关注的问题。

1. 油流带电的机理

变压器的油流带电是发生在油与纸纤维素的绝缘纸板之间。由于绝缘纸主要由纤维素和木质素构成。纤维素是具有葡萄糖基的单元结构，每一个单元中含有三个羟基（—OH），木质素则除具有羟基以外，还含有醛基（—CHO）和羧基（—COOH）。在油流动的不断摩擦下，这些基团中的不饱和电子会发生电子云的偏移，即

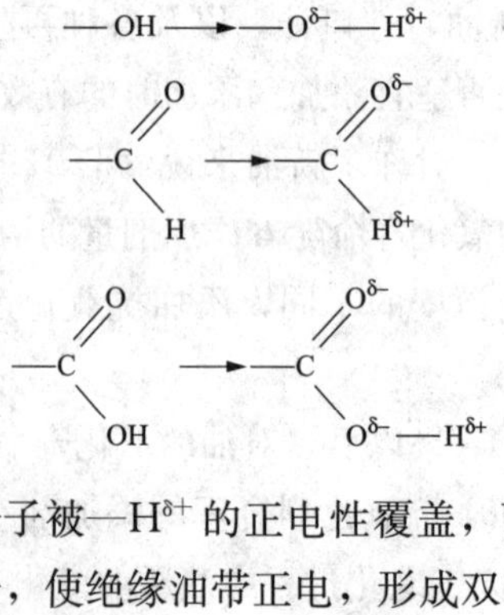

$$—OH \longrightarrow —O^{\delta-}—H^{\delta+}$$

$$—C(=O)—H \longrightarrow —C(=O^{\delta-})—H^{\delta+}$$

$$—C(=O)—OH \longrightarrow —C(=O^{\delta-})—O^{\delta-}—H^{\delta+}$$

可以看出，纤维素及木质素分子被$—H^{\delta+}$的正电性覆盖，而带正电的$—H^{\delta+}$对油中的电子具有很强的亲和力而吸附油中的电子，使绝缘油带正电，形成双电层（见图9-8）。当油以一定速度流动时，双电层的电荷分离，形成堆积电流。随着油的不断循环流动，油中的正电荷越积越多，这些正电荷聚积到一定数量时，它便向绝缘纸板放电。

2. 影响变压器油流带电的主要因素

(1) 变压器油精制工艺的影响。有研究认为，对环烷基油分别采用加氢精制和酸碱精制工艺，发现采用加氢精制而不添加抗氧化剂的油的电荷密度比添加了抗氧化剂的油高；在不添加抗氧化剂的前提下，采用酸碱精制的油的电荷密度比采用加氢精制的油低；在加氢精制的前提下，用白土处理后的油的电荷密度比用溶剂抽提处理的油高。

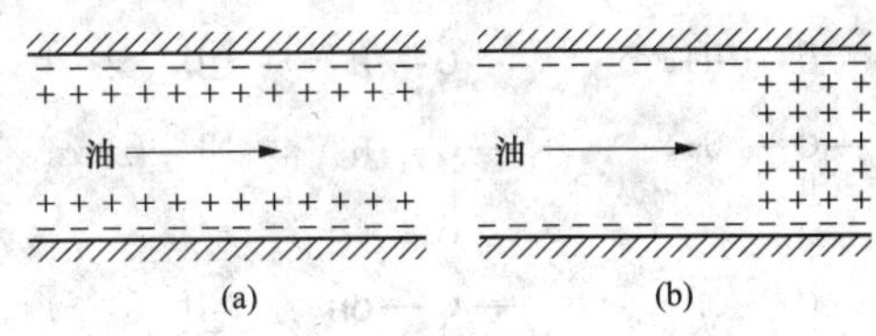

图 9-8 油流带电的示意
(a) 油在静止状态；(b) 油在流动状态

(2) 油流速度的影响。在变压器设备内，油流速度是影响油流带电的主要影响因素之一。一般情况下，油流带电的量以油流速度的二次方到四次方的比例增加。有研究数据表明：在油流速度低时，泄漏电流与油流速度成正比；而在油流速度高时，泄漏电流与油流速度的平方成正比。从而说明，高的油流速度会增大油流带电的危险性。

(3) 油温的影响。随着油温的升高，油的流动带电倾向增加。因此，为控制油的流动带电，油温应控制在 30～60℃。

(4) 油中水分的影响。油中的水分含量对油流带电有明显的影响。随着油中水分含量的增加，油流带电的倾向降低；如水分含量低于 15mg/kg 的油，它的油流带电倾向较高。但对于不同种类的油，由于油中其他物质的干扰影响，它们对油流带电的影响程度也不完全相同，但它们的影响规律是完全一致的。

(5) 其他影响因素。大型电力变压器的油流带电倾向还会受到诸如变压器的结构、固体绝缘材料的表面状态、设备的运行情况、油中的杂质以及油老化等因素的影响。

固体绝缘材料表面越粗糙，其油流带电量就越大。如棉布的油流带电量要比层压纸板和绝缘牛皮纸的油流带电量高一个数量级以上。当变压器部件表面有损伤或毛刺时，油流带电量的变化会上升近一个数量级。在油的劣化初期阶段，油流带电量的变化相当大，经过劣化的中期和后期阶段，油流的带电量则明显增大。

综合上述各种因素，对于高电压、大容量的变压器在运行中，油流带电是一种随时存在的问题，必须引起足够的重视。

3. 抑制变压器油流带电的措施

为了抑制变压器油流带电，确保变压器设备的安全运行，国外许多公司对变压器油的流动带电现象采取了一些预防性的抑制措施，具体如下：

(1) 避免油流速度过高。为避免油的流速过高，一般设计方面是改变高流速、小流量的冷却系统，采用低流速、大流量的循环冷却方式，即将潜油泵的出口直径加大，并尽可能使冷却油泵处于自动状态，以免油泵的运行负载较轻及流速过高。

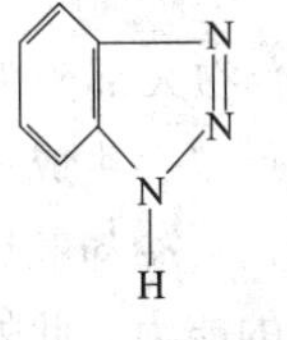

图 9-9 BTA 的分子结构式

(2) 添加静电荷抑制剂——苯并三氮唑 (BTA)。在变压器油中添加 BTA 用以抑制油流带电和绝缘材料的氧化降解，这一措施日本已采用多年。BTA 的分子结构式如图 9-9 所示。

BTA 对油流带电的抑制机理表示如图 9-10 所示。

由抑制机理可看出，由于 BTA 分子中含有 N 元素所具有的孤电子对的作用，添加到油中后明显地抑制了油流的电荷密度。

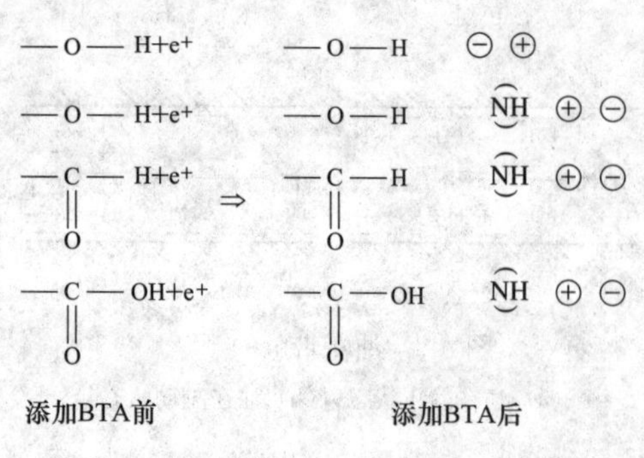

图 9-10 BTA 对油流带电的抑制机理

BTA 的添加量一般为 10mg/kg 左右，但如果油中的油流带电是因为油中存在其他微量杂质的影响而发生的，则 BTA 的抑制作用很小。

三、油的补充和混油

运行中电气设备由于多种原因，使设备充油量不足而需要补充加入另外的油时，这就涉及混油的技术条件。在正常情况下，混油需要注意以下问题：

(1) 补充的油最好使用与原设备内同一牌号的油，以保证运行油的质量和原牌号油的技术特性。如使用同一牌号油进行补油，就保证了其运行特性基本不变。

(2) 要求被混合油双方都添加了同一种抗氧化剂或双方都不含抗氧化剂。这是因为油中添加剂种类不同而混合后，有可能相互间发生化学变化而产生沉淀物等杂质。

(3) 被混合油，质量都应良好，性能指标至少应符合 GB/T 7595—2017 的要求。如果补充油是新油，则应符合相应的新油质量指标。只有这样，混合后的油品质量才能得到保证，一般不会低于原来的运行油的质量。

(4) 当运行油有一项或多项指标接近 GB/T 7595—2017 的极限值时，尤其是酸值、水溶性酸（pH 值）、界面张力等能反映油品老化性能的指标已接近运行油标准的极限值时，如果要补充新油进行混合，应慎重对待，对这种情况下的油应进行试验室混油试验，以确定混合油的性能是否满足需要。

(5) 如果运行油的质量有一项或多项指标已不符合运行油质量控制标准时，则应进行净化或再生处理后，才能考虑混油的问题。不允许利用补充新油的手段来提高运行油的质量水平。运行中变压器油已经老化时，由于老化油有溶解油泥的作用，油中的氧化产物尚未沉析出来，此时如加入一定量的新油或接近新油标准的用过的油时，因稀释作用，会使溶解于原运行油中的氧化产物沉析出来。如果这样混油，不仅未达到混油的目的，反而会产生油泥于设备中。遇到此种情况，在混油前必须进行油泥析出试验以判断能否相混。

(6) 进口油或来源不明的油与运行油混合使用时，应预先进行各参与混合的单个油样及其准备混合后的油样的老化试验，如混合后油样的质量不低于原运行油时，方可进行混油，若参与混合的单个油样全是新油，经老化试验后，其混合油的质量不低于最差的一种新油，才可相互混油。这主要是因为进口油或来源不明的油中含有的添加剂，虽可粗略区分是胺类或酚类，但具体组分难以检测。

四、变压器油泥的冲洗

油泥是变压器油在长期运行中由于热氧化的作用而产生的，油的热裂解产物大部分为酸性物质，当这些酸性成分会侵蚀设备中的铜、铁及绝缘材料中的清漆、油漆时，最终会生成一种黏稠的沥青状物质（即油泥）而黏附在绝缘材料、变压器壳的壁上，沉积在通风道、冷却散热片等地方，同时会对纤维素起作用，导致绝缘收缩，造成变压器丧失吸附冲击负荷的能力。此外，在铁芯和绕组上如堆积了一定厚度的油泥将会使变压器的工作温度升高 10～15℃，这必然降低运行中变压器的额定出力。

所以油泥对变压器设备的危害是最明显的，必须想办法将设备内堆积的油泥清除掉。但采用油再生的所有处理方法，均不能清除变压器绕组的纤维材料之内附着的油泥。

要想冲洗掉绝缘材料内的油泥需要合适的溶剂，然而能够溶解油泥的大多数溶剂，也能够溶解某些绝缘材料，并急剧降低油的闪点。

不过，热的变压器油是其自身裂解产物的溶剂，这就解决了冲洗设备内油泥的溶剂问题。需要加热变压器油的程度，可由变压器油的苯胺点试验指示出来，该试验是测量变压器油使苯胺溶解的温度，它们之间的互溶度随温度上升而增高。烷烃油对苯胺的溶解能力最低，因而具有高的苯胺点；芳烃油具有最大的溶解能力，因而苯胺点最低；环烷烃油介于中间状态。

变压器油中苯胺点一般是72～82℃，当油加热到该温度时，变压器油就成为它自身裂解产物的有效溶剂。因此，一般情况下将变压器油加热到80℃时，它就可以溶解掉设备内沉积的油泥。

热油冲洗变压器内的油泥是将再生、清洗和油的溶解能力结合起来。这种方法由加热、吸附和真空过滤处理（脱气、脱水）三个阶段组成。在具体实施过程中是将再生设备和变压器组成闭路循环系统。被处理的油从变压器中流出，经过加热器使油加热到80℃，再通过过滤装置，除去油中的粗大杂质和水分，最后经过吸附过滤器去掉油中溶解的油泥，再经过真空过滤和精密过滤后，纯净的油重新返回变压器中。通过变压器的循环次数（通常为10～20次）取决于油泥的量。

五、变压器油处理案例

1. 油中颗粒度不合格的处理

2018年1月9日，某水电站新建750kV 2号主变压器B相颗粒度检测数据见表9-11。

表9-11　　某水电站新建750kV 2号主变压器B相颗粒度检测数据

项目	颗粒尺寸（μm）					
	2.0	5.0	15.0	25.0	50.0	100.0
累积（个/100mL）	26 440	6160	880	30	0	0
分布（个/100mL）	20 280	5280	850	30	0	0

100mL油中大于5μm的颗粒数为6160个，超过了“100mL油中大于5μm的颗粒数应小于或等于2000个”的规定，不符合要求。

对该油采用具有精密滤芯（2μm）的真空滤油机处理72h后，2018年1月13日进行复测，100mL油中大于5μm的颗粒数为130个，检测数据满足要求，合格。检测数据见表9-12。

表9-12　　处理72h后B相颗粒度检测数据

项目	颗粒尺寸（μm）					
	2.0	5.0	15.0	25.0	50.0	100.0
累积（个/100mL）	410	130	20	0	0	0
分布（个/100mL）	280	110	20	0	0	0

2. 击穿电压不合格的处理

2018年4月19日，某水电站新建750kV 2号主变压器C相绝缘油检测试验数据见表9-13。

表 9-13 某水电站新建 750kV 2 号主变压器 C 相绝缘油检测试验数据

项 目	测 值
水溶性酸（pH 值）	6.2
酸值（以 KOH 计）(mg/g)	0.01
闪点（闭口）(℃)	142.0
水分（mg/L）	4.3
击穿电压（kV）	61.0
界面张力（25℃）(mN/m)	42.0
介损（90℃）	0.001
体积电阻率（90℃）(Ω·m)	1.1×10^{11}

击穿电压为 61.0kV，不符合“750kV 变压器油投运前击穿电压不小于 70kV”的规定。

对该油采用真空滤油机处理 48h 后，2018 年 4 月 22 日进行复测，击穿电压测值为 71.9kV，满足要求。

3. 水分不合格的处理

2018 年 8 月 13 日，某变电站新建 110kV 1 号主变压器绝缘油交接试验数据见表 9-14。

表 9-14 某变电站新建 110kV 1 号主变压器绝缘油交接试验数据

项 目	测 值
水溶性酸（pH 值）	6.0
酸值（以 KOH 计）(mg/g)	0.008
闪点（闭口）(℃)	141.2
水分（mg/L）	44.0
击穿电压（kV）	48.0
界面张力（25℃）(mN/m)	42
介损（90℃）	0.001
体积电阻率（90℃）(Ω·m)	1.2×10^{11}

水分为 44.0mg/L，不符合“110kV 变压器油投运前水分不超过 20mg/L”的规定。

对该油采用真空滤油机处理 48h 后，2018 年 8 月 16 日进行复测，测值为 15.0mg/L，满足要求。

思考题

1. 新变压器油经过处理后，在注入设备前需检测哪些项目？
2. 绝缘油击穿电压、介损测试有什么意义？应注意哪些事项？
3. 运行中变压器油防劣措施有哪些？
4. 简述 T501 抗氧化剂的添加方法。
5. 简述变压器油补油混油的有关规定。

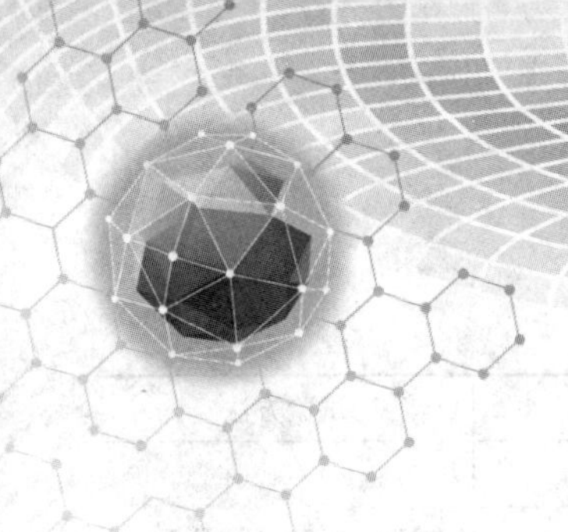

第十章　磷酸酯抗燃油

磷酸酯抗燃油的质量决定着调速系统运行的可靠性，同时也影响着油的使用寿命，油质监督及油的质量控制对于保证调速系统设备安全运行有着重要的意义。磷酸酯抗燃油作为汽轮机调速系统的液压工作介质，其物理与化学性质不同于矿物汽轮机油，因此对于磷酸酯抗燃油的监督内容和维护措施也不同于矿物汽轮机油。电力行业标准 DL/T 571—2014《电厂用磷酸酯抗燃油运行维护导则》给出了新油、运行油的质量标准以及新油验收、运行监督及维护管理的规定。

第一节　新磷酸酯抗燃油的验收

一、新磷酸酯抗燃油质量标准

新油的质量是决定运行油的质量和使用寿命的重要因素之一。对新油的验收应按新油质量标准逐项进行，严禁质量不合格的油注入设备运行。新油的质量标准见表 10-1。

表 10-1　　新磷酸酯抗燃油质量标准（摘自 DL/T 571—2014）

序号	项目		指标	试验方法
1	外观		透明，无杂质或悬浮物	DL/T 429.1
2	颜色		无色或淡黄	DL/T 429.2
3	密度（20℃）（kg/m³）		1130～1170	GB/T 1884
4	运动黏度（40℃）（mm²/s）	ISO VG32	28.8～35.2	GB/T 265
		ISO VG46	41.4～50.6	
5	倾点（℃）		≤−18	GB/T 3535
6	闪点（开口）（℃）		≥240	GB/T 3536
7	自燃点（℃）		≥530	DL/T 706
8	颗粒污染度（SAE AS4059 F 级）		≤6	DL/T 432
9	水分（mg/L）		≤600	GB/T 7600
10	酸值（以 KOH 计）(mg/g)		≤0.05	GB/T 264
11	氯含量（mg/kg）		≤50	DL/T 433 或 DL/T 1206
12	泡沫特性（mL/mL）	24℃	≤50/0	GB/T 12579
		93.5℃	≤10/0	
		后 24℃	≤50/0	
13	电阻率（20℃）（Ω·cm）		≥1×10¹⁰	DL/T 421
14	空气释放值（50℃）（min）		≤6	SH/T 0308
15	水解安定性（以 KOH 计）（mg/g）		≤0.5	DL/T 1420

续表

序号	项目		指标	试验方法
16	氧化安定性	酸值（以 KOH 计）(mg/g)	≤1.5	EN 14832（附录 1）
		铁片质量变化（mg）	≤1.0	
		铜片质量变化（mg）	≤2.0	

二、新油验收的取样

取样方法决定着新油验收时油样的代表性，磷酸酯抗燃油一般以桶装形式交货，取样的器具、取样方法应按 GB/T 7597—2017 的规定由有经验的专业人员进行，试验油样应该是从抽检的桶中所取油样均匀混合后的样品，以保证测试的样品具有可靠的代表性。如果发现油样中有污染物存在时，逐桶取样检查，并核对牌号标志。所取样品均应保留一份，以备复查。

用于颗粒度测试的容器应使用 250mL 专用取样瓶，样品不得进行混合，应对单一油样分别进行测试。

第二节　运行的磷酸酯抗燃油监督

一、运行磷酸酯抗燃油质量指标

DL/T 571—2014 对运行磷酸酯抗燃油的质量规定见表 10-2。

表 10-2　　运行抗燃油质量标准（摘自 DL/T 571—2014）

序号	项目		指标	试验方法
1	外观		透明，无杂质或悬浮物	DL/T 429.1
2	颜色		橘红	DL/T 429.2
3	密度（20℃）(kg/m^3)		1130～1170	GB/T 1884
4	运动黏度（40℃）(mm^2/s)	ISO VG32	27.2～36.8	GB/T 265
		ISO VG46	39.1～52.9	
5	倾点（℃）		≤−18	GB/T 3535
6	闪点（开口）（℃）		≥235	GB/T 3536
7	自燃点(℃)		≥530	DL/T 706
8	颗粒污染度（SAE AS4059 F 级）		≤6	DL/T 432
9	水分（mg/L）		≤1000	GB/T 7600
10	酸值（以 KOH 计）(mg/g)		≤0.15	GB/T 264
11	氯含量（mg/kg）		≤100	DL/T 433
12	泡沫特性（mL/mL）	24℃	≤200/0	GB/T 12579
		93.5℃	≤40/0	
		后 24℃	≤200/0	
13	电阻率（20℃）(Ω·cm)		≥6×10^9	DL/T 421
14	空气释放值（50℃）(min)		≤10	SH/T 0308
15	矿物油含量［%（m/m）］		≤4	DL/T 571—2014 附录 C

二、运行磷酸酯抗燃油的监督取样

运行油的取样遵循以下原则：

(1) 取样前油箱中的油应在系统内正常循环至少24h。

(2) 常规监督测试的油样应从油箱底部的取样口取样。

(3) 如发现油质被污染，必要时可增加取样点（如油箱内油液的上部、过滤器或再生装置出口等）取样。

(4) 油箱内油液上部取样时，应先将人孔法兰或呼吸器接口周围清理干净后再打开，应按GB/T 7597—2017的规定用专用取样器从存油的上部取样，取样后将人孔法兰或呼吸器复位。

(5) 颗粒污染度取样方法严重影响测试结果的准确性，除取样容器采用专用取样瓶外，应注意取样现场清洁干净，取样时先用干净的绸布蘸酒精或丙酮溶剂擦洗取样口，再用溶剂冲洗后，打开、关闭取样阀3～5次冲洗取样阀及取样管路，在不改变取样阀液体流量的情况下，尽快接取油样200mL，移走取样瓶并盖好，关闭取样阀。

三、运行磷酸酯抗燃油的检验周期

运行磷酸酯抗燃油监督时的试验室试验项目及周期见表10-3的规定。

表10-3　试验室试验项目及周期（摘自DL/T 571—2014）

序号	试验项目	第一个月	第二个月后
1	外观、颜色、水分、酸值、电阻率	两周一次	每月一次
2	运动黏度、颗粒污染度	—	三个月一次
3	泡沫特性、空气释放值、矿物油含量	—	六个月一次
4	外观、颜色、密度、运动黏度、倾点、闪点、自燃点、颗粒污染度、水分、酸值、氯含量、泡沫特性、电阻率、空气释放值和矿物油含量	—	机组检修重新启动前、每年至少一次
5	颗粒污染度	—	机组启动24h后复查
6	运动黏度、密度、闪点和颗粒污染度	—	补油后
7	倾点、闪点、自燃点、氯含量、密度	—	必要时

如果油质异常，应缩短试验周期或加强对需要关注的项目的监测，必要时取样进行全分析，查明油质异常原因。

四、机组检修期间的油质监督

（一）油循环期间油质监督

设备检修安装完毕后，应使用磷酸酯抗燃油对系统进行循环冲洗并外接滤油机过滤。油循环期间每周取样测试颗粒度，直到颗粒污染度达到SAE AS4509F 5级以内，方可进行系统调试试验。由于系统调试试验时，油才进入油动机、伺服阀等部件，这些部件试验动作时，如果不够清洁，有可能对油造成污染，所以系统调试期间外接的过滤设备应继续过滤，试验完毕应再次取样化验确认颗粒度合格才能停止，同时应从设备中取样进行一次全分析，掌握设备投运时的油质状况，供以后监督时参考。

（二）补油监督

运行中需要补油时，需要注意以下几点：

（1）运行中的电液调节系统需要补加磷酸酯抗燃油时，应补加经检验合格的相同品牌、相同牌号规格的磷酸酯抗燃油。补油前应对混合油样进行油泥析出试验，油样的配比应与实际使用的比例相同，试验合格方可补加。

（2）不同品牌规格的抗燃油不宜混用，当不得不补加不同品牌规格的磷酸酯抗燃油时，应满足下列条件才能混用。

（3）应对运行油、补充油和混合油进行质量全分析，试验结果合格，混合油样的质量应不低于运行油的质量。

（4）应对运行油、补充油和混合油样进行开口杯老化试验，混合油样无油泥析出，老化后补充油、混合油油样的酸值、电阻率质量指标应不低于运行油老化后的测定结果。

（5）补油时，应通过抗燃油专用补油设备补入，补入前应从滤油机出口取样化验颗粒度，确认通过滤油机补入油的颗粒度是合格的，补油后应从油系统取样进行颗粒度分析，以确保油系统颗粒度指标合格。

五、换油

运行中磷酸酯抗燃油因油质劣化需要更换新油时，油质监督应注意以下事项：

（1）所要更换注入的新油经化验符合新油标准。

（2）应将油系统中的油质劣化的旧油排放干净。

（3）检查油箱及油系统，应无杂质、油泥，必要时清理油箱，用冲洗油将油系统彻底冲洗。

（4）冲洗过程中应取样化验，冲洗后冲洗油质量不得低于运行油标准。

（5）将冲洗油排空，应更换油系统及旁路过滤装置的滤芯后再注入新油，进行油循环，循环期间取样检测油的颗粒度指标直到合格。

第三节　磷酸酯抗燃油油质检验的项目及意义

DL/T 571—2014 给出的新油检验项目有 16 项，运行油 15 项。其中新油要求测定氧化安定性和水解安定性，运行油不要求测试这两项，但要求测定矿物油含量指标。

一、外观

按 DL/T 429.1—2017《电力用油透明度测定法》的规定进行试验。主要观察油质透明情况及油中是否存在杂质，油中有无沉淀物及混浊现象，外观检查是判断油品是否被污染的直观依据。

二、颜色

按 DL/T 429.2—2016《电力用油颜色测定法》的规定试验。新磷酸酯抗燃油一般是淡黄色或接近无色的液体，磷酸酯抗燃油在运行中，由于油质劣化会引起油的颜色加深。油的颜色变化反映了油的劣化程度，如果运行中油品颜色急剧加深，必须分析油的其他指标，如酸值、油泥析出等，以查明引起颜色变化的原因。

三、倾点

按 GB/T 3535—2000 的规定试验。测定倾点的意义在于确定油品的低温性能，判断油品是否被其他液体污染。

四、密度

按 GB /T 1884—2000《原油和液体石油产品密度实验室测定法（密度计法）》的规定试验。密度测定可以判断补油是否正确以及油品中是否混入了其他液体。

五、运动黏度

按 GB/T 265—1988《石油产品运动黏度测定法和动力黏度计算法》的规定试验。黏度是运行油的润滑特性的关键指标，黏度的测定结果同时可判断补油是否正确以及油品是否被其他液体污染或劣化变质。

六、水分

按 GB/T 7600—2014《运行中变压器油和汽轮机油水分含量测定法（库仑法）》的规定试验。水分不但会导致磷酸酯抗燃油的水解劣化，酸值升高，引起系统部件锈蚀，而且会影响油的润滑特性。如果运行磷酸酯抗燃油的水分含量超标，应迅速查明原因，采取有效的脱水措施进行处理。

七、酸值

按 GB/T 264—1983《石油产品酸值测定法》的规定试验。当运行磷酸酯抗燃油的酸值升高较快时，说明发生了老化或水解变质，而且油中的酸性产物会加速油的劣化。如果发现运行油酸值升高异常，应查明原因，采取处理措施如加强再生滤油等，以防止油质进一步劣化。

八、闪点

按 GB/T 3536—2008《石油产品闪点和燃点的测定　克利夫兰开口杯法》的规定试验。运行磷酸酯抗燃油的闪点在运行中基本稳定，如果闪点明显降低，说明油中可能混入了易挥发可燃性组分或油发生了分解变质，应同时检测自燃点、黏度等项目，分析闪点降低的原因。

九、自燃点

按 DL/T 706—2017《电厂用抗燃油自燃点测定方法》的规定试验。磷酸酯抗燃油的自燃点在运行中一般不会变化，如果运行中油的自燃点降低，说明被矿物油或其他易燃液体污染，应查明原因，采取处理措施，必要时停机换油。

十、氯含量

按 DL/T 433—2015《抗燃油中氯含量的测定　氧弹法》的规定试验。磷酸酯抗燃油中氯含量过高，会对伺服阀等油系统部件产生腐蚀，并可能损坏某些密封材料。如果发现运行油中氯含量超标，说明磷酸酯抗燃油可能受到含氯物质的污染，应查明原因，采取措施进行处理或换油。

十一、电阻率

按 DL/T 421—2009《电力用油体积电阻率测定法》的规定试验。电阻率是磷酸酯抗燃油的一项重要油质控制指标，运行油的电阻率低，会引起伺服阀阀芯、阀套的凸肩等部位发生电化学腐蚀，导致阀的内泄漏增加，因此应严格控制油的电阻率指标。运行磷酸酯抗燃油的电阻率降低可能是由于可导电物质的污染或油变质而造成的，此时应检查酸值、水分、氯含量、颗粒污染度和油的颜色等项目，分析导致电阻率降低的原因并采取相应的措施（如再生处理或换油）。

十二、颗粒污染度

按 DL/T 432—2018《电力用油中颗粒度测定方法》的规定试验。运行中磷酸酯抗燃油的颗粒污染度指标超标会引起伺服阀等系统部件的卡涩，直接威胁到机组的安全运行，特别是新机组启动前或检修后的电液调节系统，必须进行严格的冲洗滤油，颗粒污染度指标合格后才能启动。运行中油的颗粒污染度增大，应迅速查明污染源，加强滤油，消除隐患。

十三、泡沫特性

按 GB/T 12579—2002 的规定试验。泡沫特性用于评价磷酸酯抗燃油中形成泡沫的倾向及形成泡沫的稳定性。运行中磷酸酯抗燃油产生的泡沫随油进入油系统将影响到油系统的油压稳定甚至引起振动等问题，而且会加速油质劣化，过量的泡沫还会从油箱溢出引起跑油。因此运行中应严格控制油的泡沫特性指标。

十四、空气释放值

按 SH/T 0308—1992《润滑油空气释放值测定法》的规定试验。空气释放值表示油中挟带的空气逸出的能力，油中挟带的空气不能及时逸出，随油进入系统将会影响系统油压的稳定，而且加速油的氧化。测量油的空气释放值，也可以推断油是否受到污染（如矿物油）以及油的劣化程度。

十五、水解安定性

按 DL/T 1420—2015《磷酸酯抗燃油水解安定性测定法》的规定试验。主要用于评定磷酸酯抗燃油的抗水解能力，如果运行油的颜色没有发生显著变化，而酸值升高，则可能是油的水解所致，此时应考虑测定油的水解安定性和水分含量，必要时测定油中的游离酚含量，分析酸值升高的原因。并加强再生滤油，控制油的酸值和水分含量。

十六、氧化安定性

按照 EN 14832：2005《磷酸酯抗燃油氧化安定性和腐蚀性的测定》方法进行试验，相应的电力行业标准试验方法正在制订中。新油氧化安定性指标的优劣决定着磷酸酯抗燃油的使用寿命。如果运行油酸值迅速增加或颜色急剧加深，亦可考虑进行氧化安定性试验，以确定需要采取的维护措施。

十七、矿物油含量

按 DL/T 571—2014 附录 C 进行试验。运行中磷酸酯抗燃油如果被矿物油污染，会降低磷酸酯抗燃油的抗燃性、空气释放特性及泡沫特性。如果发现矿物油含量超标，应查明原因，消除污染源，或更换新油。

第四节 运行磷酸酯抗燃油的劣化原因及防劣化措施

一、运行抗燃油劣化的影响因素

磷酸酯抗燃油在使用过程中劣化变质的机理不同于矿物汽轮机油。一般矿物汽轮机油由于添加了抗氧剂而具有较长的使用寿命，其劣化变质主要是热与氧作用下的自由基反应。而磷酸酯抗燃油除了氧化劣化外，在水的存在下，易发生水解，水解产生的酸性磷酸酯等产物，会进一步加速磷酸酯的水解反应。因此，它的劣化机理更加复杂。

运行抗燃油劣化变质原因，除了油本身质量因素外，还与油系统的设计、设备状况、运行操作及检修质量等有关。

（一）油系统的构造、参数

汽轮机组调节系统的构造、参数决定着磷酸酯抗燃油的运行工况，运行工况影响着油的劣化速度和使用寿命。

（1）油箱除了储存调节系统的全部抗燃油外，同时还起着分离油中空气和各种污染物的作用。若油箱容量过小，则会使单位时间内油的循环次数增加，抗燃油在油箱中滞留时间过短，导致油箱起不到分离空气、杂质的作用；若油箱过大，则经济上又不太合理。所以，其容量大小应适宜，其结构应有利于分离油中的空气和机械杂质（如在回油口设置隔板与出油口拉长距离，并设置筛网）。

（2）回油流速不能过大，回油流速高，在油箱产生冲击，容易形成泡沫，导致抗燃油空气含量过高，会加快油的老化速度。

（3）油冷却器设计合理，应能使运行油温控制在30～60℃。

（4）油系统应安装精密滤芯、磁性过滤器，除去油中颗粒杂质，以保证油的颗粒污染度。

（5）油箱顶部应安装空气滤清器并装入干燥剂，以防止水分和空气中的灰尘侵入。

（6）抗燃油系统应安装旁路再生过滤装置，并与机组同步运行，以防止油质劣化和保证油质清洁。有的机组虽然装有旁路再生过滤装置，但并不经常投入使用；有的长期不更换再生芯，失去对油的再生作用。所以，应经常检查旁路再生过滤装置的运状况并及时更换再生芯，以延长油的使用寿命。

（7）抗燃油系统的安装布置应尽量远离过热蒸汽管道，避免蒸汽管道对抗燃油系统部件及管路产生热辐射，引起局部过热，加速油的老化。

（二）机组启动前的冲洗质量

机组启动前油系统应按照DL 5190.3—2012《电力建设施工技术规范　第3部分：汽轮发电机组》的要求制定系统冲洗方案，对系统进行冲洗和油循环。如果是新建机组，注入系统的新油在油循环后取样检验油质各项指标符合新油标准要求，为了保证机组可靠运行，一般新机组投运前颗粒污染度应达到SAE AS4059F 5级以内，比运行油标准高一级，以免系统调试时油动机等部件死角部位残留的颗粒污染物冲出导致油的颗粒污染度超标。如果是运行机组的抗燃油系统检修，应特别注意将系统中的残余不合格油彻底排空，将系统中的油泥清理并冲洗彻底，再注入新油，过滤至颗粒度污染度达到SAE AS4059F 5级以内。

（三）运行工况

（1）运行温度对磷酸酯抗燃油老化影响较大，特别是在油系统有过热点存在或油管路距蒸汽管道太近时，会使抗燃油劣化加剧。老化试验证明，运行油温每升高10℃老化速度加快一倍，所以运行中严格控制油的运行温度。若运行油温度超过规定时，应查明原因，并采取措施如调节冷油器冷却水流量等。

（2）油系统受到各种不同的污染会造成磷酸酯抗燃油的劣化变质，可能污染运行抗燃油的因素主要有如下几方面：

1）水分。会使磷酸酯水解产生酸性物质，不仅腐蚀设备，还会进一步加速磷酸酯的水解。水分来源主要是吸收空气中潮气，如油箱盖密封不严、油箱顶部空气滤清器干燥剂失效等。如发现水分超过标准要求，应立即查明原因，妥善处理。

2）固体颗粒。液压控制系统对油中的固体颗粒非常敏感。由于某些部件如伺服阀等运动部件之间的间隙很小，固体颗粒会在一些关键部位沉积、堵塞，使相应的元件其动作失灵。同时，当油以高速流动时，固体颗粒也会对设备部件造成磨损，改变其动作准确性。为了减少油中固体颗粒杂质含量，系统在启动前必须彻底冲洗洁净并将油过滤合格。在运行中应不间断地过滤净化，以保证运行油的颗粒污染度始终合格。

3）氯含量。油中氯含量过高，会对油系统部件如伺服阀产生腐蚀并可能损坏某些密封材料，氯离子还会加速磷酸酯的水解降解劣化。氯污染通常由于使用含氯清洗剂造成的。所以，不能用含氯量不小于 1mg/L 的溶剂清洗油系统零部件。

4）矿物油污染。抗燃油中混入矿物油会影响其抗燃性能；抗燃油会与矿物油中的添加剂作用可能产生油泥或沉淀，并导致系统中伺服阀卡涩；矿物油还会影响抗燃油的泡沫特性及空气释放性，而且抗燃油和矿物油极难分离。导致矿物油污染的原因可能是在补油时候误加入矿物油所致。

（四）系统检修质量

系统检修质量的好坏，对磷酸酯抗燃油的理化性能有很大影响。检修时，应彻底清洗油系统的污染物。伺服阀、错油门滑块和油动机有腐蚀点时，必须彻底清除，必要时更换相应部件，更换的密封材料必须与抗燃油相容。油箱、滤油网应擦洗干净，精密滤芯污染堵塞时应立即更换。在检修结束后，应进行充分的油循环过滤，保证油的颗粒污染度达到要求。

二、运行油的油质指标异常原因及处理措施

如果运行中磷酸酯抗燃油的油质指标出现异常，应及时查明原因，采取处理措施处理，以免因油质问题影响到设备的安全运行。表 10-4 给出了运行磷酸酯抗燃油油质异常的极限指标、常见原因及处理措施。

表 10-4　　运行中磷酸酯抗燃油油质异常原因及处理措施

项目	异常极限值	异常原因	处理措施
外观	混浊、有悬浮物	（1）油中进水； （2）被其他液体或杂质污染	（1）脱水处理或换油； （2）考虑换油
颜色	迅速加深	（1）油品严重劣化； （2）油温升高，局部过热； （3）磨损的密封材料污染	（1）更换旁路吸附再生滤芯或吸附剂； （2）采取措施控制油温； （3）消除油系统存在的过热点； （4）检修中对油动机等解体检查、更换密封圈
密度（20℃）(kg/cm³)	＜1130 或＞1170	被矿物油或其他液体污染	换油
倾点（℃）	＞－15		
运动黏度（40℃）(mm²/s)	与新油牌号代表的运动黏度中心值相差超过±20%		
矿物油含量（%）	＞4		
闪点（℃）	＜220		
自燃点（℃）	＜500		

续表

<table>
<tr><th colspan="2">项目</th><th>异常极限值</th><th>异常原因</th><th>处理措施</th></tr>
<tr><td colspan="2">酸值（mgKOH/g）</td><td>>0.15</td><td>（1）运行油温高，导致老化；
（2）油系统存在局部过热；
（3）油中含水量大，使油水解</td><td>（1）采取措施控制油温；
（2）消除局部过热；
（3）更换吸附再生滤芯，每隔48h取样分析，直至正常；
（4）如果更换系统的旁路再生滤芯还不能解决问题，可考虑采用外接带再生功能的抗燃油滤油机滤油；
（5）如果经处理仍不能合格，考虑换油</td></tr>
<tr><td colspan="2">水分（mg/L）</td><td>>1000</td><td>（1）冷油器泄漏；
（2）油箱呼吸器的干燥剂失效，空气中水分进入；
（3）投用了离子交换树脂再生滤芯</td><td>（1）消除冷油器泄漏；
（2）更换呼吸器的干燥剂；
（3）进行脱水处理</td></tr>
<tr><td colspan="2">氯含量（mg/kg）</td><td>>100</td><td>含氯杂质污染</td><td>（1）检查是否在检修或维护中用过含氯的材料或清洗剂等；
（2）换油</td></tr>
<tr><td colspan="2">电阻率（20℃）（Ω·cm）</td><td><6×10^{9}</td><td>（1）油质老化；
（2）可导电物质污染</td><td>（1）更换旁路再生装置的再生滤芯或吸附剂；
（2）如果更换系统的旁路再生滤芯还不能解决问题，可考虑采用外接带再生功能的抗燃油滤油机滤油；
（3）换油</td></tr>
<tr><td colspan="2">颗粒污染度（SAE AS4059F）（级）</td><td>>6</td><td>（1）被机械杂质污染；
（2）精密过滤器失效；
（3）油系统部件有磨损</td><td>（1）检查精密过滤器是否破损、失效，必要时更换滤芯；
（2）检修时检查油箱密封及系统部件是否有腐蚀磨损；
（3）消除污染源，进行旁路过滤，必要时增加外置过滤系统过滤，直至合格</td></tr>
<tr><td rowspan="3">泡沫特性（mL/mL）</td><td>24℃</td><td>>250/50</td><td rowspan="3">（1）油老化或被污染；
（2）添加剂不合适</td><td rowspan="3">（1）消除污染源；
（2）更换旁路再生装置的再生滤芯或吸附剂；
（3）添加消泡剂；
（4）考虑换油</td></tr>
<tr><td>93.5℃</td><td>>50/10</td></tr>
<tr><td>24℃</td><td>>250/50</td></tr>
<tr><td colspan="2">空气释放值（50℃）（min）</td><td>>10</td><td>（1）油质劣化；
（2）油质污染</td><td>（1）更换旁路再生滤芯或吸附剂；
（2）考虑换油</td></tr>
</table>

三、磷酸酯抗燃油的运行维护

磷酸酯抗燃油在运行由于受温度、空气中的氧、水分以及金属催化的影响，难免会发生氧化、水解等劣化，油的劣化产物又会对油的劣化起到催化加速作用，因此运行中抗燃油需采取一定维护措施以保持油质稳定，延长油的使用寿命，从而保障用油设备的安全运行。

（一）运行温度的控制

运行磷酸酯抗燃油中不可避免的溶解油一定的空气和水分，运行油的温度过高，油中溶解的氧会氧化油分子中芳基上的烷基取代基，使油发生氧化变质，导致油酸值升高、颜色变深等问题。另外，温度的升高也会加快油的水解。因此控制油的温度对于延长油的使用寿命十分重要。运行温度的控制不但要控制系统的运行油温，而且要消除有系统中存在的局部过热点，在以往的工作中就发现有的电厂尽管运行油温正常，但油的老化速度又很快，甚至在油系统中有积炭出现的情况，经过检查，其原因无一例外都是由于局部过热造成。

（二）水分的控制

磷酸酯抗燃油在一定条件下遇水分会发生水解，产生酸性物质。酸性物质又会加速水解反应的进行，使油的酸值升高，电阻率降低，水分超标还可能引起抗燃油的乳化和起泡沫等问题。由于三芳基磷酸酯的分子结构特性，容易吸潮使油中的含水量上升。在沿海及空气湿度比较大的地区，及时更换油箱顶部呼吸口空气滤清器中的干燥剂是防止含水量升高的一种方法，在运行中定期检查油箱呼吸器的干燥剂，如发现干燥剂失效，应及时更换，避免空气中水分进入油中。

抗燃油的脱水方法有真空法和吸附法两种。真空法的优点是脱水后油中水分含量较低，缺点是真空净油机的长期运行安全性不好，油位控制不当可能会发生跑油事故，而且抗燃油系统油量较少，所以真空脱水应慎重；吸附法是采用吸水滤芯（内装吸水吸附剂）通过过滤的方式滤除水分，长期运行、安全可靠、吸水剂性能稳定、脱水速度快，所以吸附脱水法是控制水分比较好的选择。

（三）杂质的控制

运行抗燃油系统对油的颗粒污染度度要求很高，需采用高精度的过滤设备过滤，一般用于抗燃油过滤的滤芯精度需在 $\beta_3 \geqslant 200$ 以上，才可保证滤出油的颗粒污染度在 SAE AS4059F 5 级以内。

在选用合适精度滤芯的前提下，过滤的循环倍率越高，滤油效率越高。需要注意的是过滤设备中的非金属材料应与抗燃油有良好的相容性。

（四）酸值、电阻率的控制

酸值、电阻率指标可以通过在线吸附再生处理合格。抗燃油系统一般都带有旁路吸附再生装置，过去旁路再生装置一般采用硅藻土作为吸附再生介质，但由于硅藻土的吸附容量小，当油质劣化比较严重时，难以满足使用要求，因此大部分已被淘汰，被复合氧化硅铝吸附剂和进口的树脂吸附剂取代。树脂吸附剂有较好的除酸效果，但对于提高油的电阻率作用有限，而且在除酸的同时会向油中引入水分。相比之下复合氧化硅铝吸附剂对于除去油中的酸性产物和提高电阻率效果很好，获得了广泛的应用。

四、磷酸酯抗燃油的在线维护处理案例

（一）运行中磷酸酯抗燃油酸值超标的处理

某电厂两台 600MW 机组，在机组运行过程中发现 1 号机磷酸酯抗燃油酸值超出运行油标准，2 号机抗燃油酸值接近运行油标准（0.15mg/g，以 KOH 计），使用电厂已有的离子交换树

脂滤油设备进行滤油，未能解决问题。

为解决抗燃油的酸值超标问题，该电厂委托西安热工研究院采用极性分子吸附剂滤油设备对其两台机组的抗燃油进行在线再生处理，结果如下：

1 号机抗燃油处理前酸值为 0.194mg/g（以 KOH 计），2 号机抗燃油处理前酸值为 0.148mg/g（以 KOH 计），油处理过程酸值变化趋势见图 10-1。

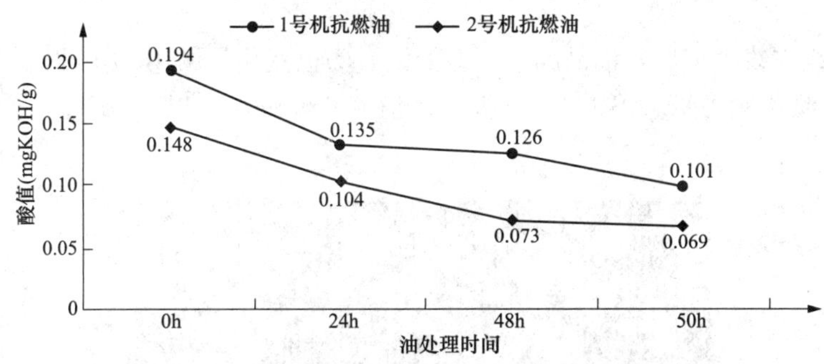

图 10-1 酸值随油处理时间的变化趋势

（二）运行中磷酸酯抗燃油电阻率超标处理

某电厂 1 号机和 2 号均存在抗燃油电阻率长期偏低的问题，使用离子交换树脂滤芯进行过滤仅能保证电阻率不再降低但不能使其恢复到运行油的合格范围内，为了保证机组安全运行，委托西安热工研究院对抗燃油进行了在线再生处理。

油中的水分、杂质离子、油的老化产物均会导致电阻率也超标，在实际生产中当出现抗燃油电阻率低的问题时，使用普通滤油机进行过滤油质很难恢复，使用极性吸附剂进行再生处理将引起电阻率降低的杂质吸附去除，可以在短时间内使电阻率恢复合格甚至超过新油水平。

在进行油处理前分别对上述两台机组的抗燃油进行了化验，1、2 号机抗燃油电阻率分别为 $5.53\times10^{9}\Omega\cdot cm$、$4.38\times10^{9}\Omega\cdot cm$，处理 72h 后两台机的电阻率均恢复正常且超过新油标准。处理过程电阻率变化见图 10-2。

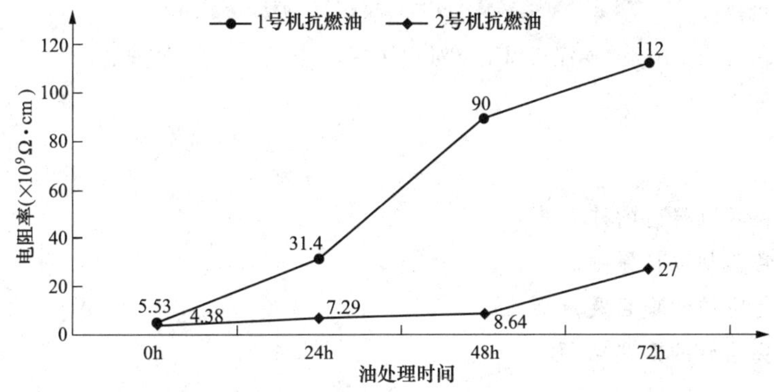

图 10-2 电阻率随油处理时间的变化趋势

（三）运行中磷酸酯抗燃油中油泥（脱色）的处理

某燃机电厂 1 号汽轮机调速系统用抗燃油在补油前的混油试验中发现运行油颜色呈深棕色且

与新油混合后会产生大量油泥沉淀，导致系统无法补油，影响到机组的正常运行。

抗燃油的使用过程中在温度、压力、水分和空气等因素的共同作用下会发生氧化反应和缩合反应使得油品颜色加深同时分子量增大，最终形成油泥溶解在油中，当油中油泥达到溶解饱和后就会析出，析出的油泥会导致抗燃油系统中的滤网堵塞等问题，影响机组的正常运行。为了解决油泥析出问题，采用西安热工研究院研制的去除油泥及脱色的滤油设备进行了在线再生处理。

经过5天连续在线处理后，油品颜色明显变浅，颜色变化见图10-3，油泥析出试验结果见图10-4，同时颗粒达到SAE AS4059F 3级，酸值0.029mg/g（以KOH计），电阻率$1.25\times10^{11}\Omega\cdot cm$。

图10-3 颜色变化（从左至右依次为处理前、处理后）

图10-4 油泥析出结果对比（左—处理后；右—处理前）

思考题

1. 简述运行油颗粒度取样时的注意事项。
2. 简述运行油日常监督取样原则。
3. 简述抗燃油运行维护的项目及意义。
4. 旁路再生可解决油质的哪些问题？

第十一章　密　封　油

第一节　密封油的质量监控

一、密封油的性能与用途

为了防止发电机氢气向外泄漏或漏入空气，氢冷发电机要求把氢气密封在发电机的机壳内，但发电机的大轴又要穿过机壳两端并且转动，故发电机的轴承部位是唯一未经过严格密封的地方，必须采用可靠的轴密封装置才能保证氢气不泄漏。氢冷发电机多采用油密封装置即密封瓦进行密封，瓦内通有一定压力的密封油，密封油除对发电机起密封作用外，还起润滑和冷却作用。

二、密封油的技术监督

密封油的质量，一方面，影响密封油系统设备的润滑和防腐；另一方面，如果油中含水量高，会带来水分被发电机内的氢气吸收而引起氢气湿度增大等问题。所以在发电机组运行中，要定期进行油质监督和维护，当油质不合格时，应补充合格的油或对其进行净化处理。

（一）密封油的质量标准及检测周期

1. 新油的验收

密封油来油大多源于主油箱，与主机润滑油用油一致，故对于密封油新油的验收，应随主机润滑油一并按照 GB/T 11120—2011 的质量标准规定进行。

2. 运行密封油质量标准及检测周期

对于运行中的氢冷发电机用密封油，应加强技术管理，建立必要的技术档案，对油质要定期进行检验，并根据检验结果，采取相应的处理措施。

DL/T 705—1999《运行中氢冷发电机用密封油质量标准》规定了 100MW 及以上运行中氢冷发电机用矿物密封油的质量标准，见表 11-1。另外，DL/T 705—1999 规定了常规检验的取样部位：对于密封油系统与润滑油系统分开的机组，应从密封油箱底部取样化验；对于密封油系统与润滑油系统共用油箱的机组，应从冷油器出口取样化验。

表 11-1　　运行中氢冷发电机用密封油质量标准（摘自 DL/T 705—1999）

序号	项目	质量标准	测试方法
1	外观	透明	目视
2	运动黏度（40℃）（mm^2/s）	与新油原测定值的偏差不大于 20%	GB/T 265
3	闪点（开口杯）（℃）	不低于新油原测定值 15℃	GB/T 267
4	酸值（以 KOH 计）（mg/g）	≤0.30	GB/T 264
5	机械杂质	无	外观目测
6	水分（mg/L）	≤50	GB/T 7600
7	空气释放值（50℃）（min）	≤10	SH/T 0308
8	泡沫特性（24℃）（mL）	≤600	GB/T 12579

机组正常运行时，密封油的常规检验项目和检验周期应符合表 11-2 的规定。机组运行异常或氢气湿度超标时，应增加油中水分检验次数。

表 11-2 运行中氢冷发电机用密封油常规检验项目和检验周期（摘自 DL/T 705—1999）

检 验 项 目	检验周期
水分、机械杂质	半月一次
运动黏度、酸值	半年一次
空气释放值、泡沫特性、闪点	每年一次

3. 密封油换油标准

氢冷发电机组中，无论密封油系统与润滑油系统分开，还是两者共用油箱，一般情况下密封油和主机润滑油用油品种、牌号一致。相对于主机润滑油而言，密封油系统的用油量较少，因此，国家及行业未针对该油制定专门的换油标准，在密封油油质过差或无法通过油处理恢复的情况下，可参照 NB/SH/T 0636—2013《L-TSA 汽轮机油换油指标》择情更换新油，见表 11-3。

NB/SH/T 0636—2013 适用于设备完好、运转状况正常的汽轮发电机组，对于运行中 L-TSA 汽轮机油的质量监控，规定运行油有一项指标达到换油指标规定值时，应采取措施处理或更换新油。结合 DL/T 705—1999，运行中密封油的运动黏度、闪点（开口）、酸值、水分等项目可参照 NB/SH/T 0636—2013 执行。

表 11-3 L-TSA 汽轮机油换油指标的技术要求和试验方法（摘自 NB/SH/T 0636—2013）

项 目	换油指标				试验方法
黏度等级（按 GB/T 3141）	32	46	68	100	
运动黏度（40℃）变化率（%）	＞10				NB/SH/T 0636—2013 的 3.2
酸值增加（以 KOH 计）（mg/g）	＞0.3				GB/T 7304
水分（质量分数）（%）	＞0.1				GB/T 260 GB/T 11133 GB/T 7600
抗乳化性（乳化层减少到 3mL，54℃[a]）（min）	＞40		＞60		GB/T 7305
氧化安定性旋转氧弹（150℃）（min）	＜60				SH/T 0193
液相锈蚀试验（蒸馏水[b]）	不合格				GB/T 11143
清洁度[c]	报告				DL/T 432 GJB 380.4A

a 当使用 100 号油时，测试温度为 82℃。

b 当使用于船舶设备时采用合成海水法，指标为中等锈蚀或严重锈蚀。

c 根据设备制造商的要求。

（二）密封油系统检修及启动前的油品监督

DL/T 705—1999 规定：新机组投运或机组检修后启动运行 3 个月内，应加强水分和机械杂质的检测。

三、氢冷发电机氢气湿度的技术要求

氢冷发电机内氢气湿度过高，不仅危害发电机定子、转子绕组的绝缘强度，而且会使转子护环产生应力腐蚀裂纹；而氢气湿度过低，又可导致对某些部件产生有害影响，如定子端部垫块的收缩和支撑环的裂纹。故随着电力生产规模的扩大和单机容量的不断提高，需对氢气湿度的表示方法、标准、测定和氢气湿度计的要求予以明确规定。DL/T 651—2017《氢冷发电机氢气湿度技术要求》规定了运行中及充氢停运中的氢冷发电机氢气湿度的技术要求。

（1）发电机内氢气湿度和供发电机充氢、补氢用的新鲜氢气湿度，均规定以露点温度 t_d 表示，通常采用摄氏温度，单位为℃。

（2）氢气湿度的标准

1）发电机内氢气在运行氢压下允许湿度的高限，应按发电机内的最低温度由表 11-4 查得；允许湿度的低限为露点温度 $t_d=-25$℃。

表 11-4　发电机内最低温度值与允许氢气湿度高限值的关系（摘自 DL/T 651—2017）

发电机内最低温度（℃）	5	≥10
发电机在运行氢压下的氢气允许湿度高限（露点温度 t_d）（℃）	−5	0

注　发电机内最低温度，可按如下规定确定：

（1）稳定运行中的发电机：以冷氢温度和内冷水入口水温中的较低值，作为发电机内的最低温度值。

（2）停运和启、停机过程中的发电机：以冷氢温度、内冷水入口水温、定子线棒温度和定子铁芯温度中的最低值，作为发电机内的最低温度值。

2）供发电机充氢、补氢用的新鲜氢气在常压下的允许湿度为露点温度 $t_d\leqslant-50$℃。

3）氢冷发电机氢气湿度的测定及氢气湿度计的要求应按 DL/T 651—2017 进行。

第二节　密封油的性能及维护

除少数有独立油箱的密封油系统外，一般情况下绝大部分密封油来油源于润滑油主油箱，回油也全部回至润滑油主油箱，因此，密封油质量的优劣主要取决于主机润滑油的质量，以及密封油系统及其元器件的控制参数和运行状态（如压力、温度、灵敏度等）。

一、密封油的质量变化及影响因素

近年来，国产老式密封油系统暴露出种种问题，如氢冷发电机机内氢气湿度严重超标，是因为油中含水量过高；又如定子绕组绝缘击穿事故既与机内油污染有关，又与油中含水量过高有关。目前密封油系统存在的问题主要有以下几方面：

（1）密封轴瓦向机内漏油现象相当普遍，既存在间歇性的大量漏油，也存在连续性的少量漏油。

（2）油中含水量普遍过高，导致氢气湿度超标。

（3）调节阀的制造质量和灵敏度过低，由于老式油压平衡阀和油氢差压阀均采用活塞式结构，因此，活塞被腐蚀、间隙被杂质堵塞、活塞被卡塞、受阻而失调的现象相当普遍，成为密封瓦向机内大量漏油和空、氢两侧大量窜油的主要原因之一。

（4）油路调控系统存在一定问题，导致密封油系统运行参数波动大，影响油系统的可靠运行。

汽轮机润滑油系统运行时，由于轴承靠近汽轮机的轴封，润滑油系统很容易漏入湿蒸汽，在回油管路中则大面积地接触空气。由于密封油和润滑油系统连通，造成密封油含水量及含气量增加，由于扩散作用造成发电机内氢气混入空气和水分。另外，发电机高速运转中，大轴转动的搅拌作用使密封油增加吸收气体的能力。油温过高时，密封油的油质劣化速度会加快，并且会有较多油烟混入氢气中。因此密封油油温升高时应向密封油冷油器通冷却水，以保证密封油的质量并保持发电机内部的氢气压力和纯度。

二、密封油及密封油系统的运行维护

发电机密封油系统的正常运行，是保证密封油质量及发电机安全运行的重要环节之一。发电机内充氢后，密封油系统必须可靠地投入运行，包括调整发电机的油-氢压差在规定的范围内，油系统各油箱内油位符合运行要求，密封油温不超过规定值等。

1. 启动前及运行中密封油系统的维护

（1）为防止机内氢气大量泄漏，在发电机开始充氢前就必须向密封瓦不间断供油，向密封轴瓦供油的原则（见图 11-1）是：氢侧密封油压既大于氢气压力，也大于空侧油压。一般密封油压需高于发电机内部氢压 0.05MPa 左右，短时间最低亦应维持 0.02MPa 的压差，压差过小会使密封瓦间隙的油流出现断续现象，造成油膜破坏、氢气从油流中断处漏出的问题。

图 11-1　密封轴瓦供油原则

（2）密封油系统启动前应按运行规程的要求做好准备工作，使密封油箱保持适当的油位，且交流密封油泵、直流密封油泵和事故联动油泵试运正常。

（3）运行中应保持适当的供油压力。油压过高时油量大，带入发电机的空气和水分多，容易污染氢气，油中溶解、夹带的氢气也多，增大耗氢量；油压过低，则油流断续，氢气易泄漏。当密封油漏入发电机的情况严重时，应作停机处理。

（4）运行中应保持主油箱排烟风机连续运行，并定期对油烟中的氢气含量进行化验，使其处于良好的运行状态，以防止油系统积累氢气。

（5）由于发电机轴流风扇的抽吸以及密封瓦损坏等原因，密封油很有可能进入发电机内。运行中应定期从发电机底部排放管或油水信号发送器处检查是否有油漏出，并检查主油箱油位是否下降，以防止密封油大量泄漏导致事故。

2. 密封油系统的油位控制

密封油箱在发电机底部偏下，储存氢侧回油，油位高时发出报警信号。油箱中间由一隔板隔开，防止发电机两侧风扇出口压力不一致时产生压差，造成油、氢在发电机两端之间循环。箱体上部各设一根排气管，用于排掉低纯度氢气。两个回油间隔通过一个 U 形管连接，回油向下进入浮子阀油箱。

氢侧回油进入带有浮子阀的密封油箱，氢气经分离又回到扩压箱，油流入空气析出侧。由于浮子的控制作用，油箱内始终维持一定的油位，以避免氢气进入空气析出侧。

油位逐渐上升时，浮球阀逐渐开大直至全开；油位逐渐降低时，浮球阀逐渐关小直至全关。当浮子阀卡涩时，易出现油位过高或过低甚至看不到的现象。油位过高，说明浮子阀未有效打开，可能造成密封油箱油位的异常升高；油位过低，说明浮子阀未有效关闭，可能造成氢气大量外排，引起机内压力的下降。出现上述情况时，应振打浮子阀，无效时隔离浮子阀，暂时使用旁路阀进行调节，并通过玻璃油位计观察油位。

另外，空气析出侧位置应低于密封油箱，以确保回油。

密封油真空箱的油位由一浮球阀控制。油位逐渐上升时，浮球阀逐渐关小直至全关；油位逐渐降低时，浮球阀逐渐开大直至全开。当浮球阀故障时，易出现油位失控的现象，此时可通过开关手动补油门暂时来维持合适的油位。

3. 事故处理原则

（1）主密封油泵跳闸或密封油母管压力降低时，发出报警，备用密封油泵应自启动，否则手动开启。若密封油压继续降低，直流密封油泵自启动。检查运行的主密封油泵及有关设备有无异常，必要时应切换为备用主密封油泵运行，待密封油压正常后，停直流密封油泵。

（2）当各密封油泵均发生故障时，发电机应紧急停机并紧急排氢直至润滑油压能对机内氢气进行密封。

（3）密封油差压调节阀自动调节不正常，使油氢差压不能正常维持时，可用调节阀旁路进行调整，同时联系检修处理。

（4）发电机密封油源中断，应紧急停机并排氢。

（5）密封油系统着火，严重威胁机组或人身安全时，应紧急停机并进行灭火、排氢。

（6）密封油真空箱、膨胀扩大装置的油位异常多为浮子阀卡涩不能自动调整引起。密封油真空箱油位高时，可关闭真空箱进油门，待油位下降后再开启，如此活动浮子阀。油位低时，可通过旁路门补油。膨胀箱油位高时，应用浮子阀箱旁路门进行调整，并联系检修用橡皮锤对浮子阀箱进行振打。此时应注意油水观察窗内是否有油并及时排放。如备用密封油泵联动，应待系统正常、油压稳定后停用。操作中要确保密封油压正常，否则，一旦发现发电机大量漏氢，应切断励磁、紧急停机。

第三节　密封油中杂质气体对发电机氢气纯度的影响及治理

一、氢气纯度下降的危害

在氢冷发电机中，氢气的质量直接影响发电机的运行。例如氢气湿度超标，不仅会危害发电机定子及转子绕组的绝缘强度，而且会使转子护环产生应力腐蚀裂纹，因此，DL/T 651—2017对氢气湿度做出了明确规定。在保证湿度的同时，氢冷发电机还要求保持良好的氢气纯度，除考虑安全外，还在于提高发电效率。

当氢冷发电机内进入大量杂质气体后（如油烟、空气和水汽等），氢气的冷却效果会受到影响，对发电机组的安全运行带来危害。首先，油烟和水汽在线棒端部绝缘表面或绑扎结构表面构成击穿放电通道，潮湿的油烟使绝缘间隙中的氢气介质性能变差，为定子线棒端部绝缘击穿事故提供了外部条件；其次，在发电机内风扇的作用下，油烟、空气和水汽源源不断地进入机内，导致机内氢气纯度迅速下降，气体密度增大，增加了发电机的通风损耗，降低了发电机的运行效率，同时也增加了排污、补氢次数和补氢量，影响发电机组运行的安全性及经济性。

DL/T 1164—2012《汽轮发电机运行导则》规定“当机内氢气纯度低于96%时，应进行排污，同时补充新鲜氢气，使机内氢气纯度或湿度达到正常运行值”。从经济角度考虑，当氢气中混入空气或纯度下降时，混合气体的密度随氢气纯度的下降而增大，发电机的通风摩擦损耗上升。有资料显示，美国某公司一台运行氢压为0.5MPa、容量为907MW的氢冷发电机，其氢气纯度从98%降到95%时，摩擦和通风损耗大约增加32%，即相当于增加能耗685kW。所以，600MW以上的水-氢-氢型汽轮发电机，要求机内的氢气纯度不低于97%或98%。

二、影响发电机氢气纯度的因素

1. 密封油中含水量超标

由于汽轮机汽封结构及油系统的运行特点，机组润滑油中都含有一定量的水分和气体。当含水油进入主油箱后，比重较大的水将沉积在油箱下部，主油箱顶部清洁区的油中含水体积分数可控制在5×10^{-4}以内，而其底部区的油中含水体积分数可达百分之几甚至更高。在300MW汽轮发电机中，由于主油箱润滑油参与空侧密封油系统的循环，所以主油箱油质的优劣直接影响密封油的质量。如果密封油取自主油箱的清洁区，则密封油的含水体积分数低于5×10^{-4}，如果取自污染区，则密封油的含水体积分数将会很高。在正常工况下，机内氢侧油路并不是单一的液体流，其中除溶解有一定量的氢气外（其溶解度约为5%～7%），在回油腔室的局部区域，由于主轴高转速机械甩油作用和油温升高的热作用，使一部分油和溶解在油中的水雾化而形成油烟和蒸汽。这些烟气在回油腔中、在扩容、卸压时被释放出来，在风扇作用下进入机内风路。显然，风扇的作用削弱或局部破坏了甩油、挡油结构的作用，为油烟、蒸汽进入机内提供了途径和动力，导致氢气纯度受到影响。

2. 空、氢侧油压不平衡

汽轮发电机运行中，氢侧与空侧密封油互窜是影响发电机氢气纯度的另一个主要影响因素。当空侧密封油压高于氢侧密封油压时，空侧密封油在密封瓦处向氢侧窜油，空侧油中含有的空气和水分等进入氢侧密封油中。当氢侧密封油压高于空侧密封油压时，氢侧密封油在密封瓦处向空侧窜油，导致氢侧密封油箱油位下降，氢侧密封油箱补油阀自动开启，空侧密封油补入氢侧密封油箱，然后由氢侧油泵升压经冷油器、滤油器进入密封瓦。由此可见，无论是空侧密封油压高于氢侧密封油压，还是氢侧密封油压高于空侧密封油压，都将导致空、氢侧密封油互窜，使从主油箱来的含有空气和水分的空侧密封油窜入氢侧密封油并流经密封瓦，造成油中的污染气体进入发电机内，污染机内氢气。

3. 密封瓦与轴间隙过大

发电机轴、瓦间隙大小是决定密封油流量的一个重要参数。国外曾对此专门做过试验，结果表明：轴瓦间隙每增加1mil（0.0254mm），则空侧密封油量增加35%～40%，氢侧密封油量增加15%～20%。运行实践证明：轴、瓦间隙越大，流经密封瓦的流量越大，由密封油中释放出来的油烟和水汽越多，被发电机风扇负压吸入机内的有害气体也就越多，进而造成氢气纯度下降。

4. 密封油进油温度过高

根据流体运动学理论可知，温度对流体黏度有较大影响。当温度升高时，液体的内聚力减小，液体黏度随温度的增加而降低。温度对液体油黏度影响的表达方式很多，但都有局限性，为便于进行数学处理，在一定温度范围（如20～80℃）内可用式（11-1）表示

$$\mu_t = \mu_0 e^{-\lambda(t-t_0)} \tag{11-1}$$

式中 μ_t——温度为 t 时的动力黏度；

μ_0——温度为 t_0 时的动力黏度；

λ——油液的黏温系数。

从式（11-1）中可看出油的黏度随温度升高而降低，随着油黏度的降低，油分子的内聚力减小，分子之间的距离拉大，使油液的含气量增大。因此进油温度越高，则氢气污染的可能性及程度就越大。

5. 氢侧油箱自动补排油浮球阀故障

补排油浮球阀因机械原因不能正常开启或关闭，或因浮球内漏后进油、不能正常浮起，造成浮球阀不能正常开启或关闭，导致密封油系统中自动补排油功能失常。该故障可导致在氢侧油箱中的空侧油和氢侧油大量交换，使含有空气的空侧回油进入氢侧油箱，一方面在氢侧油箱中直接析出空气并进入发电机，另一方面在密封瓦处析出空气进入发电机。

6. 差压阀工作异常

维持油氢压差的任务由差压阀来完成，如果差压阀工作异常，将可能出现密封油直接进入发电机的现象，并可能会引起平衡阀也做出相应的跟踪调整，从而加速了空、氢侧油的互窜。

7. 平衡阀工作失常

调节空、氢侧密封油压主要通过以下手段来完成：先通过粗调氢侧密封油泵出口再循环阀使空、氢侧油压基本一致，同时通过调节氢侧密封油平衡阀下部顶针，使密封瓦处的空、氢侧密封油压达到平衡，以使密封瓦中间环处的空、氢侧密封油窜油量达到一个较小的水平；密封瓦处的空、氢侧微差压调整好后，当空侧密封油压改变时，平衡阀自动跟踪调节氢侧密封油压，使空、氢侧微差压（通常是在±50mm水柱以内）保持不变；当氢侧密封油平衡阀调节不灵敏时，会造成氢侧密封油压过高或过低，使中间环处的空、氢侧密封油平衡被破坏，空、氢侧密封油之间的窜油增大。因此，平衡阀工作失常也会促使发电机内氢气受到污染。

8. 密封油真空油箱真空度对氢气纯度的影响

密封油真空油箱是密封油进入发电机进行密封的最后一个储油装置，也是作为净化密封油的最后一道防线，它是利用油箱内的负压使密封油中含有的空气、湿气及烟气逸出，从而降低密封油内杂质气体对氢气纯度的影响。因此，密封油真空油箱内的真空度也影响着氢气纯度。

9. 氢侧外油挡间隙大

为了更好地防止氢侧油进入发电机内，氢侧密封瓦外（朝发电机侧）还有一道迷宫式外油挡（挡油环），以阻止油进入发电机。此种结构的密封瓦对装配间隙精度要求相当严，如果制造、安装达不到要求，间隙过大，极易造成密封油进入发电机。

除上述原因以外，氢侧油管路供油不足、氢侧油管路回油不畅、发电机排烟风机出力不足或不运行、氢侧补油方式不合理等因素均会影响发电机氢气纯度。

三、解决发电机氢气纯度下降的措施

1. 调整密封油系统运行参数，避免空侧密封油向氢侧窜油

适当调低密封油温，以降低氢侧密封油中气体向氢气释放的速度。整定密封油与氢气的差压、整定氢侧和空侧密封油的差压、整定密封瓦的间隙，尽可能减小空、氢侧密封油的压差，避免因窜油而引起氢侧密封油中空气含量的增加。

在不能避免窜油的情况下，通过可调平衡阀，使氢侧密封油压高于空侧密封油压，保证密封油只能由氢侧窜至空侧，从而使系统只能向氢侧密封油箱补油，并且在补进氢侧密封油箱前，对所补油进行净化处理，消除油中所含空气。

然而，此方法只能从量上控制氢气纯度下降的速度，不能从根本上解决机内氢气纯度下降快的实质问题。

2. 通过置换补氢保持氢气纯度

在通过调节密封油系统运行参数无效的情况下，多个发电企业不得不采取排掉发电机内部分低纯度的氢气之后，再补入部分高纯度的新氢气以提高发电机内氢气纯度，这个过程叫置换补氢。通过置换补氢可以使发电机中的氢气纯度提高至96%以上，但是需要反复进行排、补氢操作，个别机组的日均置换补氢量少则十余立方米，多则高达50～60m^3/d（标况）。

置换补氢会带来三大问题：第一，大量排放氢气会有着火和氢气爆炸的潜在危险；第二，制氢站的制氢能力有限，如果同一电厂几台机组的日补氢量都很大时，会超出其制氢能力，而且制氢设备长期满负荷或超负荷运行时，一旦制氢设备故障，就会导致发电机组停运的危险；第三，由于制氢量的加大，也会使制氢成本大幅上升。

3. 对密封油进行脱气净化处理，从根本上解决机内氢气纯度下降问题

导致发电机内氢气纯度下降的根本原因在于密封油中的杂质气体进入发电机内，造成氢气受到污染。密封油中的杂质气体主要包括密封油中溶解的空气如N_2、O_2、CO_2、CO以及极少量油的分解气体如CH_4、C_2H_4、C_2H_6等，这两类气体在密封油中的溶解度可达10%左右，见表11-5。当密封油与氢气接触时，这些杂质气体必然会向氢气中扩散并造成污染，使氢气纯度降低。而前文提及的密封瓦与轴间隙大、密封油进油温度高、平衡阀或差压阀异常、氢侧油箱补排油浮球阀故障等因素会加大窜油量、加快气体交换的速度、加剧氢气纯度下降的程度，系引起发电机氢气纯度下降的表象，并非问题本质。

表11-5　某氢冷发电机氢气及密封油中杂质气体组分及含量　μL/L

杂质气体	机内氢气气样（排补氢前取样）	密封油油样
甲烷	2.29	1.35
乙烷	—	—
乙烯	0.7	2.00
乙炔	—	0.49
氧气	2253.15	28702.3
氮气	21989.24	69680.38
一氧化碳	4.49	2.45
二氧化碳	111.52	358.22
含气量（氢气除外）(%)	—	9.87%

注　单流环式密封油系统，机内氢气纯度控制在96%以上时，日均补氢量约60m^3/d（标况）。

因此，解决氢冷发电机氢气纯度下降的根本措施关键在于消除“污染源”。

(1) 密封油经密封油泵进入密封瓦，对发电机内的氢气起密封作用。只有杜绝含气量大、未经脱气处理的油进入密封瓦，保证进入密封瓦的油全部经过脱气净化处理，才能避免油中杂质气体对发电机内氢气的污染。

(2) 要保证进入密封瓦的密封油“无气体”，除保证进入密封瓦的油全部经过脱气外，还必须提高密封油的脱气效率和程度，使经过脱气的油中几乎不含气体，油中气体被全部脱除。

(3) 采用真空技术对密封油进行脱气处理时，为了保证密封油系统安全运行，必须保证向密封油泵安全供油，即保证密封油泵在任何情况下永不断油。

因此，只有对密封油系统所有的密封油进行脱气净化处理（对于双流环式密封油系统，空侧密封油为最大污染源，需对其进行处理），脱除油中含有的空气、水汽和油的各种分解气体并保证向密封油泵安全供油，才能从根本上彻底解决氢冷发电机氢气纯度下降问题。

四、氢冷发电机氢气纯度下降及治理案例介绍

1. 案例 1：某 500MW 单流环式密封油系统氢气纯度下降问题及治理

某 500MW 氢冷发电机控制氢气纯度在 98%以上，但机内氢气纯度频繁下降，日补氢量最高达到 110m^3/d（标况）。2013 年机组检修期间对发电机进行了密封瓦刮研、密封瓦内外油挡间隙调整，调整后该发电机在 2014 年 7 月～2015 年 6 月的补氢量仍居高不下，日均总补氢量为 70.8m^3/d（标况），日均提纯补氢量为 64m^3/d（标况），远超标准要求［DL 5068—2014《发电厂化学设计规范》规定 300～1000MW 发电机每日耗氢量为 7～12m^3/d（标况）］，见图 11-2。

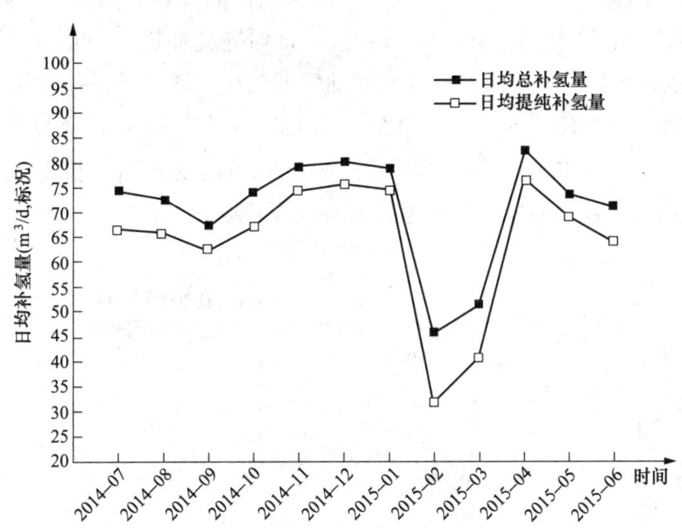

图 11-2 某 500MW 发电机 2014 年 7 月～2015 年 6 月日均补氢量变化

注：机组在 2015 年 2 月及 3 月的部分时间停备。

对该发电机氢气及密封油中杂质气体进行检测，由表 11-6 可以看出，氢气纯度下降后、排补氢前，机内氢气以及密封油中的杂质气体主要成分均为 N_2、O_2、CO_2、CO 以及极少量油的分解气体（CH_4、C_2H_4、C_2H_6），此外密封油中还含有一定量的 H_2，由此说明密封油中的气体与机内氢气进行了交换，油中气体向氢气中扩散，同时氢气进入密封油中。

表 11-6　　　某 500MW 氢冷发电机氢气及密封油中杂质气体组分及含量　　　μL/L

杂质气体	机内氢气气样（排补氢前取样）	密封油油样
甲烷	3.58	1.31
乙烷	0.34	0.26
乙烯	1.52	0.70
乙炔	0.00	0.22
氢气	—	2861.98
氧气	1751.38	18726.53
氮气	15762.50	50857.21
一氧化碳	363.76	30.41
二氧化碳	0.00	722.14
含气量（氢气除外）(%)	—	7.03

注　单流环式密封油系统，机内氢气纯度控制在 98%以上时，日均补氢量约 70.8m^3/d（标况），日均提纯补氢量约 64m^3/d（标况）。

现场研究决定采用西安热工研究院的“氢气纯度稳定技术”对密封油进行彻底脱气净化，即，在原密封油系统中安装一套密封油真空高效脱气装置，密封油完全通过该装置进行彻底的脱气脱水净化处理后提供给密封油泵工作，从而避免了油中杂质气体对氢气的污染。应用该技术后，仍旧按照 98%的标准控制机内氢气纯度，该发电机的日补氢量大幅下降，2016 年 7 月～2017 年 6 月的日均总补氢量为 11.94m^3/d（标况），日均提纯补氢量为 7.78m^3/d（标况），见图 11-3。同时，应用该技术后，发电机氢气及密封油中的杂质气体含量一并大幅下降，密封油中除氢气外的杂质气体含量由处理前的 7.03%降低至 0.18%（见表 11-7），说明使用“氢气纯度稳定技术”对密封油进行脱气脱水处理，有效脱除了密封油中的杂质气体，降低了日均补氢量尤其是日均提纯补氢量，延长了补氢周期，使发电机氢气纯度得以长久保持。

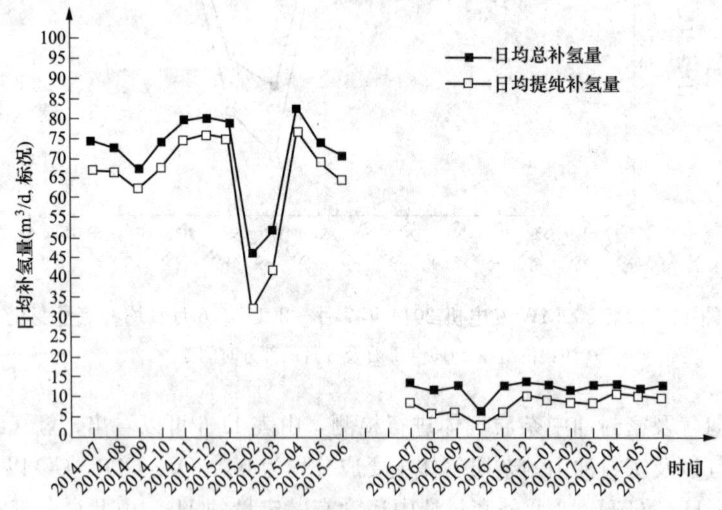

图 11-3　某 500MW 发电机技术改造前、后日均补氢量变化

注：机组在 2015 年 2 月、3 月及 2016 年 10 月的部分时间停备。

表 11-7　　某 500MW 发电机技术改造后密封油中溶解气体分析结果　　μL/L

杂质气体	机内氢气气样（排补氢前取样）	密封油油样
甲烷	3.76	0.67
乙烷	0.37	0.27
乙烯	2.02	0.34
乙炔	0.00	0.00
氢气	—	157.47
氧气	未检出	315.34
氮气	2811.54	1444.57
一氧化碳	177.03	9.89
二氧化碳	382.46	44.85
含气量（氢气除外）（%）	—	0.18

2. 案例 2：某 600MW 双流环式密封油系统氢气纯度下降问题及治理

某 2×600MW 国产氢冷发电机组为双流环式密封油系统，其空侧密封油与主机润滑油系统相连通，通过润滑油系统补给来补足密封油的消耗。两台发电机一直存在机内氢气纯度下降快的问题，尤其 8 号机组保持氢气纯度在 97%以上时的日均补氢量超过 $50m^3/d$（标况）。

2010～2011 年该厂在 7 号机组大修时对密封油系统进行了技术改造，采用西安热工研究院的“氢冷发电机氢气纯度稳定技术与装置”对密封油系统的所有密封油进行脱气净化处理，通过治理“空侧密封油”这一主要污染源，来确保空、氢侧密封油中杂质气体含量降到 0.3%以下的水平。技术改造后 7 号发电机氢气纯度长时间保持在 98%以上，不需再进行频繁的置换排补氢。鉴于 7 号机组改造的成功效果，2014 年起，该厂 8 号机组进行了同样的改造，改造后 8 号机氢气纯度一直稳定保持在 98.3%以上，不但彻底解决了以往频繁置换排补氢的问题，更提高了发电机的冷却效率。

仅按照制氢成本 10 元/m^3 计算，两台机组每天节约 $100m^3$ 左右的制氢费用，年均直接节省制氢成本约 30 万元，在保障机组安全运行的同时，提高了发电机的效率，取得了安全、经济、环保的三重收益。

思考题

1. 密封油的性能与用途有哪些？
2. 对于新油及运行油的监督，各自涉及哪些项目？
3. 运行油检测周期及质量指标各是什么？
4. 发电机内部氢气纯度下降由哪些原因造成？一旦机内氢气纯度降低，对发电机组会带来什么危害？

第十二章　风力发电机用齿轮油

第一节　风力发电机用齿轮油的监督与维护

由于风力发电机齿轮油的特殊运行环境及其功能特点，如运行环境苛刻，既有极端严寒环境、又有高温潮湿环境，而且齿轮润滑对油的抗磨性能要求很高。因此风力发电机齿轮油的监督及维护不同于传统的矿物润滑油。

一、风力发电机齿轮油的监督

（一）新油的验收

风力发电机齿轮油新油的验收应该按照 GB/T 33540.3—2017 的技术要求执行，抽样和取样参照 GB/T 7597—2007、GB/T 4756—2015《石油液体手工取样法》的规定。如有特殊要求，应在技术协议中明确抽样和取样规则以及特殊验收指标。进口齿轮油应按合同规定或国标规定验收。新油加入齿轮箱前应进行过滤，保证油液颗粒污染度等级达到表 12-1 的规定。

表 12-1　　风电闭式齿轮装置润滑油颗粒污染度等级

样品油来源	按 GB/T 14039 要求的颗粒污染度等级	相当于 SAE AS4059 中的颗粒污染度等级
齿轮箱加入的油	≤—17/14	≤8 级
试运行 72h，齿轮箱润滑油（强制循环系统）	≤—/19/16	≤10 级
正常运行期间，齿轮箱润滑油（用于强制循环系统）	≤—/20/17	≤11 级

风力发电机组启动前应对油系统进行大流量的油循环清洗。在大流量清洗过程中，应按一定时间间隔从系统取油样进行油的颗粒污染度（颗粒度）分析，直到油液的颗粒污染度达到表 12-1 中的规定。

（二）试运行期间的油质监督

试运行 240h，进行首次油质检测。检测比例按照不同风力发电机组机型的 10%抽样，抽样比例不应低于 10%。油质检测项目是表 12-2 中的 2、5、6、7、9、14 项。对于油质检测存在不合格项目的齿轮箱，应由风机厂商、安装单位和风力发电场进行原因分析并制定处理措施，进行处理，直至再次检测油质合格，才能进行机组的移交。

表 12-2　　风电厂运行齿轮油的质量指标及检验周期（摘自 DL/T 1461—2015）

序号	项　目	质量指标	检验周期	试验方法
1	外观	均匀、透明、无可见悬浮物	3 个月	外观目视
2	运动黏度（40℃）（mm^2/s）	288～352	每年	GB/T 265
3	倾点（℃）	与新油原始值比不低于 5℃	必要时[a]	GB/T 3535

续表

序号	项　　目		质量指标	检验周期	试验方法
4	闪点（开口）（℃）		≥195℃，且与新油原始值比不低于5℃	必要时	GB/T 3536
5	颗粒污染度（GB 14039）（级）		≤—/20/17	每年	DL/T 432
6	酸值增加值（以 KOH 计）（mg/g）		≤0.8	每年	GB/T 7304
7	水分（mg/L）		≤1000	每年	GB/T 7600
8	铜片腐蚀（100℃，3h）（级）		≤2[a]	必要时	GB/T 5096
9	液相锈蚀（蒸馏水）		无锈	必要时	GB/T 11143
10	旋转氧弹（150℃）（min）		报告试验数据，与新油对比	每两年	SH/T 0193
11	泡沫特性（mL/mL）	24℃	≤500/10	必要时	GB/T 12579
		93.5℃	≤500/10		
		后 24℃	≤500/10		
12	Timken 机试验（OK 负荷）[N(lbf)]		≥222.4（50）	必要时	GB/T 11144
13	四球机试验	烧结负荷 P_D [N(kgf)]	报告	每两年	GB/T 3142
		综合磨损指数 [N(kgf)]			
		磨斑直径（196N，60min，54℃，1800r/min）（mm）			
14	光谱元素分析		与新油的各项数据进行对比，并跟踪报告异常结论	每年	GB/T 17476
15	油泥析出试验		无	每年	DL/T 429.7

a　必要时是指油的颜色、外观异常，乳化、补油后等情况。

（三）运行阶段

1. 运行风电齿轮油质量监督

运行中风电齿轮油的技术要求和检测周期按照表 12-2 的规定执行。运行中风机齿轮箱润滑油的颗粒污染度不应高于 GB 14039 的—/20/17 级。240h 试运行验收后的 6 个月内进行运行监督的首次 100%取样。作为正常运行的第一次检测，主要检测项目按照表 12-2 执行。之后，按表 12-2 规定的时间间隔进行日常运行监督检测。

检测宜采用抽检形式进行，每次检测应对每种型式机组分别进行抽检。抽检时应对某一机型机组进行交叉抽检，抽检数量不应低于该机型的 10%，如有异常，扩大检测或增加检测次数。存在油液外观浑浊、颜色明显变化的齿轮油的取样，不应计入 10%的取样比例。定期巡检过程中发现存在外观、颜色异常以及上次定期试验水分、颗粒污染度、酸值、光谱分析的铁、锰、铬金属元素含量接近运行上限值的齿轮油，应缩短检测周期，对不合格原因进行分析。

2. 取油样

参照GB/T 7597—2007和GB/T 19073—2018《风力发电机组 齿轮箱设计要求》中的有关规定进行取样。正常运行期间，颗粒污染度、水分、杂质、酸值、腐蚀试验、光谱元素分析和泡沫特性等项目的定期检测取样，应从过滤器进口处取样，过滤器进口的位置应在油箱工作油位的中部。对于非强制循环润滑油系统，风力发电机组的转速应不低于额定转速的75%。进行油液定期试验取样时，取样点、取样条件应相对固定，以便进行各次检测数据的对比分析。

3. 运行维护

在风力发电机运行过程中，对于主齿箱齿轮油的运行维护主要应从下面几个方面来展开。

(1) 应定期对齿轮油箱吸湿器以及吸湿剂进行检查。吸湿器内应无积油及堵塞现象，检查吸湿剂是否失效，应及时更换失效吸湿剂。

(2) 应定期对齿轮箱油液滤芯的前后压差进行检查，达到规定值时应及时更换。并按照规定时间定期更换滤芯或每年更换一次。

(3) 定期检查和取油样过程中应防止齿轮油受到外界灰尘、金属碎末、锈蚀产物和水的污染。

(4) 应定期检查齿轮油系统阀门、油管路、油箱、过滤器、冷油器各连接处有无漏油现象，记录油位和油液外观、颜色。

(5) 根据齿轮油设备、运行环境和使用齿轮油的类型、用油量以及检测指标的变化情况，确定齿轮油是否需要进行净化处理或换油。

(6) 运行齿轮油达不到质量标准时，可采用移动式滤油机对出现不合格指标的油进行净化处理，滤油机温度应控制在65℃以内，其额定流量不得小于实际的过滤油液的流量，过滤精度应不大于5μm或符合齿轮设备、齿轮油生产厂商的规定。

(7) 补加油应采用与已充油同一生产厂商、同一牌号及同一添加剂的油品，并且补加油（不论是新油或已使用的油）的各项特性指标不应低于已充油。在用油存在不合格指标时，应采取净化过滤措施将在用油处理合格，然后才能补油。

4. 检测结果的分析与评估

如果齿轮油定期监督检测项目中的颜色、外观、黏度、酸值、水分、颗粒污染度、元素分析等项目出现较大变化或接近运行指标上限值时，应增加油泥析出物、氧化安定性、泡沫特性等项目的检测。特别是在用齿轮油或系统中发现任何沉积物时应引起重视，应进行例外检测试验进行原因鉴别。

应在对油质试验结果的正确分析判断的基础上采取适当的检修策略和必要的处理措施来实现齿轮箱的长周期无故障运行。重要监测项目如黏度、酸值、水分、不溶物、磨损金属元素等的指标及其变化，推荐用趋势图的方式来表示，以便异常的变化得以明显地表示，也可以更好地预测油液的剩余使用寿命以及指导制订检修策略。

试验数据的分析与评估应将油品的添加（补充或换油）、可能混杂的油品、新安装的部件以及近期系统的检查等因素考虑进去。表12-3给出了齿轮油指标异常原因分析及对齿轮的影响。

表 12-3　　风力发电机用齿轮油指标异常原因分析和对齿轮箱的影响

指标异常	异常原因分析	对齿轮箱及油质的影响
运动黏度上升	(1) 齿轮箱持续高温运行，冷却不良，油品长期高温运行发生氧化； (2) 油品使用时间过长，轻组分过快蒸发，抗氧剂损耗过快； (3) 油中过量水分污染，使油品乳化； (4) 杂质污染	(1) 齿轮箱异常发热，摩擦阻力增大； (2) 使油泥增多，油品乳化，油膜难以形成，磨损增大； (3) 加剧腐蚀和锈蚀； (4) 添加剂失效，整体油品性能下降
运动黏度下降	(1) 齿轮油添加的增粘剂，在使用中增粘剂受剪切而发生高分子断链，造成黏度变小； (2) 油质劣化，产生低分子量组分	润滑油膜形成不良，强度下降，齿轮磨损增大，产生齿面点蚀、胶合
酸值上升	(1) 油系统脏污、潮湿、杂质多； (2) 抗氧化剂消耗； (3) 用错油； (4) 油被污染； (5) 油品达到或接近使用寿命	(1) 增大齿轮的腐蚀、磨损； (2) 杂质含量增多，导致润滑不良
水分上升、防锈性下降	油品可能被水污染（齿轮冷却系统泄漏，密封垫渗漏；湿空气进入系统；滤油机故障）	(1) 油泥增多，油品乳化，油膜难以形成，磨损增大； (2) 加剧腐蚀和锈蚀；导致添加剂失效，油品性能下
不溶物上升	表明油或添加剂退化，或油被污染（齿轮磨损颗粒或其他碎片污染）	(1) 增加齿面的颗粒磨损，使滤清性能下降，堵塞滤清器及油路； (2) 油膜中含有微小颗粒造成齿轮磨损
抗泡性下降	抗泡剂可能被机械性脱除（精密过滤、离心分离、机械剪切或吸附）或油品被污染	(1) 油膜难以形成，增大磨损； (2) 减少实际工作油量，影响散热
氧化程度增加	(1) 油品使用时间过长，老化或劣化严重； (2) 润滑油的抗氧剂和抗磨剂损耗过快	加速油品的氧化变质，导致齿面磨损增大
Fe、Cr、Mo 等元素含量上升	齿轮异常磨损	齿面点蚀、胶合
颗粒度不合格	(1) 齿轮组磨损、擦伤、颗粒增加； (2) 系统清理不干净； (3) 油质劣化，腐蚀产生锈蚀产物	(1) 齿轮啮合面机械损伤； (2) 振动加大； (3) 运行油温升高
Na、V、B 等元素含量上升	冷却水污染润滑油	使齿轮润滑不良，加速齿轮的腐蚀和锈蚀

表 12-4 给出了在用风力放电机用齿轮油监测项目建议处理值及处理措施，处理措施应结合检测项目的趋势分析确定，若油品供应商或设备制造商有特别的指南，可以替代其中

内容。

表 12-4　在用风力发电机用齿轮油监测项目的建议处理值及处理措施

检测项目	建议处理值	处理措施
运动黏度变化率（40℃）（%）	≥±10	（1）分析查找确定原因，消除机械问题； （2）如果黏度低，测闪点； （3）考虑换油
酸值增加（以 KOH 计）(mg/g)	0.5	（1）分析查找确定原因，消除机械问题； （2）增加取样频次； （3）补加抗氧化剂、抗磨剂； （4）进行再生滤油处理
水分（质量分数）（%）	≥0.15	（1）分析查找确定原因，消除水分、湿度污染问题； （2）进行脱水过滤处理
机械杂质（质量分数）（%）	≥0.40	（1）分析查找确定原因，消除机械问题； （2）进行滤油处理
防锈性	不合格	向油品供应商咨询有关恢复措施或根据其他检测指标确定是否需要换油
泡沫性	泡沫倾向性大于 500mL，泡沫稳定性大于 10mL	（1）向油品供应商咨询可能采取的抑制措施，如补加泡沫抑制剂等； （2）进行油质老化试验，确定是否需要换油
磨损金属浓度铁含量（mg/kg）	铁含量不小于 200 或依据基准浓度和经验值	（1）查找分析机械部分存在的问题； （2）进行铜片腐蚀、抗氧化性指标的检测
颗粒度（NAS 1638）	≥11 级	（1）查找颗粒的来源，进行必要的维修； （2）进行净化过滤处理
抗氧化性能变化率（旋转氧弹）	低于新油的 60%	考虑换油

（四）更换新油及系统检修

1. 风力发电机用齿轮油的更换

风力发电机用齿轮油在实际使用中，由于工况的差异，如齿轮负荷、使用温度，以及齿轮油的品质和质量不同，决定了齿轮油的换油周期也不同。通常情况下，齿轮油使用者主要根据腐蚀、锈蚀、沉淀、油泥、黏度变化及污染程度等情况决定是否更换新油。一般用风力发电机齿轮油在工况条件控制比较好又没有水汽混入情况，换油周期可达 3～5 年。

对于有集中供油润滑系统的大型齿轮装置，要根据监控齿轮油质量的变化来确定是否换油。为了定期进行质量监控，我国制定了 NB/SH/T 0586—2016《工业闭式齿轮油换油指标》，具体内容见表 12-5，有一项超标就应该更换新油。

表 12-5　　　　工业闭式齿轮油换油指标（摘自 NB/SH/T 0586—2010）

项目	L-CKD 换油指标	试验方法
外观	异常[a]	目测
运动黏度变化率（%）	>±15	GB/T 265
水分（质量分数）（%）	>0.5	GB/T 260
机械杂质（质量分数）（%）	≥0.5	GB/T 511
铜片腐蚀（100℃，3h）（级）	≥3b	GB/T 5096
梯姆肯 OK 值（N）	≤178	GB/T 11144
酸值增加（以 KOH 计）（mg/g）	≥1.0	GB/T 7304
铁含量（mg/kg）	≥200	GB/T 17476

a　外观异常是指使用后油品颜色与新油相比变化非常明显（如由新油的黄色或棕黄色等变为黑色）或油品中能观察到明显的油泥状物质或颗粒状物质等。

2. 齿轮油系统设备检修

设备检修或换油时，应对齿轮箱体底部、内表面，齿轮组表面和相关管道设备进行检查，清除底部和表面的杂质、油泥附着物等杂质。检修中对齿轮油系统设备进行了物理清理和化学清洗后，应使用净化后的油液进行设备系统循环冲洗，油质和颗粒污染度检查合格后，再换成运行油液。

如果齿轮箱体内的油泥等杂质不能用物理方法清理干净，必须使用有机溶剂清洗，清洗后，应增加使用洗涤油除去残留在系统内的溶剂残余物的清洗过程。应用的洗涤油必须是清洁并与工作油为同一生产厂商和同一牌号的油。齿轮箱、齿轮组和齿轮油有关附属设备管道检修过程中，应制定防锈蚀和空气污染的防护措施。

二、劣化后的风力发电机用齿轮油综合再生处理案例介绍

某风电场一、二期总装机容量为 108MW，建设有 1500kW 上海电气和华锐风电机组，共计 72 台，于 2009 年逐步开始并网发电。2015 年对风机增速主齿轮箱中的壳牌全合成齿轮油进行检测，结果显示颜色变深、运动黏度下降、颗粒污染严重、抗磨性能降低，随后委托西安热工研究院对其更换下来的废旧齿轮油（$5m^3$）进行了综合再生脱水净化处理。图 12-1 所示为壳牌全合成齿轮油新油、废旧油和综合再生处理后油的外观，其油质检测结果见表 12-6。经过综合再生处理后，废油齿轮油的主要检测项目均达到了 GB/T 33540.3—2017《风力发电机组专用润滑剂　第 3 部分：变速箱齿轮油》中的质量水平。2015 年 12 月初，处理后的再生齿轮油在该风电场二期华锐 SL1500-77 型 8、9、10 号风机主齿轮箱中进行了再次投运，并对再次投运的 3 台风机再生齿轮油和另外 2 台（二期 1、2 号风机）更换了新齿轮油进行跟踪分析。投运 2 年后，委托广州机械科学研究院（简称广研院）对新油及再次投运后的再生油进行了检测，其结果见表 12-7。2018 年 2 月，委托重庆重齿风力发电齿轮箱有限公司对该风场 5 台试验风机的主齿箱进行了内窥镜检查，结果见表 12-8。2 年多的应用试验结果表明，再生油和新油的使用性能无差别，油质表现出相同的变化趋势，表明再生油具有良好稳定的理化性能、抗氧化性能和极压抗磨性能。

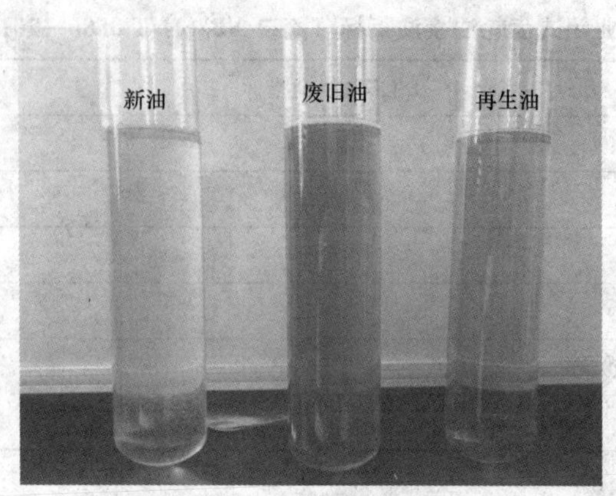

图 12-1 壳牌全合成齿轮油新油、废旧油和综合再生处理后油的外观

表 12-6 壳牌全合成齿轮油综合再生处理后的油质检测结果

序号	检测项目		检测结果			质量指标 GB/T 33540.3（320 号）
			新壳牌齿轮油	更换下来的废旧齿轮油	综合再生处理后的齿轮油	
1	外观		无色、透明	棕黄色、透明	浅棕色、透明	—
2	运动黏度（40℃）（mm^2/s）		316.7	299.3	317.2	288～352
3	倾点（℃）		－42	－39	－45	≤－33
4	水分（mg/L）		130	131	57	≤300
5	酸值（以 KOH 计）（mg/g）		0.55	0.32	0.36	—
6	颗粒度（NAS 1638）（级）		12	＞12	6	≤8
7	铜片腐蚀（100℃，3h）（级）		1a	1a	1a	≤1
8	液相锈蚀（蒸馏水）		无锈	无锈	无锈	无锈
9	旋转氧弹（150℃）（min）		212	208	304	—
10	铁含量（mg/kg）		0.0086	135.125	32.062	—
11	泡沫性（mL/mL）	24℃	0/0	20/0	0/0	≤50/0
		93.5℃	0/0	90/0	0/0	≤50/0
		后 24℃	0/0	20/0	0/0	≤50/0
12	四球机试验	烧结负荷（kgf）	315	200	500	≥250
		综合磨损指数（kgf）	59	44.10	65.9	≥45
		磨斑直径（196N，60min，54℃，1800r/min）（mm）	0.35	0.47	0.33	≤0.35
13	齿轮机试验（级）		—	—	＞12	＞12

表 12-7　　再生油和新油投运两年后的检测结果

序号	检测项目	检测结果					参考值（广研院）
		再生后投运两年后					
		新油		再生油			
		3 风机	5 风机	8 风机	9 风机	10 风机	
1	外观	棕色透明	棕色透明，底部有沉积物	棕色透明	棕色透明	棕色透明	—
2	运动黏度（40℃）（mm^2/s）	316.4	315.1	317.0	334.4	327.5	272～368
3	酸值（以 KOH 计）（mg/g）	0.87	0.83	0.41	0.43	0.37	—
4	水分（体积分数）（%）	＜0.03	＜0.03	＜0.03	＜0.03	＜0.03	＜0.05
5	污染物（NAS1638）（级）	11	11	9	9	10	≤11
6	颗粒度（粒/mL）	22/19/13	22/20/15	20/17/12	21/17/13	20/18/14	≤—/19/16
	≥4μm（c）	2082175	2885125	697575	1308800	772700	—
	≥6μm（c）	273825	520200	82325	89250	185100	≤500000
	≥14μm（c）	7425	17300	2250	5375	15825	≤64000
7	光谱分析						
	Fe	41	50	40	33	38	≤75
	Cu	0	0	0	0	0	≤30
	Cr	1	1	1	0	1	≤5
	Pb	1	0	0	0	0	≤5
	Sn	0	1	2	1	2	≤5
	Al	0	0	0	0	0	≤10
	Mn	0	0	0	0	0	—
	Ni	0	0	0	0	0	—
	Ag	0	0	0	0	0	—
	Ti	0	0	0	0	0	—
	Si	0	2	2	2	2	≤20
	Na	0	0	0	0	0	—
	V	0	0	0	0	0	—
	B	13	19	6	10	7	—
	K	0	0	0	0	0	—
	Mo	0	3	0	0	0	—
	Mg	0	9	0	0	0	—
	Ba	0	0	0	0	0	—
	Ca	0	0	0	0	0	—
	Zn	18	13	13	11	10	—
	P	376	391	208	258	234	—
8	PQ 指数	19	9175	16	17	15	≤50

注　检测单位为广州机械科学研究院有限公司。

表 12-8　某风电场试验风机主齿箱内窥镜检测结果

机位号	出厂编号	运行日期	齿轮箱检查结果
1号（新油）	090287	2010.03	(1) 后箱观察孔结合面漏油，多处油管漏油，高速轴端盖漏油； (2) 二级内齿圈、二级行星轮、高速大齿轮、高速轴齿面都有轻微磨损
2号（新油）	104019	2010.03	(1) 齿轮箱管接头漏油，风冷却器集油板漏油； (2) 二级内齿圈、二级行星轮、高速大齿轮、高速轴齿面都有轻微磨损
8号（再生油）	090268	2010.03	(1) 齿轮箱管接头漏油； (2) 二级内齿圈、二级行星轮、高速大齿轮、高速轴齿面都有轻微磨损
9号（再生油）	102086	2010.03	二级内齿圈、二级行星轮、高速大齿轮、高速轴齿面都有轻微磨损
10号（再生油）	090174	2010.03	(1) 齿轮箱管接头漏油； (2) 二级内齿圈、二级行星轮、高速大齿轮、高速轴齿面都有轻微磨损

注　检测单位为重庆重齿风力发电齿轮箱有限责任公司。

第二节　风电设备因润滑引起的故障分析

通常风力发电齿轮箱设计使用寿命为20年。在设备运行中，由于润滑不当，会对齿轮产生损伤，严重影响齿轮箱的使用寿命，下面是几种常见的故障原因分析。

一、齿面磨损

齿轮传动过程中，齿面上的相对滑动会引起磨损。凡磨损率不影响齿轮在预期寿命内的功能的磨损，称为正常磨损。正常磨损的齿面，光亮平滑，没有宏观擦痕，润滑状态良好。当齿轮在啮合过程中，由于落在工作齿面上的微小颗粒而引起的齿面磨损，称为磨粒磨损。磨粒磨损的磨损率较正常磨损大，齿面发暗，沿滑动方向，有均匀席位条横。磨粒磨损的进一步发展，会使齿轮侧隙增大，引起齿形改变。微小颗粒可来自灰尘、油脂中的杂质和污物、铁屑等。按照现代设备润滑的污染控制实践，当润滑油污染度从ISO 18/16/13增加到ISO 24/22/20时，齿轮箱寿命已降低了70%。

二、点蚀

点蚀是由于齿轮接触面上金属疲劳而形成细小的疲劳裂纹，裂纹的扩展造成的金属剥落现象。点蚀常发生在齿轮和滚动轴承表面，点蚀在开工运行的几个小时内就有可能发生，如果点蚀状态不得到及时控制，会引起更严重的设备损坏。形成点蚀的原因很多，表面粗糙和润滑选择不当是形成点蚀的主要原因。点蚀的最主要危害是磨损齿轮，齿轮形状改变，表面承载压力增大，啮合精度下降，引起噪声、振动和齿轮线向发生偏离，增加齿轮失效概率。点蚀不断扩大，最终导致断齿失效。齿轮磨损金属成为污染物进入润滑油，这些金属颗粒在齿轮箱中循环，被挤压，镶嵌在齿轮和轴承表面上，这些碎片会缩短轴承预期使用寿命20%以上。通过过滤，这些碎片能被有效去除。另外，这些碎片会对密封件造成损害，导致油品泄漏和污染物入侵。通过肉眼无法辨识点蚀，但点蚀发生后，齿面发暗。

三、微点蚀

微点蚀常见于在低速重载工况下运转的齿轮齿面上。起初人们认为微点蚀只是齿面上一种无破坏中度磨损，而将主要研究精力集中在点蚀上。但近年来一系列工业齿轮油运转失效实例表明：微点蚀的产生可影响齿轮传动精度，造成啮合副噪声增加、振动加剧，进而影响齿轮寿命。在风力发电这样的低速重载工况下运转的齿轮副中，由于其特殊的工作环境、设计结构等原因，使其存在易过载、应力集中、润滑条件苛刻等问题；另外，从齿轮制造所用材料来看，与广泛使用的 40Cr 钢及 45 号钢相比，用 40/42CrMo 超高强度钢制造出齿轮的韧性好，高温时耐久性好，抗疲劳性强，可在一定程度上抑制齿面微点蚀繁衍。但为了节省成本，目前各齿轮制造商仍采用 40Cr 钢和 45 号钢加上表面硬化处理工艺提高齿轮的承载能力和抗疲劳性，由此工艺产生的表面粗糙度和残余应力便使齿面微点蚀现象更加突出。

所有齿轮齿面上都可产生微点蚀，除前述齿面硬化处理工艺外，经其他热处理工艺如穿透淬火、感应淬火及渗氮化的齿轮也容易产生微点蚀。从设备润滑角度来看，微点蚀是工作表面处于弹性流体动压润滑和混合润滑状态下的一种表面赫兹接触疲劳破坏。表现为在此润滑状态下表面微观“尖峰”直接接触，并相互剪切，摩擦致使局部工作表面温度升高，油膜破裂、流失，局部油膜不足。这时金属与金属间，金属与润滑油之间产生压力，使金属局部表面出现连续弹、塑性变形，经过数次接触后（一般 105～106 次），表面疲劳微小裂纹出现，材料转移并损失，微点蚀形成。故抑制微点蚀产生须使润滑油能在工作表面上形成较厚的油膜，将微观“尖峰”隔开。还应借助油品添加剂的作用及整体性能来降低和抑制表面疲劳。

四、胶合

在高速、大载荷或润滑失效的情况下，两齿而直接接触形成局部高温。接触区出现较大面积粘连现象。两啮合齿面的金属“焊”合后又有相对运动，金属从齿面上撕落或从一个齿面向另一个齿面转移而引起的损伤，称为胶合。

胶合很可能是由于润滑条件不好或有干涉引起，适当改善润滑条件和及时排除干涉起因。调整传动件的参数，清除局部载荷集中，可减轻或消除胶合现象。

齿轮箱发生故障与润滑油相关，在影响齿轮和轴承失效的众多因素中，属于安装方面的原因占 16%，属于污染方面的原因也占 16%，而属于润滑和疲劳方面的原因各占 34%，使用中 70%以上的齿轮和轴承达不到预定寿命。因此，强调润滑管理，高效合理的润滑是保证机械设备长期正常运转的基本措施，是机械运转的命脉。

五、润滑油老化

任何一种润滑油在使用中一定会产生物理和化学的变化，无法维持终生的性质稳定，运行到一定期限时就必须予以更换，否则继续使用变质的润滑油就会造成设备润滑不良，零部件磨损和腐蚀，以致造成事故。

通过分析认为润滑油质量下降原因和表现如下：

（1）润滑油氧化后，油品黏度增大。油品经过长时间的使用后，所含的抗氧剂消耗殆尽，不能阻止氧化连锁反应的进行，油品中的金属粉末和氧化产物又促进了氧化反应的进一步深化，通过缩合、聚合反应生成高分子聚合物，如胶质、沥青质和油泥等，促使油品黏度上升；此外，添加剂的氧化分解也是黏度上升的原因之一。

润滑油的黏度过大，齿轮工作时克服润滑油内部摩擦所消耗的功率就增大，使得传动功率降低。润滑油的黏度过大，由于循环流动速度慢，冷却散热作用的效果就差，从而导致齿轮箱过热。同时由于循环流动速度慢，通过润滑油滤清器的次数就少，不能及时将磨损下来的金属屑、碳粒和尘土等杂质从摩擦表面上洗滤掉，使机件的清洁性变差。

(2) 润滑油氧化后，油品酸值变化。油的酸值则由于油的氧化生成酸性产物，以及极压抗磨剂热分解或水解产生酸性物质而使油的酸值增大，酸性物质会对金属产生腐蚀。

(3) 润滑油在使用中其所含的添加剂不断消耗，其抗氧化性能、抗磨能力、抗泡沫等性能都会逐渐下降。

由于风电场多分布戈壁旷野、山区风口、海边海岛等人烟稀少地区，机组又固定于几十米到上百米高塔座上，维护困难，因此对于风机来说，选择高性能长寿命的润滑剂和保证齿轮箱免遭污染至关重要。经过实践检验，对工业齿轮油在使用中经常遇到的问题及可能产生的原因及解决办法归纳到表 12-9。

表 12-9 风力发电机齿轮油在使用中遇到的问题、可能产生的原因及解决办法

问题	产生原因	解决办法
齿面锈蚀	(1) 缺少防腐防锈剂； (2) 油中含水； (3) 油品氧化生成酸性物质； (4) 油品质量有问题	(1) 补加防锈剂 T705 或 T746； (2) 经常排水； (3) 更换新油
齿轮副过热	(1) 供油不足； (2) 润滑油黏度过高； (3) 载荷过高； (4) 齿轮箱外壳尘土堆积	(1) 控制加油量； (2) 降低油品黏度； (3) 提高油品质量等级； (4) 清洁油箱环境卫生
齿面擦伤	齿面温度过高，油膜破裂	使用 L-CKD 油，保持油中活性硫含量
齿面点蚀、剥落胶合	油品黏度太低，齿面粗糙，承载负荷过高	提高油品黏度及齿面光洁度，保持油中磷含量
齿面磨粒磨损	齿轮副啮合不良、低温启动金属磨削或其他杂质	改进装配质量，低温启动前预热油、换油时清洁齿轮箱
乳化或沉淀	(1) 遇水乳化； (2) 油品氧化生成油泥、胶质不溶物，添加剂析出	(1) 使用抗乳化性好的油或补加破乳剂 T1001； (2) 提高油品质量等级，注意添加剂与基础油的相容性及添加剂的配伍性
泡沫严重	抗泡剂没分散好，局部缺少抗泡剂，油面高度不够，空气进入油中或油中含水	补加抗泡剂 T901 或 T911，控制油箱中的加油量，控制空气和水进入油中
油箱漏油	(1) 油品黏度太低； (2) 齿轮箱缺损，密封件老化	(1) 适当提高油品黏度； (2) 维修保养齿轮箱，更换密封件

思考题

1. 风力发电机主齿箱齿轮油的监督与维护要点有哪些？
2. 在用齿轮油监测主要有哪些项目？如果指标异常，该如何处理？
3. 齿轮油的更换应检测哪些指标？
4. 由润滑引起的风电设备故障有哪些？

第十三章 辅机用油

发电厂除锅炉、汽轮机和发电机等主机设备外，还使用大量的水泵、风机、磨煤机、空气压缩机等辅助设备，这些设备用油统称为辅机用油，包括齿轮油、液压油、压缩机油等。为了保证辅机用油质量，电力行业制定了 DL/T 290—2012《电厂用辅机用油运行及维护管理导则》，为辅机用油的监督维护提供指导。

第一节 齿轮油的监督与维护

一、齿轮油的监督

（一）新油的验收

新齿轮油验收时应按照 GB 5903—2011 的规定进行，或者按供货合同规定的质量要求进行。建议的入厂检测项目必须包括外观、运动黏度（40℃）、运动黏度（100℃）、黏度指数、倾点、闪点（开口）、水分、机械杂质、抗泡特性、铜片腐蚀、抗乳化性、液相锈蚀、四球机试验及旋转氧弹值。

（二）运行中齿轮油的监督

DL/T 290—2012 中就运行中齿轮油的检测项目、质量指标及检验周期做了规定，详见表 13-1。

表 13-1　运行齿轮油的质量指标及检验周期（摘自 DL/T 290—2012）

序号	项　目	质量指标	检验周期	试验方法
1	外观	透明，无机械杂质	1 年或必要时	外观目视
2	颜色	无明显变化	1 年或必要时	外观目视
3	运动黏度（40℃）（mm^2/s）	与新油原始值相差在±10%范围内	1 年或必要时	GB/T 265
4	闪点（开口杯）（℃）	与新油原始值比不低于 15℃	必要时	GB/T 267 GB/T 3536
5	机械杂质（%）	≤0.2	1 年或必要时	GB/T 511
6	液相锈蚀（蒸馏水）	无锈	必要时	GB/T 11143
7	水分	无	1 年或必要时	SH/T 0257
8	铜片腐蚀试验（100℃，3h）（级）	≤2b	必要时	GB/T 5096
9	Timken 机试验（OK 负荷）[N(1b)]	报告	必要时	GB/T 11144

二、齿轮油的更换

工业齿轮油更换与齿轮磨合情况、齿轮的载荷、齿轮油的种类和质量、润滑部位在机械中的重要性等均有关。一般情况下，用油量较少的齿轮箱可根据实践经验定期换油。如美国齿轮制造者协会（AGMA）规定正常情况下6个月换油。不与水直接接触的引进减速机使用按说明书规定4000～5000h换油，因运转条件不同也有短至2000h长至8000h的。用油多、消耗量大的大型齿轮装置集中润滑系统，由于定期补油，常根据油品变质情况按质换油。在通常情况下，工业齿轮油使用者主要根据腐蚀、锈蚀、沉淀、油泥、黏度变化和污染程度等情况，决定是否更换新油。为了定期进行质量监控，石化行业标准NB/SH/T 0586—2010规定了L-CKC、L-CKD工业闭式齿轮油的换油指标，见表13-2。

表13-2　工业闭式齿轮油换油指标的技术要求和实验方法（摘自NB/SH/T 0586—2010）

项目	L-CKC换油标准	L-CKD换油标准	试验方法
外观	异常[a]	异常[a]	目测
运动黏度（40℃）变化率（%）	>±15	>±15	GB/T 265
水分（质量分数）（%）	>0.5	>0.5	GB/T 260
机械杂质（质量分数）（%）	≥0.5	≥0.5	GB/T 511
铜片腐蚀（100℃，3h）（级）	≥3b	≥3b	GB/T 5096
梯姆肯OK值（N）	≥133.4	≥178	GB/T 11144
酸值增加（以KOH计）（mg/g）	—	≥1.0	GB/T 7304
铁含量（mg/kg）	—	≥200	GB/T 17476

a　外观异常是指使用后油品颜色与新油相比变化非常明显（如由新油的黄色或棕黄色等变为黑色）或油品中能观察到明显的油泥状物质或颗粒状物质等。

三、齿轮油监督维护案例

1. 概况

2011年2月，某电厂600MW亚临界火电机组，在油质日常监督时发现4c磨煤机使用的美孚SHC320号齿轮油（约1500L）外观颜色变深、酸值偏高、抗氧化性和防锈性差，可能是运行油温高或局部过热、油被机械杂质污染、添加剂缺失等原因造成的。

2. 措施

齿轮油抗氧化性差容易发生氧化变质，氧化产生的酸腐蚀金属、产生的油泥和漆膜影响齿轮的正常润滑。齿轮油防锈性差容易发生齿轮生锈，点蚀造成应力集中，严重时会出现齿轮断裂；齿轮传动机构中的许多铜或铜合金部件也会被腐蚀，造成齿轮传动系统故障。

4c磨煤机齿轮油量约1500L，为了保障磨煤机正常工作和降低用油成本（换油成本高），2011年10月，采用西安热工研究院的在线再生脱水净化处理装置进行旁路净化处理，处理后该齿轮油达到新油验收标准，投入了正常使用。

第二节　液压油的监督与维护

一、液压油的监督

1. 新油的验收

为了保证运行中液压油的质量，对新油的验收是非常重要的一个环节，一定要严格把关，按照新油的标准逐项进行。有一项不符合标准，都不能注入设备内，避免给运行带来麻烦。液压油的入厂检测的项目必须包括运动黏度、密度、色度、外观、黏度指数、倾点、酸值、水分、机械杂质、铜片腐蚀、液相锈蚀、泡沫性、空气释放值、抗乳化性、颗粒污染度、旋转氧弹和硫酸盐灰分。

建议增加的检验项目包括闪点、皂化值、剪切安定性、密封适应性指数、黏滑特性、磨斑直径、水解安定性、热稳定性、过滤性、齿轮机试验。

2. 运行中液压油的监督

电力行业运行中液压油的监督按照DL/T 290—2012进行检验。具体指标、检验周期及试验方法见表13-3。

表13-3　　运行液压油的质量指标及检验周期（摘自DL/T 290—2012）

序号	项目	质量指标	检验周期	试验方法
1	外观	透明，无机械杂质	1年或必要时	外观目视
2	颜色	无明显变化	1年或必要时	外观目视
3	运动黏度（40℃）（mm^2/s）	与新油原始值相差在±10%范围内	1年或必要时	GB/T 265
4	闪点（开口杯）（℃）	与新油原始值比不低于15℃	必要时	GB/T 267 GB/T 3536
5	洁净度（NAS 1638）（级）	报告	1年或必要时	DL/T 432
6	酸值（以KOH计）（mg/g）	报告	1年或必要时	GB/T 264
7	液相锈蚀（蒸馏水）	无锈	必要时	GB/T 11143
8	水分	无	1年或必要时	SH/T 0257
9	铜片腐蚀试验（100℃，3h）（级）	≤2a	必要时	GB/T 5096

二、液压油的维护

1. 预防颗粒污染

造成油品颗粒污染的原因很多，主要包括外部污染和工作过程中系统产生的污染。预防颗粒污染的关键是对系统进行良好的维护，包括系统运行前的清洗、运行中的过滤、加强密封和空滤、保持环境清洁等。为了保证油系统的清洁，用户一般对油品进行过滤后再加注到系统中。

2. 预防水污染

液压油中的水污染主要来自于空气中的潮气浸入和冷却器中的水泄漏。水污染会增加对金属的腐蚀，加速油品变质，使油品的润滑性下降。针对液压油中的水污染，除了采取一些预防措施，如加强密封、安装油箱呼吸孔干燥器、定期检修冷却器等，更重要的是及时分离并去除液压油中混入的水分，如使用真空设备进行脱水处理。

3. 预防空气污染

当油箱中吸入管半露于最低液面或淹没深度不够，吸入段密封不严，或者回油管高出最低油面，这些情况都会使气体进入液压油中。空气进入液压系统会造成气蚀，产生噪声、振动和爬行，油温升高，润滑性能下降，空气中的氧气也会加剧油品的氧化变质，缩短油品的使用寿命。

针对液压油的空气污染，所采取的维护措施一般是设备维护，如经常检查吸油口的状况，必要时清洗或更换吸油过滤器；检查各吸油管部分接头、焊缝的密封；检查油箱液位；定期对液压缸及相关管路进行排气；条件允许时可配备除气装置等。

4. 控制液压油使用温度

油温过高是造成液压油失效的第二大原因，控制液压油的使用温度对油品的使用寿命十分重要。油温升高会加速油品的氧化变质，同时氧化生成的酸性物质也会导致金属元件的腐蚀，油温过高还会加速密封件的老化变形，造成漏油。

防止系统油温上升的措施是加强冷却，一般由系统冷却器实现。对于一般的液压系统温度，通常控制油温不超过65℃，对于介质黏度比较低的液压系统，应控制油温更低些。如果利用冷却器不能达到上述效果，则可能需要清洗冷却器。但在实际工作过程中，由于过热只是发生在设备的局部位置，除非发生重大故障，油温一般不会发生剧烈的上升。因此，通过监测油液温度，很难发现过热问题。设计缺陷、颗粒污染、局部的气蚀都会造成油品局部过热。排除系统的设计缺陷因素，油品局部过热问题是油品污染的综合体现，要想预防油品局部过热，最根本的措施还是加强对油液的检测和维护。

三、液压油的更换

当有其他油品混入，或由外界尘土、金属碎末、锈蚀粒子和水等物质引起液压油的污染时，都可以急剧地缩短液压油的使用寿命。液压油在使用一定时间后，由于空气、水、机械杂质的作用会产生氧化变质，需及时更换新油，否则会造成系统工作不正常，甚至会腐蚀和损坏液压系统元件。对运行液压设备中的液压油应定期取样化验，一旦油中的理化指标达到换油指标后（单项达到或几项达到）就要换油。石化行业标准SH/T 0476—1992《L-HL液压油换油指标》规定了我国HL液压油的换油指标，NB/SH/T 0599—2013《L-HM液压油换油指标》规定了L-HM液压油的换油指标，见表13-4和表13-5。

表13-4　L-HL液压油的换油指标（摘自SH/T 0476—1992）

项目	换油指标	试验方法
外观	不透明或浑浊	目测
运动黏度变化率（40℃）（%）	>±10	GB/T 265
色度变化（比新油）（号）	≥3	GB/T 6540
酸值（以KOH计）（mg/g）	>0.3	GB/T 264
水分（%）	>0.1	GB/T 260
机械杂质（%）	>0.1	GB/T 511
铜片腐蚀（100℃，3h）（级）	≥2	GB/T 5096

表13-5　L-HM液压油换油指标的技术要求和试验方法（摘自NB/SH/T 0599—2013）

项目	换油指标	试验方法
40℃运动黏度变化率（%）	>±10	GB/T 265及SH/T 0599—2013的3.2
水分（质量分数）（%）	>0.1	GB/T 260
色度增加（号）	>2	GB/T 6540
酸值增加[a]（以KOH计）（mg/g）	>0.3	GB/T 264、GB/T 7304
正戊烷不溶物[b]（%）	>0.10	GB/T 8926 A法

续表

项目	换油指标	试验方法
铜片腐蚀（100℃，3h）（级）	＞2a	GB/T 5096
泡沫特性（24℃）（泡沫倾向泡沫稳定性）（mL/mL）	＞450/10	GB/T 12579
颗粒污染度[c]	＞—/18/15 或 NAS 9	GB/T 14039 或 NAS 1638

a　结果有争议时以 GB/T 7304 为仲裁方法。

b　允许采用 GB/T 511 方法，使用 60～90℃石油醚作溶剂，测定试样机械杂质。

c　根据设备制造商的要求适当调整。

第三节　空气压缩机油的监督与维护

一、空气压缩机油的监督

1. 新油验收

DAA、DAB 新油验收时应按照 GB 12691—1990 的规定进行或者按供货合同规定的质量要求进行，对于回转式空气压缩机油验收，应按照 GB 5904—1986 的规定进行或者按供货合同规定的质量要求进行。建议入厂检测项目必须包括黏度、黏度指数、倾点、闪点、铜片腐蚀、泡沫特性、破乳化性、液相锈蚀、残碳、机械杂质、旋转氧弹、水分、水溶性酸碱。

2. 运行中空气压缩机油的监督

DL/T 290—2012 中就运行中空气压缩机油的检测项目，质量指标及检验周期做了规定，详见表 13-6。

表 13-6　　运行空气压缩机油的质量指标及检验周期（摘自 DL/T 290—2012）

序号	项目	质量指标	检验周期	试验方法
1	外观	透明，无机械杂质	1 年或必要时	外观目视
2	颜色	无明显变化	1 年或必要时	外观目视
3	运动黏度（40℃）（mm^2/s）	与新油原始值相差在±10%范围内	1 年、必要时	GB/T 265
4	洁净度（NAS 1638）（级）	报告	1 年或必要时	DL/T 432
5	酸值（以 KOH 计）（mg/g）	与新油原始值比增加不大于 0.2	1 年或必要时	GB/T 264
6	液相锈蚀（蒸馏水）	无锈	必要时	GB/T 11143
7	水分（mg/L）	报告	1 年或必要时	GB/T 7600
8	旋转氧弹（150℃）（min）	≥60	必要时	SH/T 0193

二、压缩机油的更换

压缩机油的换油，随着压缩机的构造形式、压缩介质、操作条件、润滑油方式和润滑油质量不同而异。使用中应定期取样，观察油品颜色和颗粒污染度，并定时分析油品黏度、酸值、正戊烷不溶物等油品的理化性能指标。NB/SH/T 0538—2013《轻负荷喷油回转式空气压缩机油指标》的规定见表 13-7。规定凡达到指标之一者，应更换新油。

表 13-7 轻负荷喷油回转式空气压缩机油指标（摘自 NB/SH/T 0538—2013）

项 目	换油指标	试验方法
运动黏度变化率（40℃）（%）	>±10	GB/T 265
酸值增加值（以 KOH 计）（mg/g）	>0.2	GB/T 264
正戊烷不溶物（%）	>0.2	GB/T 8926
润滑油氧化安定性（旋转氧弹 150℃）（min）	<50	SH/T 0193
水分（%）	>0.1	GB/T 260

思考题

1. 在实际工作中，如何应用 L-CKC 工业齿轮油的换油指标？
2. 液压油在使用过程中，其维护应注意那些问题？
3. 在实际工作中，如何应用 L-HM 液压油的换油指标？

第三篇

油品检验分析及操作

第十四章　电力用油通用试验方法

第一节　取样方法及操作要点

一、方法概要

电力用油取样标准方法见 GB/T 7597—2007。GB/T 7597—2007 规定了从变压器类电气设备、汽轮机、水轮机、调速系统中取变压器油、汽轮机油（含抗燃油）样品的方法，也规定了从油桶、油罐、油槽车中取样的方法。

二、操作要点

1. 取样工具及准备工作

取样工具及准备工作见表 14-1。

表 14-1　　取样工具及准备工作

项目	取样工具	准备工作	满足特殊要求的检查方法
常规分析	500～1000mL 的清洁干燥磨口具塞试剂瓶	先用洗涤剂进行清洗，再用自来水冲洗，最后用蒸馏水洗净，烘干、冷却后，盖紧瓶塞，粘贴标签待用	无
水分、油中溶解气体、含气量分析	10、20mL 或 100mL 清洁干燥、头部带有小胶头、气密性好的玻璃注射器	使用前，应顺序用有机溶剂、自来水、蒸馏水洗净，在 105℃下充分干燥，或采用吹风机热风干燥。干燥后，应立即用小胶头盖住头部，粘贴标签待用（最好保存在干燥器中）	注射器的气密性检查：用玻璃注射器取可检出氢气含量的油样储存至少两周，在储存开始和结束时，分析样品中的氢气含量，合格的注射器，每周允许损失的氢气含量应小于 2.5%
颗粒度	250mL 颗粒度专用取样瓶	先将取样瓶、瓶盖、塑料薄膜衬垫清洗干净，再依次用自来水、蒸馏水、经孔径为 0.8、0.45、0.3μm 的微孔滤膜过滤后的清洁水冲洗，完成后放在洁净室内自然晾干	取样瓶洁净度的检查：向清洗后取样瓶中注入总容积 45%～55%的清洁液，垫上薄膜，盖上瓶盖后充分摇动，用自动颗粒计数仪测定每 100mL 液体中粒径大于 5μm 的颗粒数不应超过 100 粒
油桶内取样	取样管	取 2～3 根取样管，洗净自然干燥后两端用塑料帽封住，待用	无
油罐或油槽车内取样	取样勺	洗净自然干燥后，待用	无

2. 取样部位和取样方法

（1）从油桶中取样。

1）取样部位。从污染严重的底部取样，必要时可抽查上部油样。

2）取样方法。开启桶盖前需用干净白布将桶盖外部擦净，开盖后用清洁、干燥的取样管取样。从整批油桶中取样时，取样的桶数应能足够代表该批油的质量，具体规定见表14-2，每次试验应按表14-2规定取数个单一油样，均匀混合成一个混合油样。

表14-2　油桶总数与应取桶数（摘自GB/T 7597—2007）

取样数	1	2	3	4	5	6	7	8
油桶总数	1	2～5	6～20	21～50	51～100	101～200	201～400	>400
取样桶数	1	2	3	4	7	10	15	20

（2）油罐或槽车中取样。

1）取样部位。从污染最严重的油罐底部取样，必要时可用取样勺抽查上部油样。

2）取样方法。用取样勺取样。

（3）电气设备中取样。

1）取样部位。对于充油电气设备，从下部阀门（含密封取样阀）处取样；对于需要取样的套管，停电检修时从取样孔取样；对于没有取样阀和取样口的设备，在停电或检修时设法取样；进口全密封无取样阀的设备，按制造厂规定取样。

2）取样方法。取样前，需用干净的白布将阀门外部擦净，旋开螺帽，接上取样用的耐油管，再放油将管路冲洗干净，然后用取样瓶取样，结束后旋紧螺帽。

（4）汽轮机（或水轮机、调相机、大型汽动给水泵）油系统中取样。

1）取样部位。对于汽轮机油，从油系统冷油器取样；对于抗燃油从油箱底部回油侧的取样口取样。检查脏污及水分时，从油箱底部取样。

2）取样方法。取样前用干净的白布将取样阀门擦拭干净，冲洗管道排出循环不充分的死角油样，然后将能代表本体的样品采入取样容器中。

（5）变压器油中水分、油中含气量和油中溶解气体组分含量分析取样。

1）取样部位。一般可以在设备底部取样阀取样，在特殊情况下可以在不同取样部位取样。

2）取样方法。取下设备放油阀处的防尘罩，旋开螺丝让油徐徐流出，将放油接头安装于放油阀上，并使放油胶管置于放油接头的上部，排除接头内的空气，待油流出，然后将导管、三通、注射器依次接好，装于放油口，排除放油阀门的死油，并冲洗连接导管，润湿和冲洗注射器后（注射器要冲洗2～3次），借设备的自然压力使油缓缓进入注射器，当达到所需样品量时，立即旋转三通与本体隔绝，从注射器上拔下三通，在小胶头内的空气泡被油置换之后，盖在注射器头部，放在专用油样盒内。

（6）颗粒度检测取样。

1）取样部位。汽轮机油和抗燃油应从油箱底部回油侧取样口取样；变压器油应从变压器本体底部取样口取样。

2）取样步骤。应先用干净绸布沾取石油醚擦净阀口，再打开、关闭取样阀3～5次以冲洗取样阀，并放出取样管路内存留的油。在不改变通过取样阀液体流量的情况下，移走污油瓶，接入取样瓶取样200mL后，移走取样瓶，再关闭取样阀，盖好取样瓶。

（7）取样注意事项。

1）冲洗管道时，排出全部循环不充分的死角油样。

2）颗粒度取样时，避免外界环境污染油样。

3）变压器油中水分和油中溶解气体分析取样应在晴天进行，要求取样过程全密封，既不能让油中溶解的水分和气体逸散，也不能混入空气，操作时油中不能产生气泡。

4）采取油样后应尽快分析，做油中溶解气体检测的油样不得超过 4 天，做油中水分含量检测的油样不得超过 7 天。

5）油样运输和保存期间必须避光，并保证注射器芯能自由滑动。

第二节　通用项目试验方法及操作

一、运动黏度

（一）方法概要

在规定的恒定温度下，测定一定体积的液体在重力下流过一个标定好的玻璃毛细管黏度计的时间，黏度计的毛细管常数与流动时间的乘积，即为油样在该温度下的运动黏度。测试的标准方法见 GB/T 265—1988。

（二）操作要点

1. 仪器

（1）黏度计。

1）黏度计选用玻璃毛细管黏度计应符合 SH/T 0173—1992《玻璃毛细管黏度计技术条件》的要求，毛细管的横截面要呈圆形，在整个长度上的直径均匀一致，不允许有膨大、歪斜和弯曲现象。所有焊接处应保持圆滑，由较宽部分过渡到狭窄部分的焊接处要成光滑的喇叭口。环标线必须清晰地刻在垂直管轴的平面上，不允许有断线。

根据试验温度选用黏度计，务必使试样的流动时间不少于 200s，内径 0.4mm 的黏度计，流动时间不少于 350s。主要目的是限制液体在毛细管中流动的速度，保证液体在管中的流动为层流。若流动速度过快，会形成湍流；若液体流动过于缓慢，虽可以获得层流，但由于测定时间内不易保持恒温，温度的波动会影响测定结果。

2）黏度计的检定。每支黏度计必须按照 JJG 155—2016《工作毛细管黏度计检定规程》进行检定并确定常数。

3）黏度计的清洗。在测定试样的运动黏度之前，必须将黏度计用溶剂油或石油醚清洗，如果黏度计沾有污垢，用铬酸洗液、水、蒸馏水、95%的乙醇依次洗涤。然后放在烘箱中烘干或用通过棉花滤过的热空气吹干。

（2）恒温浴。恒温浴应带有透明壁或装有观察孔，高度不小于 180mm，容积不小于 2L，并且附设自动搅拌装置和一种能够准确地调节温度的电热装置。温度必须控制在测试温度的±0.1℃内。不同温度下使用的恒温浴液体见表 14-3。

（3）计时器。秒表，精度 0.1s，必须定期检定合格。

（4）温度计。

1）温度计的最小刻度为 0.1℃，必须定期检定合格。

2）温度计在恒温浴中放置的位置：水银球的位置接近毛细管中央点的水平面，并使温度计上要测温的刻度位于恒温浴的液面上 10mm 处。

表 14-3 不同温度下使用的恒温浴液体

测定的温度（℃）	恒温浴液体
50～100	透明矿物油（最好加有抗氧化添加剂，延缓氧化，延长使用时间），丙三醇（甘油）或25%硝酸铵水溶液（该溶液的表面会浮有一层透明的矿物油）
20～50	水
0～20	水与冰的混合物，或乙醇与干冰（固体二氧化碳的混合物）
−50～0	乙醇与干冰（固体二氧化碳的混合物）；在无乙醇的情况下，可用无铅汽油代替

3）使用全浸式温度计时，温度计的测温刻度应全部浸入恒温浴中，如果它的测温刻度露出恒温浴的液面，应依照 GB/T 265—1988 中的温度补正公式计算补正温度，试验时，试验要求温度减去补正温度的差作为温度计上的读数。

2. 样品前处理

试样中含有水分或机械杂质时，测定运动黏度前必须经脱水处理，用滤纸过滤除去机械杂质。因有杂质存在，会影响油品在黏度计内的正常流动。杂质黏附于毛细管内壁会使流动时间增大，测定结果偏高。有水分时，水分在高温时会汽化，低温时会凝结，均影响油品在黏度计内正常流动，使测定的结果准确性差。

3. 试验步骤

（1）将恒温浴调整到规定的温度，把装好试样的黏度计浸入恒温浴内，毛细管黏度计上部的扩张部分一半必须浸入恒温浴中。

（2）因油的黏度随温度的升高而减小，随温度的降低而增大，故测定运动黏度时严格按规定恒温，是测定油品黏度的重要条件之一。

（3）测试时，试样中不能含有气泡，试样中存在气泡，装入毛细管后可能形成气塞，增大油品流动的阻力，使流动时间增长，测定结果偏高。

（4）测定运动黏度时，将黏度计调整成垂直状态。若黏度计的毛细管倾斜时，会改变液柱高度，从而改变了静压的大小，使测定结果产生误差。

二、黏度指数

（一）方法概要

黏度指数是表明运动黏度和温度关系的一个数值，由 40℃和 100℃下的运动黏度计算得到。标准测试方法见 GB/T 1995—1998《石油产品黏度指数计算法》。

（二）操作要点

严格遵照 GB/T 265—1988 的操作要求，准确测试样品 40℃和 100℃下的运动黏度。

三、酸值

（一）方法概要

目前电力用油酸值测定方法涉及以下 4 种：

（1）GB/T 264—1983，目前运行中的变压器油、汽轮机油、抗燃油、空气压缩机油、液压油和发电机用油酸值检测采用该方法；

(2) GB/T 28552—2012《变压器油、汽轮机油酸值测定法（BTB法）》适用于检测运行中变压器油、汽轮机油的酸值；

(3) GB/T 4945—2002《石油产品和润滑剂酸值和碱值测定法（颜色指示剂法）》，新的汽轮机油、空气压缩机油和液压油的酸值检测采用该方法；

(4) NB/SH/T 0836—2010《绝缘油酸值的测定自动电位滴定法》，新变压器油酸值检测采用该方法。

GB/T 264—1983 和 GB/T 28552—2012 规定的方法原理是用沸腾乙醇抽出试样中的酸性成分，然后用已知浓度氢氧化钾乙醇溶液进行滴定，根据滴定消耗的氢氧化钾乙醇溶液体积及浓度和测试用试油的质量计算出油品的酸值。GB/T 4945—2002 的方法原理是将试样溶解在含有少量水的甲苯和异丙醇混合溶剂中，使其成为均相体系，在室温下用已知浓度的氢氧化钾异丙醇溶液进行滴定，根据滴定消耗的氢氧化钾异丙醇溶液体积及浓度和测试用试油的质量，计算出油品的酸值。NB/SH/T 0836—2010 的测试原理是将试样溶解在含有少量水的甲苯和异丙醇混合溶剂中，使其成为均相体系，在加氮气保护下，用已知浓度氢氧化钾异丙醇溶液进行电位滴定，对电位表的读数和滴定液的体积自动进行作图，当 pH 值为 11.5 时，读取相应的体积作为滴定终点，然后根据氢氧化钾异丙醇溶液体积及浓度和测试用试油的质量，计算出油品的酸值。

(二) 操作要点

1. 指示剂

(1) 碱兰 6B 指示剂。

1) 变色的灵敏性：煮热的碱兰 6B 指示剂澄清溶液中加入 1～2 滴碱溶液，应能使指示剂溶液从蓝色变成浅红色，而在冷却后又能恢复成为蓝色，若不能满足，应用 0.05mol/L 的氢氧化钾乙醇溶液或 0.05mol/L 的盐酸溶液中和碱兰 6B 指示剂，使其可满足上述颜色变化。

2) 有效期。指示剂的使用时间不超过 3 个月。

(2) BTB 指示剂的配制应用 0.1mol/L 氢氧化钾乙醇将配制好的指示剂溶液中和至 pH＝5.0。指示剂的使用时间不超过 3 个月。

2. 标准碱溶液

(1) 配制氢氧化钾乙醇或氢氧化钾异丙醇溶液时，应震荡至氢氧化钾完全溶解并静置 24h 后。通过将上层溶液慢慢倾倒入酸值滴定管下的容器中或过滤到试剂瓶中，等待标定。

(2) 标定用邻苯二甲酸氢钾应为基准试剂，使用前须在 105～110℃的烘箱中干燥至恒重。

(3) 用邻苯二甲酸氢钾标定氢氧化钾乙醇溶液或氢氧化钾异丙醇溶液时，应通过滴空白的方式扣除水中溶解的二氧化碳的影响。

(4) 用碱溶液滴定、达到滴定终点时，加有酚酞指示剂的溶液应呈现持续的粉红色。

(5) 异丙醇的体积膨胀系数较大，氢氧化钾异丙醇溶液的标定温度应与试验温度接近。

(6) 标准氢氧化钾乙醇溶液或氢氧化钾异丙醇标定后出现白色沉淀或标定日期超过 2 个月时，应重新标定。

(7) 标准碱溶液应密闭存储，避免空气中的二氧化碳溶入，改变其浓度。

3. 电位滴定法中电极的清洗和保养

(1) 电极的清洗。电极先用异丙醇清洗，再用水清洗。每一次滴定后，把电极浸入水中，去除黏在电极外面的电解液，然后让多余的水流出，浸入足够时间以消除对下次测定的影响。使用时，拿开参比电极上的所有塞子，电极中的电解液水平面要保持高于容器内液面，以阻止污染电极。

(2) 玻璃电极的保养。每周清洗电极，将玻璃电极顶端浸入 0.1mol/L 的盐酸中 12h，随后用水清洗。如果需要进一步清洗，把玻璃电极的顶端浸入洗液 5min，随后用水清洗。如果电极经常使用，这种处理一月一次。不使用时，把电极下半部分浸入水中，不要让电极干透。

(3) 参比电极的保养。参比电极每周至少更换一次饱和氯化钾异丙醇电解液，不使用时，电极应浸入氯化钾异丙醇电解液中，并保持电极中的电解液面高于所浸流体的液面，储存期间用塞子封闭充液孔。

4. 样品的预处理

当运行油样中可观察到明显的沉淀时，由于沉淀物有的呈酸性，有的从样品中吸附了酸性组分，直接取样测试可能导致测试结果出现偏差，需对样品处理如下：将油样加热到 60℃±5℃，并搅拌至所有的沉淀都均匀地分布在油中，然后将样品或部分样品通过 100 目的筛网过滤，以除去大的污染颗粒。

5. 注意事项

(1) 对于 GB/T 264—1983 和 GB/T 28552—2012。

1) 对于颜色较深或酸值较大的油样，可以适当减少油样的称取量。

2) 对于滴定终点颜色变化不明显的试样，用碱兰 6B 作指示剂时，以溶液的蓝色消失为终点，用 BTB 作指示剂时，溶液由黄色变为黄绿色为终点。

3) 测定酸值时需排除二氧化碳对酸值的干扰。室温下空气中的二氧化碳极易溶于乙醇中(二氧化碳在乙醇中的溶解度是水中的 3 倍)。滴定时必须趁热，避免二氧化碳溶解其中，锥形瓶停止加热到滴定停止不能超过 3min。

4) 指示剂不能超过标准中规定的用量，否则会造成较大的误差。因为指示剂是酸性有机化合物，会消耗碱，影响测定结果的准确度。

(2) 对于 GB/T 4945—2002。

1) 观察深色油品的滴定终点时，再加入最后几滴标准溶液，颜色发生变化时，用力摇动瓶子，以产生少量泡沫，并在试验台的白色荧光灯下观察滴定液。

2) 试验温度与氢氧化钾异丙醇溶液的标定温度接近。

(3) 对于 NB/SH/T 0836—2010。

1) 氮气通过的二氧化碳过滤器要定期更换，保证除去残留的二氧化碳。

2) 应定期对自动电位滴定仪进行校准，保证其准确度。

3) 温度对缓冲溶液的 pH 值有重要影响，溶液保存的温度尽可能与仪器制造商校正仪器的温度一致。

四、水分

(一) 方法概要

目前电力用油的水分检测涉及以下 4 种方法：

1. GB/T 7600—2014

通过测试样品中水分电解过程中消耗的电量，根据法拉第电解定律，进而计算出水分的含量，新的变压器油和抗燃油、运行中的变压器油、汽轮机油、抗燃油和空气压缩机油的水分含量检测采用该方法。

2. GB/T 260—2016《石油产品水含量测定 蒸馏法》

通过将一定量的试样与无水溶剂混合，对混合样进行蒸馏，将其中的水分收集到接收器中，测出试样中的水分含量。新的液压油、齿轮油和空气压缩机油的水分含量检测采用该方法。

3. GB/T 11133—2015《石油产品、润滑油和添加剂中水含量测定 卡尔费休库仑滴定法》

用卡氏滴定液滴定已知含水量的试样溶剂，通过外接微安表判断滴定终点，计算出卡氏滴定液的滴定度。然后将一定量的试样加入滴定瓶中，用卡氏滴定剂进行滴定，测试达到滴定终点消耗的卡氏滴定剂的体积，进而计算出样品中的水分含量。

新汽轮机油水分检测可采用GB/T 11133—2015和GB /T 7600—2014，但是仲裁试验须采用GB/T 11133—2015。

4. SH/T 0257—1992《润滑油水分定性试验法》

通过将试样加热到指定温度，用听声响的方法定性判断试样中是否含有水分。运行中液压油、齿轮油的水分含量检测采用该方法。

（二）操作要点

1. GB/T 7600—2014

（1）库仑法测量水分含量的关键之一是卡氏试剂。它是由碘、二氧化硫、吡啶和无水甲醇组成混合试剂，所用的各种药品必须无水，配制过程中严防潮气进入。

（2）测试过程中电解池的搅拌速度不能太快或太慢，使电解液呈一旋涡状态。

（3）进样用的注射器和校准用的微量注射器应定期检定合格。

（4）用检定合格的微量注射器量取纯水定期对水分测定仪进行校准。

（5）用注射器取样后将针头扎入电解池上的进样口，口上垫一小块聚四氟乙烯橡胶，要一次扎入进样，若几次才能扎入，会使样品损失，导致结果偏低。

（6）注射器取样时，在液体中不能有气泡，若有气泡要将其排出，否则影响测试结果。

（7）电解池内试样较多时，可以用注射器抽吸出，并用标样对仪器进行校正，当测定结果在规定范围之内，说明卡氏试剂还可继续使用。

2. GB/T 260—2016

（1）试样必须有代表性，测定前要混合均匀。

（2）溶剂（工业溶剂油或直馏汽油在80℃以上的馏分）必须脱水，水分蒸馏仪必须干燥。

（3）蒸馏前应向烧瓶中放入几粒无釉磁片，以便在瓶中液体热至沸腾时能形成许多细小的空气泡，使液体均匀沸腾，不会发生爆沸。

（4）对于含水量多的油品，蒸馏时，不能加热太快。避免产生强烈的沸腾现象，造成液体冲出，致使试验报废。

（5）加热过快或塞子漏气会使部分蒸汽不经冷凝而逸出，造成试验结果不准。

（6）当试样中水分超过10%时，可酌情减少试样。但也要注意试样称量太少时，会降低试样的代表性，影响测定结果的准确性。

3. GB/T 11133—2015

（1）卡氏试剂的原液和滴定液的配制过程中，严防潮气进入，所用试剂必须无水。

(2) 卡氏试剂滴定液对水的滴定度应为 2～3mgH_2O/mL。

(3) 滴定过程中不能调节终点显示器的电位器旋钮。

(4) 每天试验前必须对卡氏滴定液进行标定。

(5) 移取试样的注射器或移液管必须干燥。

五、闪点

(一) 方法概要

在规定条件下，将油品加热，随油温的升高，油蒸汽及热分解产物在液面空气中的浓度也随之增加，当升到某一温度时，油蒸汽和空气组成的混合物与火焰接触发生瞬间闪火时的最低温度称为油品的闪点。闪点测定仪分为闭口和开口两种形式。一般开口闪点仪所测得结果总比闭口闪点仪测定的结果高，因为开口闪点仪所形成的蒸汽能够自由地扩散到空气中，会损失掉一部分油蒸汽。挥发性较大的轻质油品和在密闭容器内使用的油品如变压器油多用闭口杯法测定，采用的标准是 GB/T 261—2008《闪点的测定　宾斯基-马丁闭口杯法》。汽轮机油、抗燃油、液压油、齿轮油等采用开口杯法测定，采用的标准是 GB/T 3536—2008《石油产品闪点和燃点的测定　克利夫兰开口杯法》，运行汽轮机油和辅机用油闪点的测定也可采用 GB/T 267—1988《石油产品闪点与燃点测定法（开口杯法）》。

(二) 操作要点

(1) 测试准确性与加入试油量有关，在闭口闪点仪的杯内盛的试油量多，测得结果偏低；试油量少测得结果偏高。因为油量多少与液面以上的空间容积有关，从而影响油蒸汽和空气混合物的浓度。

(2) 点火用的火焰大小、离液面高低及停留时间与测试结果有关。点火用球形火焰直径比规定大，则所得结果偏低。火焰在液面移动的时间愈长、离液面愈低，则所得结果偏低。反之，则较正常值偏高。

(3) 加热速度应按规定进行，若加热速度快时，单位时间给予油品的热量多，蒸发快，使空气中油蒸汽浓度提前达到闪点，测定结果偏低。加热速度慢时，测定时间长，点火次数多，损耗了部分油蒸汽，推迟了使油蒸汽和空气的混合物达到闪火浓度的时间，使结果偏高。

(4) 报告试验结果时，应报告修正到 101.3kPa 大气压下的闪点，修正公式仅限于 98.0～104.7kPa 大气压下的准确修正。

(5) 建议每年至少一次用已知闪点的标准物质对闪点仪进行校准，保证仪器整体的准确度。

六、T501 抗氧剂含量的测定

(一) 方法概要

目前电力用油 T501 抗氧剂含量的检测涉及以下 4 种方法。

1. SH/T 0802—2007《绝缘油中 2,6-二叔丁基对甲酚测定法》

该方法是利用变压器油中由于添加了 T501 抗氧化剂后，在其红外谱图中出现 3650cm^{-1}酚羟基伸缩振动吸收峰，该吸收峰的吸光度与其浓度成正比关系。将基础油中添加不同已知含量的 T501 抗氧剂，配制成标准溶液；分别将基础油和测试样品装入两个光程长度相同液体试验池中，将装有基础油的试验池放入双光路红外光谱仪的参比光路内，将装有样品的试验池放入样品光路内，测试并得到 3800～3400cm^{-1}红外光谱图。用标准溶液的浓度和其在 3650cm^{-1}对应的吸光度绘制标准曲线，用样品测得的吸光度从标准曲线中得知其所含的T501抗氧剂含量。新变压器油中T501抗氧剂含量检测采用该方法。

2. GB/T 7602.3—2008《变压器油、汽轮机油中T501抗氧剂含量测定法（第3部分：红外光谱法）》

原理与SH/T 0802相同，差别在于该方法采用的仪器红外分光光度计，只有一个光路，测试时不需参比溶液，只需一个适合程长的液体试验池即可。该方法适用于新的和运行中的变压器油和汽轮机油的T501抗氧剂含量的检测。

3. GB/T 7602.1—2008《变压器油、汽轮机油中T501抗氧剂含量测定法（第1部分：分光光度法）》

以石油醚、乙醇作溶剂，磷钼酸作显色剂，T501抗氧剂与磷钼酸在碱性溶液中形成钼兰络合物，该物质在700nm处的吸光度与T501抗氧剂含量成正比，配制不同已知T501抗氧剂含量的标准样品，用分光光度计测试每个标准样品在700nm处的吸光度，绘制出吸光度和T501抗氧剂含量的标准曲线，然后测试待测样品在700nm处的吸光度，根据标准曲线得到样品中T501抗氧剂含量。

4. GB/T 7602.2—2008《变压器油、汽轮机油中T501抗氧剂含量测定法（第2部分：液相色谱法）》

该方法是用甲醇萃取待测油样中的T501抗氧剂，用高效液相色谱仪分析甲醇中T501抗氧剂吸收峰的峰面积，并测试已知T501抗氧剂含量标样的吸收峰的峰面积，根据吸收峰的峰面积与T501抗氧剂含量成比例的关系，得到样品中T501抗氧剂含量。

（二）操作要点

1. SH/T 0802—2007

（1）最好用配制绝缘油的基础油做参比油和配制标准溶液的基础油，这样参比油和测试样品的结构接近，测得的T501抗氧剂含量更接近真实值。

（2）参比光路和样品光路中的液体试验池必须相匹配。测试方法是将两个液体试验池中分别装入相同的基础油和四氯化碳的混合物，分别放入红外光谱仪的样品光路和参比光路内，进行红外扫描，调换位置后再次进行红外扫描，如果得到的红外谱图在3800～3400cm^{-1}内均为透光率为95%～100%的直线，表明两个液体试验池相匹配。

（3）液体试验池中的样品和参比溶液必须充满，不能含有气泡。

2. GB/T 7602.3—2008

（1）用基础油配制标准样品，基础油须满足用红外分光光度计检测时，在3650cm^{-1}不出现吸收峰，即检测不出T501抗氧剂。

（2）用注射器将标准油或试油注入液体吸收池时，应缓慢不能有大、小气泡，否则要用吸耳球把油吸出，重新注入油样。

（3）液体吸收池应用四氯化碳清洗干净，并将四氯化碳溶剂吹干。

（4）每次扫描得到的吸光度A最高和最低之差值若大于0.010时，则需要重新测定。

3. GB/T 7602.1—2008

（1）用基础油配制标准样品，当两次加热加白土处理所得澄清油，按测试步骤，测试700nm

处的吸光度，所得结果相同时，基础油达到要求。

（2）磷钼酸应呈黄色，若发绿色则不能采用，使用时应现配制。

（3）油样（运行油）检测前需要脱色处理，避免影响试验结果准确性。

4. GB/T 7602.2—2008

（1）用基础油配制标准样品时，基础油应在高效液相色谱仪中 T501 抗氧剂的保留时间处不出峰。

（2）标准油应避光保存于棕色瓶中，有效期为 3 个月。

（3）紫外检测器的检测波长应设置为 275nm。

（4）启动高压泵前，应先对流动相进行超声波脱气，然后将连接泵和流动相软管中的气泡排出，避免气泡进入高压泵中。启动高压泵后，试验过程中需避免流动相中产生气泡。

（5）如流动相的过滤器被污染，试验过程中容易产生气泡，应定期将流动相的过滤器浸入甲醇中超声波清洗 20min，或浸入 20%硝酸溶液中超声波清洗 20min，再浸入蒸馏水中超声波清洗 20min，保持其表面洁净。

（6）进样时，注射器中不能含有气泡。

七、颗粒度

（一）方法概要

电力用油颗粒度的测试有两种方法。一种是自动颗粒计数法，依据遮光原理来测定油的颗粒污染度，当油样通过自动颗粒计数仪的传感器时，油中颗粒会产生遮光，不同尺寸颗粒产生的遮光不同，转换器将所产生的遮光信号转换为电脉冲信号，再划分到按标准设置好的颗粒度尺寸范围内并计数。另一种是显微镜法，是将油样经真空过滤，使油样中的颗粒平均分布于微孔滤膜上，然后将滤膜放置在油污染度比较显微镜的透射光下，与油污染度分级标准模板进行比较，确定油样的颗粒污染度等级。测试的标准方法为 DL/T 432—2018。

（二）操作要点

（1）取样时，取样容器的洁净度必须达到标准要求，取样步骤须严格按照 GB/T 7597—2007 进行，应排出全部循环不充分的死角油样，避免外界环境污染油样，得到能够充分代表油系统颗粒污染状况的样品。

（2）检测环境应满足标准要求。颗粒度的检测应在洁净室中进行，洁净室应满足大于 0.5μm 的灰尘颗粒不得超过 350000 个/m^3，大于 5μm 的灰尘颗粒不得超过 2000～3000 个/m^3。仪器的校准，样品的准备和测试都应在洁净室中进行（没有洁净室的也可在净化工作台上进行）。

（3）用于清洗仪器和玻璃器皿、稀释试油及检验取样瓶用的清洁液应用微孔滤膜过滤，并达到标准要求，其中用于清洗的清洁液应满足每 100mL 中粒径大于 5μm 的颗粒不得多于 100 粒；用于稀释样品及检验取样瓶用的清洁液，每 100mL 中粒径大于 5μm 的颗粒不得多于 50 粒。

（4）若油样中含有游离状水，油有乳化现象，应加入适量清洁液异丙醇和适量的合适溶剂（矿物油选择石油醚，抗燃油选择甲苯为宜）破乳化，使油样透明后，再进行测量。然后再按照油样和添加溶剂的比例换算出油样中的颗粒度。

（5）测试前油样必须充分摇动使颗粒分布均匀，并进行脱气，测试时样品应颗粒分布均匀，且不含气泡。

（6）当被测样品运动黏度过大，测试时达不到额定流量时，应通过加热（不超过 80℃）或用合适溶剂稀释的办法降低其运动黏度。

(7) 当样品中颗粒数超出仪器检测范围时，应用合适的溶剂对样品稀释后，再测试，最后通过稀释比换算得出样品中的真实颗粒数。

(8) 当油样中有可见颗粒时，不能用自动颗粒计数仪进行测量，因为大颗粒会造成传感器堵塞。

(9) 自动颗粒计数仪使用过程中，应定期进行检定，保证传感器的准确性。

(10) 当样品乳化现象严重或样品中有可见颗粒时，可采用显微镜对比法进行测量。

(11) 用显微镜对比法进行测量时，试验用的清洁液需进行空白试验，空白试验试片在显微镜下应观察不到颗粒，或只能观察到个别颗粒。在制备样品试片时，用清洁液冲洗漏斗内壁时，应沿滤筒内壁慢慢冲洗，以免影响滤膜上的颗粒分布情况，制备好的样品试片，在显微镜下观察时，试片上的颗粒应分布均匀，否则应重新制备试片。

(12) 用显微镜对比法进行测量时，试片上颗粒污染度等级如介于标准模板的两相邻污染度等级之间时，则确定较高的污染等级为油样污染级；如果测试结果大于11级或小于4级，应减少或增加取样量，重新进行测试。

(三) 自动颗粒计数器的校准

对于自动颗粒计数器的测定结果也存在着一个准确性的问题，关于这一点，国际上采用了对自动颗粒计数器进行定期校准的方法来加以保证。从20世纪80年代开始，自动颗粒计数器校准的主要依据就是ISO/TC131/SC制定的ISO 4402《自动颗粒计数器的校准—用空气滤清器试验粉尘（ACFTD）的方法》，即采用ACFTD作为参比校准物质。然而，ISO 4402中给定的ACFTD颗粒尺寸分布数据是20世纪60年代末对当时某一具体批号粉尘用光学显微镜测定的。由于受到当时测试计数水平的限制，以及后来发现不同批号的ACFTD颗粒尺寸分布存在差异，会影响自动颗粒计数器校准的准确性，ISO/TC 131于1992年（当时ACFTD标准粉尘已不再生产）开始着手寻求新的可溯源的标准颗粒物，并对ISO 4402进行修改。经过多年验证，国际标准化组织于1999年修订了液体自动颗粒计数器的校准标准，采用ISO 11171《液压传动—液体自动颗粒计数器的校准》代替ISO 4402。这次修订对自动颗粒计数器的校准做出了重大的改变，采用国际标准中等试验粉末（ISO MTD）取代了空气滤清器试验粉尘ACFTD，采用颗粒投影面积的等效直径代替颗粒最大直径，其区别如图14-1所示，标准粉尘颗粒分析方法也采用了先进的高分辨电子显微镜代替光学显微镜。与ISO 4402标准相比，ISO 11171具有先进性，可操作性，使自动颗粒计数器的校准更科学，具体区别见表14-4。

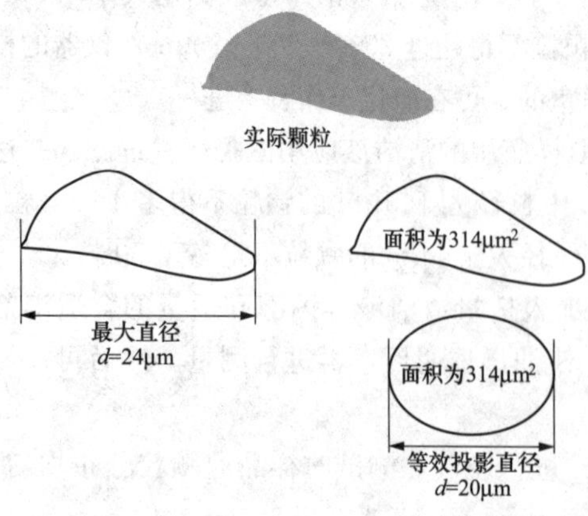

图14-1 颗粒最大直径与等效投影直径的区别

目前正处于新粉尘（ISO MTD）替代旧粉尘（ACFTD）的阶段，旧粉尘已经停产且库存量越来越少，但是还没有完全退出市场。然而，由于新旧校准方法的不同也导致了测试结果报告的颗粒尺寸的变化。两种校准方法的报告颗粒尺寸对比表见表14-5。要使两种测试方法保持一致的油品颗粒污染度，就要对ISO 11171的尺寸范围进行修正。

表 14-4　　自动颗粒计数器校准方法 ISO 11171 和 ISO 4402 的主要区别

项　目	ISO 4402	ISO 11171
参比校准物质	ACFTD	ISO MTD
参比校准物质测试方法	光学显微镜	高分辨电子显微镜
颗粒尺寸定义	颗粒最大直径	颗粒投影面积的等效直径
参比校准物质不同批号差异	未考虑	采用统计学分析
量值溯源	缺乏溯源性	可溯源至 NIST 和 ISO

注　NIST—美国国家标准技术研究院。

表 14-5　　ACFTD 校准法和 NIST 校准法的颗粒尺寸对比

ACFTD 尺寸转换为 NIST 尺寸		NIST 尺寸转换为 ACFTD 尺寸	
ACFTD 尺寸（ISO 4402：1991）（μm）	对应的 NIST 尺寸（ISO 11171）（μm）（C）	NIST 尺寸（ISO 11171）（μm）（C）	对应的 ACFTD 尺寸（ISO 4402：1991）（μm）
1	4.2	4	未确定
2	4.6	5	2.7
3	5.1	6	4.3
5	6.4	7	5.9
7	7.7	8	7.4
10	9.8	9	8.9
15	13.6	10	10.2
20	17.5	15	16.9
25	21.2	20	23.4
30	24.9	25	30.1
40	31.7	30	37.3

注　μm（C）表示此结果是用 ISO 1171 校准方法得到的。

（四）油液颗粒污染度分级标准

目前，电力行业没有单独设计分级标准，一般是与试验标准放在一起讨论，或引用国际标准，如 NAS 1638 标准、MOOG 标准、SAE 749D 标准、SAE AS4059 标准和 ISO 4406 标准。美国汽车工程师协会提出的颗粒度分级标准 SAE 749D，曾经沿用多年，后来美国飞机工业协会（AIA）、美国材料试验协会（ASTM）、美国汽车工程师协会（SAE）联合提出与 SAE 749D 等效的颗粒污染度分级标准（MOOG），见表 14-6，MOOG 中除 0 级以外只有 6 个级别，一般工业系统均适用于 6 级，难以区分差别。美国航空航天工业联合会（AIA）提出的 NAS 1638（见表 14-7）除 0 级和 00 级以外，共分为 12 个级别，其颗粒尺寸包含了 5～100μm 之间的 5 个尺寸区间，被广泛地应用于工业领域的方方面面。

表 14-6 美国 MOOG 污染等级标准（100mL 油中的颗粒个数）

颗粒大小（μm）	5～10	10～25	25～50	50～100	100～150
0 级	2700	670	93	16	1
1 级	4600	1340	210	28	3
2 级	9700	2680	380	56	5
3 级	24000	5360	780	110	11
4 级	32000	10700	1510	225	21
5 级	87000	21400	3130	430	41
6 级	128000	42000	6500	1000	92

表 14-7 油的颗粒污染度分级标准［NAS 1638（1992 年修订稿）］

分级（颗粒数/100mL）	颗粒尺寸（μm）				
	5～15	15～25	25～50	50～100	＞100
00	125	22	4	1	0
0	250	44	8	2	0
1	500	89	16	3	1
2	1000	178	32	6	1
3	2000	356	63	11	2
4	4000	712	126	22	4
5	8000	1425	253	45	8
6	16000	2850	506	90	16
7	32000	5700	1012	180	32
8	64000	11400	2025	360	64
9	128000	22800	4050	720	128
10	256000	45600	8100	1440	256
11	512000	91200	16200	2880	512
12	1024000	182400	32400	5760	1024

然而，随着液体自动颗粒计器校准标准的改变，SAE 在 2001 年第三次修订出版的 NAS 1638 技术文件中作了声明："本标准将不适用于液体自动颗粒计数器测试方法"。新修订的 NAS 1638 主要适用于显微镜测试方法。该声明表明了 NAS 1638 污染度等级标准将在液体自动颗粒计数器测试领域终结。美国汽车工程师协会 1988 年发布了一个液压液的颗粒污染度分级标准(SAE AS4059A)，并在标准中说明该颗粒污染度分级是被广泛承认的 NAS 1638 的扩展和简化，该标准在 NAS 1638 差分计数方式的基础上增加了累积计数，并增加了尺寸为 2μm 计数和 000 级。随后，国际标准化组织（ISO）于 1993 年发布了 ISO 11218 标准（见表 14-8），并声明 ISO 实际上采用了 SAE AS4059A 标准。国际标准化组织的 ISO 4406 的分级方法是根据大于 5μm 和大于 15μm 这两种颗粒尺寸的数字构成的，但其对于 50～100μm 的大颗粒无法区分，因此也存在一定的局限性。

表 14-8　　油的颗粒污染度分级标准（摘自 ISO 11218—1993）

分级（颗粒数/100mL）	颗粒尺寸（μm）				
	>2	>5	>15	>25	>50
000	164	76	14	3	1
00	328	152	27	5	1
0	656	304	54	10	2
1	1310	609	109	20	4
2	2620	1220	217	39	7
3	5250	2430	432	76	13
4	10500	4860	864	152	26
5	21000	9730	1730	306	53
6	42000	19500	3460	612	106
7	93900	38900	6290	1220	212
8	168000	77900	13900	2450	424
9	336000	156000	27700	4900	848
10	671000	311000	55400	9800	1700
11	1340000	623000	111000	19600	3390
12	2690000	1250000	222000	39200	6780

SAE 于 2005 年发布了《航空流体动力—液压液颗粒污染度分级标准 SAE AS4059E》，增加了一种将 NAS 1638 的操作规范及其等级评判方法转换为符合 SAE AS4059 要求的简易方法。SAE AS4059 这个颗粒污染度等级评价标准旨在建立一个统一的独立于计数分析方法的颗粒污染度分级系统。所以，SAE AS4059E 扩大了计数方法的范围，包括光学显微镜法和用 ISO 11171 校准过的自动颗粒计数器法以及正在研发的电子显微镜法。SAE 于 2013 年发布了最新版的《航空流体动力—液压液颗粒污染度分级标准 SAE AS4059F》，其分级标准见表 14-9 和表 14-10。

表 14-9　　SAE AS4059F 差分计数污染度分级标准（颗粒数/100mL）

分级	尺寸范围（最长直径[a]）	5～15μm	15～25μm	25～50μm	50～100μm	>100μm
	尺寸范围（投影面积等效直径[b]）	6～14μm	14～21μm	21～38μm	38～70μm	>70μm
00		125	22	4	1	0
0		250	44	8	2	0
1		500	89	16	3	1
2		1000	178	32	6	1
3		2000	356	63	11	2
4		4000	712	126	22	4

续表

分级	尺寸范围（最长直径[a]）	5～15μm	15～25μm	25～50μm	50～100μm	>100μm
	尺寸范围（投影面积等效直径[b]）	6～14μm	14～21μm	21～38μm	38～70μm	>70μm
	5	8000	1425	253	45	8
	6	16000	2850	506	90	16
	7	32000	5700	1012	180	32
	8	64000	11400	2025	360	64
	9	128000	22800	4050	720	128
	10	256000	45600	8100	1440	256
	11	512000	91200	16200	2880	512
	12	1024000	182400	32400	5760	1024

注 分级和污染颗粒范围与 NAS 1638 相同。

a 光学显微镜法—ARP598，或者自动颗粒计数器法—ISO 4402：1991。

b 自动颗粒计数器—ISO 11171 或者电子显微镜法。

表 14-10　SAE AS4059F 累积计数污染度分级标准（颗粒数/100mL）

分级	尺寸范围（最长直径[a]）	>1μm	>5μm	>15μm	>25μm	>50μm	>100μm
	尺寸范围（投影面积等效直径[b]）	>4μm	>6μm	>14μm	>21μm	>38μm	>70μm
	000	195	76	14	3	1	0
	00	390	152	27	5	1	0
	0	780	304	54	10	2	0
	1	1560	609	109	20	4	1
	2	3120	1217	217	39	7	1
	3	6250	2432	432	76	13	2
	4	12500	4864	864	152	26	4
	5	25000	9731	1731	306	53	8
	6	50000	19462	3462	612	106	16
	7	100000	38924	6924	1224	212	32
	8	200000	77849	13849	2449	424	64
	9	400000	155698	27698	4898	848	128
	10	800000	311396	55396	9796	1696	256
	11	1600000	622792	110792	19592	3392	512
	12	3200000	1245584	221584	39184	6784	1024

a 光学显微镜法—ARP598，或者自动颗粒计数器法—ISO 4402：1991。

b 自动颗粒计数器—ISO 11171 或者电子显微镜法。

与 NAS 1638 相比较，SAE AS4059F 具有下列特点：

(1) 计数方式中增加了累积计数，这一点更贴合自动颗粒计数器的特点。

(2) 计数的颗粒尺寸向下延伸至 1μm（ACFTD 校准方法）或者 4μm（ISO MTD 校准方法），并且作为一个可选的颗粒尺寸，由用户根据需要自行决定。

(3) 增加了一个 000 等级。

(4) SAE AS4059F 是 NAS 1638 的发展和延伸，不但适用于光学显微镜计数法，也适用于液体自动颗粒计数器计数法和正在研发的电子显微镜法。

八、泡沫特性

(一) 方法概要

一定量油样在 24℃下恒温后，通过一定规格的扩散头，用恒定流速的空气吹气 5min，然后记录油样液面上泡沫的体积，并观察在静止状态下，10min 时液面上泡沫的体积。取第二份油样在 93.5℃下重复上述试验，当泡沫消失后，再在 24℃下重复试验。测试的标准方法见 GB/T 12579—2002。

(二) 操作要点

(1) 新的或使用一段时间后的气体扩散头，应进行校准，判断其渗透率和最大孔径是否满足要求，渗透率应为 3000～6000mL/min，最大孔径应不大于 80μm。

(2) 试验浴按规定要求保持恒温，恒温浴中所使用的温度计须定期进行检定，保证试验浴恒定温度的准确性。

(3) 对于常规试验，使用简易试验步骤时，需定期对流量计进行校准，且在试验过程中将空气流量严格控制在 94mL/min±5mL/min。

(4) 所用的量筒、进气管、气体扩散头每次必须清洗干净，并用干燥空气吹干，以除去前一次试验留下的痕量的添加剂，否则会影响下一次的试验结果。

(5) 通入气体扩散头的空气应是清洁干燥的，当用于干燥的变色硅胶失效时，应及时更换。

(6) 正常情况下取样时，不需经过机械摇动或搅拌。对于储存时间超过两个星期或怀疑在油样储存过程中，因泡沫抑制剂分散性的改变，致使泡沫增多，应将 18～32℃的 500mL 油样加入一个带高速搅拌器的 1L 的清洁容器中，以最大速度搅拌 1min，静止消除泡沫后，测定其泡沫特性，静止时间不应超过 3h。

(7) 24℃下泡沫特性的测定应在前一个步骤完成后 3h 内进行，如果是黏性油，静止 3h 不足以消除气泡，可以静止更长的时间，但需要记录时间，并在结果中加以注明。对于 93.5℃下泡沫特性的测定，应在温度达到要求后立即进行，且量筒浸入于 93.5℃浴中的时间不能超过 3h。

(8) 将量筒浸入恒温浴中时，至少浸没到 900mL 刻度线。

(9) 结果报告应精确到 5mL，并注明程序号及试样是直接测定还是经过搅拌后测定。当泡沫或气泡层没有完全覆盖油的表面，且可见到片状或“眼睛状”的清晰油品时，报告泡沫的体积为 0mL。

九、倾点

(一) 方法概要

试样经预加热后，在规定的速率下冷却，每隔 3℃检验一次试样的流动性。试样能够流动的最低温度即为倾点。测试的标准方法见 GB/T 3535—2006。

（二）操作要点

（1）试样需在室温下放置 24h 后方可进行试验。

（2）试验前，对试样做预处理：在热浴中将试样加热到 45℃。

（3）控制冷浴温度。冷浴温度与试样温度相差 10～27℃。如果温度差过大，则冷却速度过快，使得测试结果偏低；如果温度差过小，则冷却速度过慢，使得测试结果偏高。

（4）观察试样流动性时，如果试样还流动，则取出试管、观察试样是否流动和试管返回冷浴的全部操作要求不超过 3s。

（5）当试管倾斜而试样不流动并且能够保持 5s 时，记录该读数，该读数加上 3℃为试样的倾点。

十、电阻率

（一）方法概要

液体内部的直流电场强度与稳态电流密度的商称之为液体介质的体积电阻率。液体的体积电阻率测定值不仅与液体介质性质及内部溶解导电粒子有关，还与测试电场强度、充电时间、液体温度等测试条件有关。因此，除特别指定外，电力用油体积电阻率是指“规定温度下，测试电场强度为 250V/mm±50V/mm，充电时间 60s”的测定值。测试的标准方法见 DL/T 421—2009。

（二）操作要点

（1）电极杯的洁净程度直接影响测试结果。洁净电极杯的绝缘电阻应大于 $3\times10^{12}\Omega$，若不符合要求应重新清洗或抛光，直至合格为止。

（2）测试温度的控制对测试结果影响很大。电极杯的控温精度为±0.5℃，达到设置温度时间不大于 15min。

（3）油杯液体的气泡将影响测试结果。因此试验样品应缓慢注入到清洗过的测试电极杯中，尽量避免样品中混入气泡。

（4）测试仪器、标准电阻要定期送到法定计量单位鉴定，确保合格方可使用。

十一、空气释放值

（一）方法概要

将试样加热到 25℃、50℃或 75℃，通过对试样吹入过量的压缩空气，使试样剧烈搅动，使空气在试样中形成小气泡，即雾沫空气。停气后记录试样中的雾沫空气体积减少到 0.2%的时间。测试的标准方法见 SH/T 0308—1992。

（二）操作要点

（1）试验过程中要控制通入压缩空气的温度和压力，温度控制在 50℃±5℃，压力控制在 $0.2kgf/cm^3$。必要时，随时调节温度和压力。

（2）对小密度计读数时，若有气泡附着在密度计杆上，可以轻微活动密度计，避开气泡然后读数。

十二、密度

（一）方法概要

使试样处于规定温度，将其倒入温度大致相同的密度计量筒中，将合适的密度计放入已调好温度的试样中，让它静止，当温度达到平衡后，读取密度计刻度读数和试样温度用石油计量表把观察到的密度计读数换算成标准密度。如果需要，将密度计量筒及内装的试样一起放在恒温浴中，以避免在测定期间温度变动太大。测试的标准方法见 GB/T 1884—2000。

（二）操作要点

（1）密度计和温度计须定期到国家计量机构进行检定，合格后方可使用。

（2）装有试样的量筒要放在没有空气流动的地方。在整个试验期间，环境温度变化不能大于2℃，或者直接使用恒温浴。

（3）将混合好的均匀试样小心沿着量筒壁注入量筒内，防止溅起和产生气泡。当试样表面有气泡聚集时，可用一片清洁的滤纸除去，否则会影响读数。

（4）将密度计浸入试油时，要轻轻缓慢放入，以防密度计一下沉到量筒底部，碰破密度计。

（5）测定透明液体时，密度计读数为液体主液面与密度计刻度相切的那一点；测定不透明液体时，密度计读数为液体弯月面上缘与密度计刻度相切的那一点。

思考题

1. 简述颗粒污染度试样取样要点。
2. 简述倾点和凝点测定的方法及测定结果的差异。
3. 简述酸值测定所用 KOH 乙醇标准溶液的配制及标定方法。

第十五章　不同油品试验方法及操作

第一节　变压器油试验方法

一、击穿电压

（一）方法概要

击穿电压是将变压器油样放在专门的测试设备中，让其经受一个按一定速率连续升压的交变电场的作用，直至油击穿时的电压即为该样品的击穿电压，测试方法见 GB/T 507—2002，用于新变压器油击穿电压的检测。

（二）操作要点

(1) 电极有球形、半球形（称为球盖形或称为蘑菇形）两种不同的结构型式，根据试验方法规定选用。两种电极测定的结果是不同的，球形电极测定结果为最高；半球形电极为其次。

(2) 电极间距离为 2.5mm±0.1mm，要用块规校准。电极距离过小容易击穿，测定结果偏低；反之，测定结果偏大。

(3) 试样须在原有盛装容器密封状态下，于试验室内放置一段时间，待油温和室温相近方可进行试验。

(4) 试样要有代表性，油中有水分及其他杂质时则对击穿电压有明显影响。所以测试前一定要轻轻摇动盛有试样的容器，使油中的水分和杂质均匀分布而又不形成空气泡，然后将试样慢慢倒入准备好的油杯中，要避免空气泡的形成。

(5) 试验数据分散性大，其原因是引起击穿过程的影响因素比较多。因此取 6 次平均值作为试验结果。

(6) 试验中发现击穿电压值随击穿次数增加而升高，若油中混入的主要是纤维杂质和水分，在击穿过程中水分被蒸发，所以试验数据越来越高。但有时也降低，这时需要考虑一下周围环境是否湿度超过规定等。

(7) 油杯和电极需保持清洁。在停用期间，必须盛以新变压器油保护。凡测试劣质油样后，须用溶剂汽油或四氯化碳洗涤，烘干后方可继续使用。

(8) 油杯和电极使用一段时间后，应检查电极间的距离是否变化，用放大镜观察电极表面有无发暗现象，若电极表面发暗，用鹿皮或绸布擦净电极。

(9) 需定期对击穿电压测试仪的电压值进行校准。

二、介质损耗因数

（一）方法概要

介质损耗因数又称介质损耗角正切，在交变电场作用下，电介质内流过的电流可分为两部分，一是无能量损耗的无功电容电流，二是有能量损耗的有功电流，它们的合成电流与交流电压之间的相角的余角即为绝缘材料的介质损耗角。测试的标准方法见 GB/T 5654—2007。

（二）操作要点

（1）介质损耗因数测量结果受测试电压影响，一般在电压较低的情况下进行测量时，电压对介质损耗因数的影响不明显。但在一般工频电桥常用的试验电压范围内（相当于电场强度 100～1000V/mm），电压对介质损耗因数的测试值已有所影响。而当电场强度过高时则因电极的二次效应、试样放电等原因，会造成测试值明显偏大。因此，规定电极间施加的电压为 1000V/mm。

（2）测量结果与试验电压的频率有关，介质损耗因数的变化是频率函数，即 $\tan\delta$ 随频率的变化而变化。一般测量 $\tan\delta$ 采用的电压频率为 50Hz。

（3）测量结果也与测量时的温度有关，因为介质的电导是随着温度而变化的，当温度升高时，介质的电导随之增大，泄漏电流也会增大，而介质损耗因数也增大，故测量时温度要恒定在 90℃±1℃，并在恒温后 10min 内测量。

（4）测量仪器放置地点应无强大电磁干扰和机械振动。

（5）油杯要干燥和洁净，装入试油时不能有气泡和杂质。各芯线与屏蔽间的绝缘要良好。

（6）对试样施加电压至一定值时，在升压过程中不应有放电现象。故升压时要缓慢进行，不可突变其电压，应以每秒升高 1/10 工作电压的速度进行。

三、界面张力

（一）方法概要

界面张力是通过测量从油水界面将铂丝圆环向上拉开所需的力来确定的。测试的标准方法为 GB/T 6541—1986《石油产品油对水界面张力测定法（圆环法）》。

（二）操作要点

（1）仪器安装位置周围不能有较大的机械振动，最好在恒温室，因一般界面张力仪都没有恒温装置。

（2）自动张力测定仪应定期用仪器配置的砝码进行校准。

（3）试样皿须彻底清洗干净，否则影响试验结果。

（4）铂丝圆环每测定一次都要用有机溶剂清洗，清除环上的油渍，并用酒精灯灼烧。以免影响试验准确性。

（5）油样试验前需用中速滤纸过滤。

（6）测试时油样和蒸馏水应恒温于 25℃±1℃。

（7）测试前需测试纯水的表面张力，测试值在 71～72mN/m 时，才可将珀金圆环浸入蒸馏水中 5mm 深度后，慢慢倒入过滤好的油样。

（8）加入油样时必须缓慢，油水界面不能触及铂金圆环。

四、水溶性酸或碱

（一）方法概要

水溶性酸或碱的测定是用等体积的蒸馏水和待测油样在 70～80℃下混合摇动，取其水抽出液，用比色或酸度计测其 pH 值，或用酸碱指示剂判断是否含有酸性或碱性组分，还可以酚酞作指示剂，用氢氧化钾标准溶液滴定水抽出液，对油样中的水溶性酸进行定量测试。水溶性酸或碱测定的 2 种标准方法包括：

(1) GB 259—1988《石油产品水溶性酸及碱测定法》，适用于测定液体石油产品、添加剂、润滑脂、石蜡、地蜡及含蜡组分的水溶性酸或水溶性碱。新变压器油的水溶性酸或碱的测定采用该方法。

(2) GB/T 7598—2008《运行中变压器油水溶性酸测定法》，运行变压器油的水溶性酸的测定采用该方法。

（二）操作要点

(1) 试验用水必须按规定用除盐水或二次蒸馏水，煮沸后 pH 值为 6.0～7.0，电导率小于 3 μs/cm（25℃）。否则对试验结果有影响。

(2) 配制好溴甲酚绿指示剂后，必须用酸度计测其 pH 值，若 pH 值不为 4.5～5.4 时应进行调整。其他指示剂也同样要调整 pH 值到规定范围。

(3) 配制好的一系列 pH 标准比色液，使用后应保存阴暗处，有效期为 3 个月。并定期用 pH 标准缓冲液进行校对，若颜色有变化，应重新配制，避免影响试验结果。

(4) 用比色法测定油样的 pH 值时，取水抽出液加入具塞比色管，应先加入溴甲酚紫指示剂，当呈现浅紫色或紫色时，放入比色盒与 pH 标准比色液进行比色，记录其 pH 值；当呈现黄色时，另取水抽出液加入比色管，加入溴甲酚绿指示剂，进行比色。由于当水抽出液中加入溴甲酚绿指示剂时，它的 pH 值无论是大于 5.4，还是小于 5.4，均显示蓝绿色，均可找到与标准比色液 3.6～5.4 颜色相同或相近的 pH 值，造成测试结果严重偏离真实值。

(5) 用酸度计测定 pH 值时，要将玻璃电极放在蒸馏水中浸泡 24h 以上。测试后也应将玻璃电极浸泡在蒸馏水中，避免玻璃电极被油渍污染。

(6) 按 GB 259—1988 的规定测试时，如果油样和水混合震荡后乳化，用 0.5%的乙醇水溶液代替蒸馏水。

(7) 定量测试水溶性酸时，一般采用蒸馏水抽提三次，试样中所含的酸性组分可以抽提完全。若油的老化程度比较深，相应水溶性酸组分含量就比较高，应增加蒸馏水抽提次数，否则影响试验结果准确性。

五、析气性

（一）方法概要

绝缘油在受到强度足以引起在油、气交界处放电的电场（或电离）作用下，油本身表现出吸收或放出气体的倾向为油品的析气性。该方法是试油用高纯氢气饱和后，油及油面上的氢气层在电压为 10kV、频率为 50Hz、温度为 80℃、电极间隙为 3mm 和持续 60min 或 120min 的条件下，由于受到径向电场的作用，油、氢气交界面因放电反应而导致油本身吸收或放出气体。其析气倾向以单位时间内试样吸收或放出气体的体积表示。析气性测定法包括：

(1) NB /SH/T 0810—2010《绝缘液在电场和电离作用下析气性测定法》，适用于新变压器油析气性的测试。

(2) GB 11142—1989《绝缘油在电场和电离作用下析气性测定法》，适用于运行变压器油析气性的测试。

（二）操作要点

(1) 进行此项试验关键是析气仪各部分玻璃磨口连接处必须严密，不能有漏气。

(2) 温度要恒定在 80℃±0.5℃。

(3) 高压发生器输出的电压应在10kV±0.2kV，并定期对高压发生器进行校准。

(4) 涂真空脂时应小心，不要让真空硅脂进入析气池内。

(5) 通完氢气后，应先关闭进气阀，然后立即关闭旁通阀，使量气管两边的液面平衡在同一水平面。

(6) 向量气管中注入约一半刻度邻苯二甲酸二丁酯，对于吸气或放气较大的试样，应调整装入的邻苯二甲酸二丁酯的高度，对放气性较大的试样，装入量应低于一半的刻度；对析气性较大的试样，装入量可高于一半的刻度。

(7) 在试验操作过程中须避免试油混入量气管。

六、氧化安定性

(一) 方法概要

该方法是在有铜催化剂存在的条件下，将25g油样置于一定温度的油浴中，然后通入一定流量的氧气或空气，连续一定时间后，测定其总酸值、介损及油泥或总酸值和沉淀物，用氧化后油样上述项目的测定结果表示该油品的氧化安定性；或测定试样的氧化挥发性酸增加到0.28mgKOH/g所需要的时间，作为其诱导期，用诱导期表示该油的氧化安定性。

变压器油氧化安定性的测定方法包括：

1. NB/SH/T 0811—2010《未使用过的烃类绝缘油氧化安定性测定法》

(1) 试验条件。

1) 氧化温度120℃±0.5℃。

2) 连续通入气体：空气。

3) 气体流量0.15L/h±0.015L/h。

4) 氧化时间：不含抗氧剂的油样164h；含微量抗氧剂的油样332h；含抗氧剂的油样500h。

(2) 试验结束后测试氧化后油样的总酸值、介质损耗因数和油泥，NB/SH/T 0811—2010适用于新变压器油的氧化安定性的测试。

2. SH/T 0206—1992《变压器油氧化安定性测定法》

(1) 试验条件。

1) 氧化温度110℃±0.5℃(含抗氧剂油)或100℃±0.5℃(不含抗氧剂油)。

2) 连续通入气体：氧气。

3) 气体流量1.0L/h±0.1L/h。

4) 氧化时间：164h。

(2) 试验结束后测试氧化后油样的总酸值和沉淀物。

3. GB/T 12580—1990《加抑制剂矿物绝缘油氧化安定性测定法》

(1) 试验条件。

1) 氧化温度120±0.5℃。

2) 连续通入气体：氧气。

3) 气体流量1.0L/h±0.1L/h。

(2) 通过测试挥发酸达到0.28mgKOH/g的氧化时间，作为其诱导期。

(二) 操作要点

(1) 所有的玻璃磨口塞及用橡胶管连接处，一定要严密不漏气。

(2) 气体流量计使用前要进行校正，并检查通气阀门是否漏气。

(3) 试验温度达到标准要求，并要检查各部位的温度是否一致和恒定。

(4) 气体流量应在标准规定的范围内，每天应定期检查。

(5) 氧化后沉淀物测定时，首先要将沉淀物上的油洗净，洗下的滤液用一小块滤纸接一小滴，等溶剂挥发后观察是否有油渍，无油渍时方能用乙醇-甲苯混合溶液将氧化后的沉淀物完全洗下来，洗下的溶液无色时，才称为洗净。否则会影响沉淀物含量的准确性。

七、腐蚀性硫

（一）方法概要

在规定试验条件下，采用铜片、铜扁线或银片中的一种试片与试样接触，试样中含硫的腐蚀性化合物会导致铜片、银片变色；采用铜扁线时，形成的腐蚀产物会沉积在绝缘纸上，从而可根据试验结果定性的检验油中是否含有含硫的腐蚀性物质。

变压器油腐蚀性硫的测定方法包括：

1. SH/T 0304—1999《电气绝缘油腐蚀性硫试验法》

将处理好的铜片放入油样中后，向瓶中的油样吹入氮气，形成气泡，2min后密闭碘量瓶，放入140℃±2℃的烘箱里，持续19h，最后观察铜片颜色变化，判断油中是否含有腐蚀性硫。

2. GB/T 25961—2010《电气绝缘油腐蚀性硫试验法》

将处理好的铜片放入油样中后，以0.5L/min流量向油样通入氮气，5min后密闭样品瓶，放入150℃±2℃的烘箱里，持续48h，最后观察铜片颜色变化，判断油中是否含有腐蚀性硫。

3. SH/T 0804—2007《电气绝缘油腐蚀性硫的试验银片试验法》

将处理好的银片放入盛有待测油样磨口锥形瓶中，置于100℃±2℃的烘箱中，18h后观察银片颜色的变化，来判断是否含有腐蚀性硫。新变压器油腐蚀性硫的测试采用该方法。

4. DL/T 285—2012《矿物绝缘油腐蚀性硫检测法　裹绝缘纸铜扁线法》

将15mL油样置于20mL顶空瓶中，放入规定尺寸包裹绝缘纸的铜扁线，密封后置于150℃±2℃的烘箱里，持续72h，然后通过铜扁线和绝缘纸判断油中是否含有腐蚀性硫。运行变压器油腐蚀性硫的测试采用该方法。

（二）操作要点

(1) 试验用的铜片应按标准方法中的规定处理好，否则影响结果的判断。

(2) 试验条件比较苛刻，温度比较高，时间比较长，在整个试验过程中要注意安全，避免着火问题。

(3) 温度对测试结果有影响，测试时温度应控制在标准要求的范围内。

(4) 涉及通入氮气的腐蚀性硫试验，如果通气过程使用橡胶管，橡胶管必须是无硫的。另外，试验过程中试验容器须密封，避免空气进入油样中，进而影响试验结果。

(5) 裹绝缘纸铜扁线法中，应用镊子将其裹有的绝缘纸小心剥开，只留下一层紧裹在铜扁线上的绝缘纸，不应用手直接接触试验用铜扁线。

(6) 在裹绝缘纸铜扁线法的结果判断中，如果绝缘纸变色严重，无法确认纸表面的沉积物是否是硫的腐蚀产物，应通过扫描电镜-能量色散X射线（SEM-EDX）或类似的方法测定绝缘纸上总的硫含量和铜含量，进行进一步确认。

八、糠醛含量

（一）方法概要

该方法是用乙腈萃取油样中的糠醛，以甲醇和水为流动相，用高效液相色谱仪分析待测油样及标准样品萃取液乙腈中的糠醛，记录已知糠醛含量标样及待测油样萃取液中糠醛吸收峰的峰面积，用标样糠醛吸收峰的峰面积和对应的含量绘制标准曲线，根据待测油样糠醛吸收峰的面积从标准曲线中得到油样中的糠醛含量。测试的标准方法见 NB/SH/T 0812—2010《矿物绝缘油中 2-糠醛及相关组分测定法》。

（二）操作要点

（1）用新变压器油配制标准样品，新变压器油应在高效液相色谱仪中糠醛的保留时间处不出峰。

（2）储备溶液和标准溶液应避光保存于棕色瓶中，储备溶液有效期为 3 个月，如保存不当，标准溶液容易变质，应采用新近配制的标准溶液。

（3）紫外检测器的检测波长应设置为 274nm。

（4）启动高压泵前，应先对流动相进行超声波脱气，然后将连接泵和流动相软管中的气泡排出，避免气泡进入高压泵中。启动高压泵后，试验过程中需避免流动相中产生气泡。

（5）如流动相的过滤器被污染，试验过程中容易产生气泡，应定期将流动相的过滤器浸入甲醇中超声波清洗 20min，或浸入 20%硝酸溶液中超声波清洗 20min，再浸入蒸馏水中超声波清洗 20min，保持其表面洁净。

（6）进样时，进样注射器中不能含有气泡。

（7）如待测油样在糠醛保留时间处有干扰峰，应改变流动相甲醇和水的比例，对标准样品和测试样品重新测试，消除干扰峰对测试结果的影响。

九、含气量

（一）方法概要

变压器油含气量有三种测试方法。

1. 真空压差法

是将被测油样注入仪器脱气室内，在高真空下，释放出油中溶解的气体。根据脱气油样体积、温度、脱出气体所产生的压差，计算出油含气量，以在标准状态下占油体积的百分比表示。测试的标准方法见 DL/T 423—2009《绝缘油中含气量测定方法　真空压差法》。

2. 二氧化碳洗脱法

用高纯度的二氧化碳气体以极其分散的形式通过一定体积的试样油，由于二氧化碳过饱和，会将油中原来溶解的气体携带出来，并与二氧化碳同时通过装有氢氧化钾溶液的吸收管，二氧化碳被完全吸收，所留下的气体就进入有精确刻度的气量管里，从刻度上可读出气体的体积数。测试的标准为 DL 450—1991《绝缘油中含气量的测试方法（二氧化碳洗脱法）》。

3. 气相色谱法

用顶空取气法脱出油样中的气体，用气相色谱仪分离、检测各气体组分，通过色谱数据记录机进行结果计算，结果以体积百分数表示，测试的标准为 DL/T 703—2015《绝缘油中含气量的气相色谱测定法》。

（二）操作要点

（1）取样前，应用本体油将玻璃注射器反复润洗，直至注射器内壁和芯塞之间完全形成均匀的油膜。从设备中采取油样时，一定要按照测定油中溶解气体分析的取样规定，否则影响试验的准确性。

(2) 真空压差法测试时应注意：含气量测试仪上的所有玻璃旋塞应密封，无渗漏，用火花检漏仪进行检查时，应为蓝紫色。

(3) 二氧化碳洗脱法测试时应注意：

1) 水准瓶瓶口及吸收管上部应装有已装好一段玻璃管的橡胶塞，以免氢氧化钾溶液飞溅。

2) 吸收管下部的水银面应刚好挡住二氧化碳进口管，如果水银太多，二氧化碳的压力必须较大才能通过，容易造成连接处漏气。

3) 氢氧化钾溶液使用一段时间后，会被稀释，应更换新液。

4) 试验结束后，应将吸收管中的氢氧化钾溶液全部倒出，用蒸馏水反复清洗吸收管内部，特别是活塞处，以免腐蚀。

(4) 气相色谱法测试含气量时应注意：

1) 用于转移气体的注射器至少用高纯氩气冲洗 3 次。

2) 对于转移脱气后气体的 5mL 注射器，高纯氩气清洗后，需用试油清洗 1～2 次，吸入约 0.5mL 试油，带上橡胶封帽，插入双针头，使针头垂直向上，将注射器中的气体和试油慢慢排出，从而使试油充满空隙，不残留空气。

3) 测试样品前，应用标准气体标定仪器。

十、油泥与沉淀物

(一) 方法概要

称取一定量的油样，用已恒重过的滤纸或微孔过滤器过滤，然后用溶剂油将滤纸上的油样冲洗干净，再次对滤纸或微孔过滤器进行恒重，两次滤纸或微孔过滤器恒重结果的差即为称取油样中的油泥与沉淀物，结果以质量百分数表示。

(二) 操作要点

(1) 试验用滤纸应放在清洁干燥的称量瓶中称量。

(2) 取样前，需将容器中的油样（不超过容器容积的 3/4）摇动 5min，使油样中的组分混合均匀。

(3) 溶解油样的溶剂油应在水浴中加热到 40℃，按油样体积的 2～4 倍对油样进行稀释。

(4) 放置滤纸的玻璃漏斗或微孔过滤器的支架，应清洁干净。

(5) 过滤溶液时，溶液应沿着玻璃棒流入漏斗或过滤器，且溶液的高度不能超过滤纸或过滤器的 3/4。

(6) 稀释油样用的烧杯需用加热的溶剂油冲洗干净，并将全部冲洗液过滤到滤纸或微孔过滤器上，当冲洗烧杯用的溶液滴在滤纸上，挥发后不再留下油斑时，表明烧杯冲洗干净。

(7) 在过滤结束后，用不超过 40℃的溶剂油冲洗带有沉淀物的滤纸或微孔过滤器，直至滤纸或微孔过滤器上不再有油样痕迹，且滤出溶液完全无色透明为止。然后将滤纸放在对应的称量瓶中，将敞口的称量瓶或微孔过滤器放入恒温烘箱中进行恒重。

(8) 测试油样时，应同时进行溶剂的空白试验。

十一、带电倾向性

(一) 方法概要

带电倾向采用过滤法的测试原理，当油样以一定的流速通过滤纸时，摩擦产生电荷电流，原

理见图 15-1，根据测试的电流量，用式（15-1）计算的电荷密度来表示变压器油的带电倾向性

$$\rho=\frac{I\times 10^{12}}{v} \tag{15-1}$$

式中　ρ——电荷密度，pC/mL；

I——电荷电流，A；

v——油流速度，mL/s。

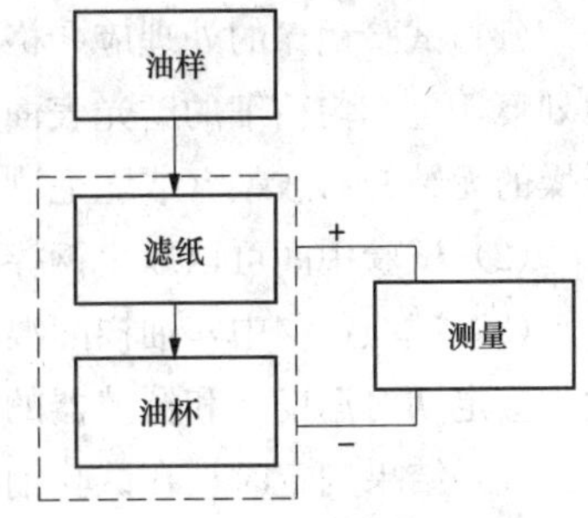

图 15-1　带电倾向性测试原理图

（二）操作要点

（1）试验用滤纸必须是干燥的，在试验前，需将装有滤纸的称量瓶置于 105℃的恒温干燥箱中，干燥 1h，放入干燥器中冷却至室温，备用。

（2）带电倾向性测定仪机壳应可靠接地（电源线中地线应良好接地），否则测试时会有干扰。

（3）样品的流速应控制在 1.2mL/s±0.1mL/s 范围内。

（4）一个油样测试完毕，应等待接油杯中已测试油样排放干净后，再进行下一个油样的测试，以免油杯中的油位过高而溢出。

（5）带电倾向性测定仪是通过电流测量装置测试油样流过滤纸时产生的电荷电流，进而计算出电荷密度的，应定期用皮安表对仪器内置的电流测量装置进行校准，保证仪器测试的准确度。

十二、苯胺点

（一）方法概要

将规定体积苯胺与试样或苯胺与试样加正庚烷置于试管中，搅拌混合物，以控制的速度加热混合物，直到混合物的两相完全混溶，然后按控制的速度将混合物冷却，两相分离的温度即为苯胺点。测试的标准方法见 GB/T 262—2012《石油产品和烃类溶剂苯胺点和混合苯胺点测定法》。

（二）操作要点

（1）苯胺的纯度对测定结果影响很大。苯胺应为新蒸馏过的干燥的苯胺。使用当天，苯胺应进行蒸馏，并用正庚烷进行检测，测得正庚烷的苯胺点应为 69.3℃±0.3℃，如果超出该范围，需要反复蒸馏直至达到要求。

（2）苯胺容易受潮，受潮的苯胺会得到错误的实验结果。因此不能用水作为加热浴或冷却浴。

（3）温度计的水银球应位于苯胺层与试样层分界线处，否则影响测试结果。

（4）要控制好升温速度和冷却速度，不能过快。升温速度控制在 1～3℃/min，冷却速度控制在 0.5～1℃/min。

（5）试油应预先脱水过滤。含蜡油品应微热使蜡油溶化后再过滤。

第二节　汽轮机油试验方法

一、液相锈蚀

（一）方法概要

将 300mL 油样和 30mL 蒸馏水或合成海水混合，把试验钢棒全部浸在其中，在 60℃下进行

搅拌。试验周期为24h。试验周期结束后观察试验钢棒锈蚀的痕迹和程度。测试的标准方法见GB/T 11143—2008《加抑制剂矿物油在水存在下防锈性能试验法》。

（二）操作要点

(1) 试验钢棒的处理应严格按照标准要求进行，经初磨和最后抛光。处理好的钢棒应没有纵向划痕，呈均匀精细的磨光表面，平肩处无锈蚀。处理好的钢棒，不要用手触摸，用一块干净、干燥的无绒棉布或纸（或驼毛刷）轻轻揩拭，然后装到塑料支柄上，立即浸入试样中。

(2) 试验中间可以取出钢棒观察锈蚀情况，若已严重锈蚀。可立即停止试验。

(3) 试验过程中，油样的温度和搅拌速度应满足标准要求。为保证温度计和搅拌器的准确性，应定期对温度计和搅拌器的转速进行校准。

(4) 结果判定时，在试验钢棒本身不褪色或不存在斑点的情况下，如果表面褪色或斑点可被无绒棉布或薄纸很容易擦掉，则不应认为是锈蚀。

二、氧化安定性

（一）方法概要

汽轮机油氧化安定性的评定标准主要有以下三种。

1. SH/T 0193—2008《润滑油氧化安定性的测定　旋转氧弹法》

将油样、水和铜催化剂线圈放入一个带盖的玻璃盛样器内，置于装有压力表的氧弹中。氧弹充入620kPa压力的氧气，放入规定的恒温浴中，使其以100r/min的速度与水平面成30°角轴向旋转。从氧弹放入恒温浴内开始计时，氧弹压力从最高点下降超过175kPa时，停止计时，所得的时间即为该油样的旋转氧弹值。该方法是一种快速评定汽轮机油抗氧化性能的试验方法，用于新汽轮机油和运行汽轮机油氧化安定性的测定。

2. SH/T 0124—2000《含抗氧剂的汽轮机油氧化安定性测定法》

将装有油样（油样中已加入油溶性的环烷酸铁、环烷酸铜催化剂）的氧化管放入120℃的恒温浴中，并通入流量为1.0L/h±0.1L/h的氧气，试验164h后，测试挥发性酸值、可溶性酸值及油泥含量。如需要测定挥发性酸逸出速率达到显著增高的时间（诱导期），可每日测定挥发性酸值，绘制酸值-时间曲线来确定诱导期。

3. GB/T 12581—2006《加抑制剂矿物油的氧化特性测定法》

油样在95℃时，在水和铁、铜催化剂存在的条件下，以3.0L/h±0.1L/h的流量通入氧气，使油样同氧气反应，以氧化后油的酸值达到2.0mgKOH/g时所需要的时间表示其氧化寿命。新汽轮机油氧化安定性的测试采用该方法。但是当用户在新油验收时，该方法的测试周期太长，可执行性较差。

（二）操作要点

1. SH/T 0193—2008

(1) 催化剂对试验结果有明显影响。试验时，应确认催化剂铜丝的规格、质量必须满足要求，铜丝磨好后，需用清洁、干燥的布把铜丝上的磨屑擦干净。

(2) 由于试验温度高，氧弹上的密封圈容易老化，安装前应检测密封圈，判断是否需要更换。

(3) 装弹过程中，放置盛样器时应轻轻滑入弹体中，避免弹体中的水溅出或进入盛样器。在盛样器上放置盖子、固定弹簧、密封圈及拧紧锁环和安装压力表过程中，每一步应仔细，避免通入氧气后漏气。

(4) 油浴的温度应满足氧弹放入油浴 15min 内，油浴温度稳定到试验温度，且保持在试验温度±0.1℃内。试验过程中，温度应满足要求，它是影响试验结果重复性和再现性的重要因素。

(5) 在整个试验过程中，保持氧弹完全浸没并连续以 100r/min±5r/min 匀速运转，任何可觉察到的转速波动都会导致错误的结果。

(6) 试验结果中，当氧弹在 30min 内达到最大压力后，一般应形成一个压力平稳阶段，然后可观察到诱导期法的快速压降，如果在诱导期法转折点到达之前，压力有一个平缓降低可能是由于氧弹泄漏造成的，需进行重复性试验。

(7) 试验结束冷却到室温后，应尽快清洗氧弹及玻璃容器。如果氧弹体、平盖和弹柄内侧清洗后仍可闻到酸味，需用 1%的氢氧化钾醇溶液清洗除去。

(8) 试验用的温度计、压力表和电机的转速应定期进行校准，保证结果准确有效。

2. SH/T 0124—2000 和 GB/T 12581—2006

(1) 所有氧化管和导气管要清洗干净，避免影响试验的准确性。

(2) 氧化管、导气管和流量计的连接要严密，以免影响氧的通入量和对挥发酸的收集。

(3) 氧化后沉淀物的测定，操作要特别仔细，每个环节要掌握其要点，如过滤、冲洗试油、冲洗沉淀以及蒸干沉淀物的溶剂等。否则容易造成试验误差超出规定。

(4) 试验过程中，温度和通入气体的流量每天要定期查看，保证其满足标准的要求。

三、破乳化度

(一) 方法概要

在量筒中装入 40mL 油样和 40mL 蒸馏水，并在 54℃±1℃下搅拌 5min 形成乳化液，测定乳化液分离（即乳化层的体积不大于 3mL 时）所需要的时间。静止 30min 后，如果乳化液没有完全分离，或乳化层没有减少为 3mL 或更少，则记录此时油层、水层和乳化层的体积。测试的标准方法见 GB/T 7605—2008《运行中汽轮机油破乳化度测定法》。

(二) 操作要点

(1) 试验用的量筒，必须清洗干净，避免由于量筒不够干净，乳浊液黏附在量筒壁上，造成试验结果出现偏差。

(2) 试验用水对试验结果影响很大。要用蒸馏水，且符合 GB/T 6682—2008《分析实验室用水规格和试验方法》二级水规格的要求。

(3) 搅拌桨的转速影响试验结果，须控制在 1500r/min±50r/min 以内。要对搅拌桨的转速定期进行校准。

(4) 时间大于 30min 时，应记录此时油层、水层和乳化层的体积。如果没有明显的乳化层，只有完全分离的上下两层，上层认定为油层，则从停止搅拌到上层体积达到 43mL 时所需的时间即为该油样的破乳化时间；如果没有明显的乳化层，只有完全分离的上下两层，从停止搅拌开始，计时超过 30min，上层认定为乳化层，上层体积依然大于 43mL，则停止试验，该油的破乳化时间记为大于 30min，然后分别记录此时水层和乳化层的体积。

第三节 抗燃油试验方法

一、自燃点

（一）方法概要

用注射器将0.05mL油样快速注入加热到一定温度的200mL的开口耐热锥形烧瓶内，油样在烧瓶里5min内燃烧产生火焰的最低温度即为该样品的自燃点。测试的标准方法见DL/T 706—2017。

（二）操作要点

(1) 调节加热炉的温度，使得200mL锥形试验烧瓶顶部中心、侧壁和上部的温度与要求的试验温度相差在1℃以内。

(2) 油样烧瓶的厚度对试验结果有影响，试验用的烧瓶的尺寸和质量应满足要求。

(3) 每次试验都应使用干净无损的烧瓶。

(4) 加热炉升温到预定温度，且稳定10min后才能进样。

(5) 进样用的针头要满足标准要求，进样时，油样要注入烧瓶的底部，避免样品飞溅到四周瓶壁上。

(6) 试验用的热电偶应定期进行检定，保证温度测试的准确性。

(7) 应定期用苯对仪器和烧瓶整体进行校准，苯自燃点的测试结果应为560℃±5℃。

二、矿物油含量

（一）方法概要

将10g±0.1g的试样中加入20%NaOH水溶液50mL，加热回流至少1h，直到回流液清亮为止，冷却至室温后，用石油醚萃取其中的矿物油，将萃取液转移入已恒重的烧杯中，蒸出溶剂后，再称取烧杯和矿物油的质量，两次质量的差值即为试油中的矿物油，进而计算出试样中矿物油含量，结果用质量百分数表示。测试方法见DL/T 571—2014的附录C。

（二）操作要点

(1) 用于盛装萃取后石油醚的150mL烧杯必须清洁，并事先恒重。

(2) 加热回流时，烧瓶中应加入瓷片，防止爆沸。

(3) 烧瓶中的回流溶液清亮时，才能停止加热，以保证抗燃油完全皂化。

(4) 烧瓶冷却至室温时，才能用50mL蒸馏水冲洗回流冷凝管，否则可能会导致烧瓶炸裂。

(5) 冲洗回流管和将回流液转入分液漏斗的过程中，应保证回流液完全转移。

(6) 分液后，将上层石油醚溶液移入150mL烧杯过程中，须小心操作，避免把水层溶液带入烧杯中。

(7) 蒸发石油醚的过程中，温度不能超过100℃，避免温度过高导致矿物油中的轻组分挥发，影响测试结果的准确性。

三、水解安定性

（一）方法概要

将300g油样和100g水混合，在85℃下静置回流96h，使样品发生水解，测定反应前后样品和水的酸值。用样品和水酸值增加的总和来表示抗燃油的水解安定性。水解安定性的测试方法见 DL/T 1420—2015。

（二）操作要点

（1）样品应透明、无杂质。如果有沉淀或游离水存在，应在试验报告中注明，并应在试验前通过过滤或沉淀除去。

（2）油样和水的称取要准确，并记录烧瓶、油样和水的总质量，以与回流结束后的总质量比较，判断回流过程中水的挥发量，并进行相应的补加。

（3）回流装置各部件间须密封，避免回流过程中，用于水解的试剂水挥发。

（4）恒温浴的温度要稳定，并保证回流装置内液体的温度稳定在 85℃±1℃。

（5）测试回流装置内液体温度用的温度计要定期进行检定，保证其准确性。

（6）回流前后油样和水的酸值测试方法要相同。

四、氯含量

（一）方法概要

抗燃油氯含量的测试方法主要有以下三种：

1. DL/T 433—2015《抗燃油中氯含量的测定　氧弹法》

抗燃油在规定压力的氧弹中燃烧，燃烧后生成的氯化氢气体被碱性过氧化氢溶液吸收。以二苯偶氮碳酰肼和溴酚蓝作为指示剂，用硝酸汞标准溶液滴定。当过量的硝酸汞所离解出的汞离子与二苯偶氮碳酰肼生成淡红色的络合物时，即为滴定终点。结果以 mg/kg 表示。

2. DL/T 1206—2013《磷酸酯抗燃油氯含量的测定 高温燃烧微库仑法》

将盛有样品的石英杯放入石英舟内，用固体进样器送入石英燃烧管，样品在氧气和氮气中燃烧。样品中的氯化物转化为氯离子，并随气流一起进入滴定池，与滴定池中的银离子反应。消耗的银离子由库仑计的电解作用进行补充，根据消耗的总电量计算样品中的氯含量。

3. DL/T 1653—2016《磷酸酯抗燃油氯含量的测定 能量色散 X 射线荧光光谱法》

将样品置于从 X 射线源发射出来的射线束中，测量激发出来能量为 2.62kev 的氯 K_a（专用，代表 L 层电子跃迁到激发状态的 K 层）特征 X 射线强度，并将累积计数与预先制定的标准曲线进行比较，从而获得用质量分数表示的氯含量。

（二）操作要点

1. DL/T 433—2015

（1）用 80～100mL 水少量多次冲洗燃烧用坩埚、氧弹盖及氧弹内壁，若冲洗不干净，会造成试验结果偏低。

（2）应对冲洗液进行如下处理：

1）第一种情况。冲洗液呈蓝色，应用 0.1mol/L 硝酸中和至冲洗液呈黄色，继续加少量 0.1mol/L 硝酸溶液至冲洗液的 pH 值为 3～4，再加入二苯偶氮碳酰肼指示剂约 0.5mL。

2）第二种情况。冲洗液呈黄色，用广泛 pH 试纸测冲洗液的 pH 值，当冲洗液的 pH 值为 3～4，直接加入二苯偶氮碳酰肼指示剂约 0.5mL；当冲洗液的 pH 值小于 3～4，加少量 0.1mol/L 氢氧化钠溶液至冲洗液的 pH 值为 3～4 时，再加入二苯偶氮碳酰肼指示剂约 0.5mL。

2. DL/T 1206—2013

(1) 测试前，应对样品杯进行灼烧，消除样品杯吸附的氯化物对测试的影响。

(2) 测试前需对仪器进行标定，用标样计算出的转化率要求在100%±20%范围内。

(3) 连续测定试样过程中，应每4h用标准样品检查系统回收率。要求系统回收率在90%以上。

(4) 电解池的液面高度应在电极上边缘5～10mm。

3. DL/T 1653—2016

(1) 磷酸酯抗燃油空白样品的氯含量须不大于10mg/kg。

(2) 仪器参数必须满足DL/T 1653—2016的规定。

(3) 测试时样品的深度至少为5mm。

第四节　辅机用油试验方法

一、极压性能（梯姆肯试验机法）

（一）方法概要

一般来说，摩擦面之间的润滑状态基本上可分为流体润滑、边界润滑、固体润滑三种，而边界润滑又分为边界吸附膜的润滑和极压反应膜的润滑两类。极压润滑就是当摩擦面的接触压力增高时，边界吸附油膜发生破裂并产生极压反应膜的一种润滑状态。润滑油建立极压润滑状态的能力称为润滑油的极压性能。润滑剂优异的极压性能主要是由添加剂中含有的活性元素（如硫、磷、氯、氮等）来实现的，它们和金属摩擦表面在边界润滑条件下生成化学反应膜，来减少对金属表面的摩擦磨损和防止擦伤的作用。

梯姆肯试验依据的标准测试方法见GB/T 11144—2007《润滑液极压性能测定法 梯姆肯法》，试验机组件的安装如图15-2所示，具体是在固定摩擦润滑试件、转速（800r/min）、试油起始温度（37.8℃）及其他操作程序下，通过杠杆系统逐级增大摩擦润滑表面之间的接触压力，当润滑膜破裂使试件摩擦表面出现擦伤时，则停止试验。Timken OK值就是不出现擦伤时负荷杠杆重量盘上的最大磅数。根据实际需要，也可以计算出试环和试块之间的接触压力。

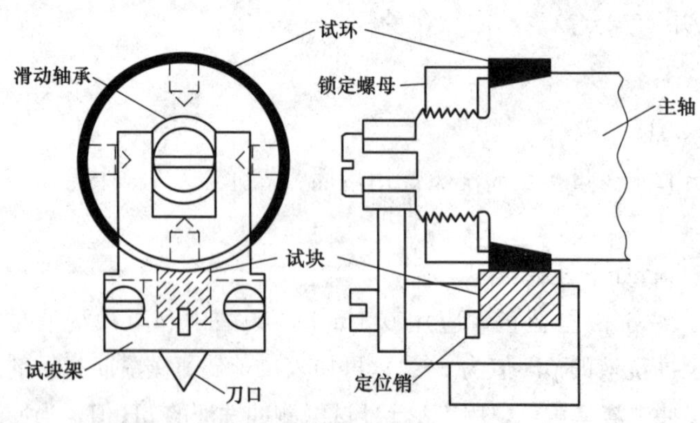

图15-2　Timken试验机组件

（二）操作要点

1. 试验前的准备

（1）确保试验所用试环和试块符合镍钼渗碳轴承钢或高碳-铬轴承钢，表面光洁、无锈，且和与试样接触的零部件一起用丙酮冲洗干净且吹干，切忌试件不能用具有承载性能的溶剂如四氯化碳等擦拭，以免影响试验结果。

（2）用试油对试验油路、试件及与试件接触的零部件进行1～2次的冲洗后，排放干净。

2. 试样与试件的安装

实际操作经验表明，需要将约3L试样预热到37.8℃±2.8℃后，再注入试验油箱准备试验，以防止Timken试验机自带的加热系统对油样进行加热时，由于试样流动速度慢，电加热器表面过热，使油液碳化、焦化，产生硬质的颗粒，对试验结果产生影响。

另外，对于试验组件的安装需要特别仔细，把试环安装在主轴上，适当上紧，避免过紧而引起的微变形。试块装在试块架中，调整杠杆系统，使所有刀刃全部对准，使杠杆严格保持水平。放置选定的砝码时，要避免冲击试件，用试样涂抹试块和试环，慢慢用手或其他方法转动主轴几周，使覆盖在试环上的试样被涂抹均匀。

3. Timken OK值和刮伤值的测定

Timken OK值是指在测定润滑剂承载能力过程中，没有引起刮伤或卡咬时加在负荷杠杆砝码盘上的最大重量。刮伤值是指在测定过程中，出现刮伤或卡咬现象时加在负荷杠杆砝码盘上的最小重量。对OK值和刮伤值的测定，要求测试人员具有较强的判断力。当润滑油膜大量存在，试块上为光滑的磨痕；当油膜破裂，则发生刮伤或试块的表面破坏。比较容易辨认的刮伤形式是：试块上磨痕较宽，且有犁痕产生，试环表面上有过量金属堆积，另外，若磨痕表面比较光滑，但存在局部划痕，如果划痕未延伸到磨痕之外，这种不认为是刮伤，反之，则认定为刮伤。

测试过程应严格按照GB/T 11144—2007规定的操作规程进行，选定一个比估计刮伤值小的负荷开始试验，在800r/min±5r/min的轴速下运转10min±5s后，对试块的磨损状况进行判断，若已经发生刮伤，则需要降低负荷进行试验，反之，则需要增加负荷继续试验，负荷的增减都必须是按照GB/T 11144—2007规定的级数进行。

如果对某一级负荷的磨痕判断有疑问，应在此负荷下重复一次，第二次若是刮伤，则认为这级负荷是刮伤负荷，第二次若不是刮伤，则此级负荷为不刮伤负荷。若第二次测试结果仍有疑问，则应该在更高一级负荷下进行试验，若高一级负荷下是刮伤，则认为次级负荷也为刮伤。

对于Timken OK值和刮伤值的报告，若在13.608kg（30lb）以上，应报告2.268kg（5lb）的倍数，若在13.608kg（30lb）以下，则应报告1.361kg（3lb）的倍数。

4. 接触压力的确定

接触压力为在承载能力测试过程中，试块和试环没有引起刮伤或卡咬时，加在负荷杠杆砝码盘上最大重量施加在油膜上的压力，某种程度上代表了油膜的强度。在Timken OK值被确定之后，卸下试块，用丙酮清洗、吹干，用显微镜上的测微器测量Timken OK值下的磨痕宽度，严格按照GB/T 11144—2007中给出的公式和数据进行计算。

二、四球机试验

（一）方法概要

四球试验机是当前试验室判定润滑剂如L-CKD重负荷工业齿轮油、润滑脂等承载能力的主

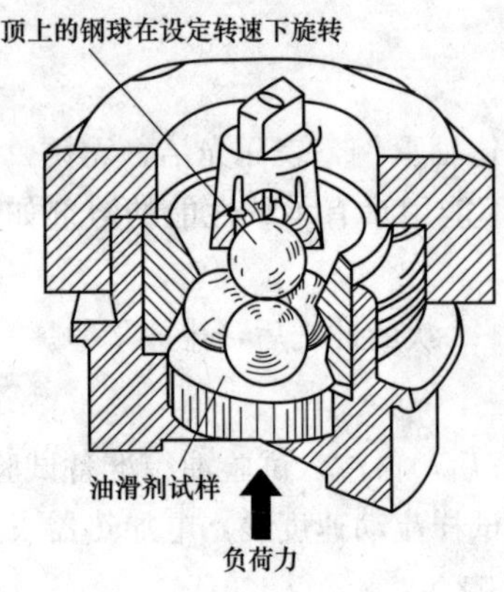

图 15-3 四球摩擦试验机工作示意

要试验方法之一，其以滑动摩擦的形式，在点接触压力下，评定润滑剂的承载能力，包括最大无卡咬负荷 P_B、烧结负荷 P_D、综合磨损值 ZMZ 等；或者进行长时间磨损试验、测定摩擦力、计算摩擦系数。使用特殊附件，也可以进行端面磨损试验和材料的模拟磨损试验。在四球试验机中，4 个钢球按等边四面体排列，如图 15-3 所示，上球在 1400～1500r/min 下旋转，下面 3 个钢球用油盒固定在一起，通过杠杆或液压系统由下而上对钢球施加负荷。在试验过程中 4 个钢球的接触点都浸没在润滑剂中，每次试验时间为 10s，试验后测量油盒内任何一个钢球的磨痕直径，并按照规定的程序反复试验，直到求出代表润滑剂承载能力的评定指标。标准的测试方法见 GB 3142—1982《润滑剂承载能力测定法（四球法）》。

在四球机试验中，最大无卡咬负荷 P_B(kgf) 为在试验条件不发生卡咬的最高负荷（kgf），它代表油膜强度。烧结负荷 P_D(kgf) 为在试验条件下使钢球发生烧结的最低负荷（kgf），它代表润滑剂的极限工作能力。校正负荷 $P_{校}$(kgf) 是对所加实际负荷 P(kgf) 的修正，其数值为 $P \cdot D_k$ 与实测磨痕直径（mm）的比值。综合磨损值 ZMZ 是润滑剂抗极压能力的一个指数，其值为若干次校正负荷的数学平均值。

（二）操作要点

1. 试验前的准备

(1) 确保试验所用钢球符合 GB 308.1—2013《滚动轴承 球 第 1 部分：钢球》要求的Ⅱ级轴承钢球，直径为 12.7mm，GCr15 材质，球体光洁、无锈，和油盒一起用石油醚冲洗干净并吹干。

(2) 四球机的测量结果对主轴转速非常敏感，每次实验前都应确认主轴转速已设定为 1450r/min±50r/min。

(3) 启动电机空转 2～3min，在冬季室温较低时，则应该空转 10～15min。

2. 试球与试样的安装

对于液体试样，应让试样盖过钢球而到达压环与螺帽的结合处；对于润滑脂试样而言，则应先在油盒中放入足够数量的润滑脂，把球嵌入润滑脂中，放上压环，拧紧螺帽固紧油盒，抹平表面的润滑脂并调整到压环与螺帽的接合处，使试样中不能有空穴存在。

3. 最大无卡咬负荷 P_B 的测定

测定 P_B 时，要求在最大无卡咬负荷 P_B 下的磨痕直径，不得大于相应的补偿线上的磨痕直径（即补偿直径）的 5%，若测得某负荷下的磨痕直径比相应的补偿线上的磨痕直径大 5%，则下次试验就在较低的负荷下做，继续上述操作，直到确定最大无卡咬负荷为止。

关于 P_B 点的精度要求如下：P_B 在 40kgf 以下，测准至 2kgf；P_B 在 41～80kgf，测准至 3kgf；P_B 在 81～120kgf，测准至 5kgf；P_B 在 121～160kgf，测准至 7kgf；P_B 在 160kgf 以上，测准至 10kgf。

4. 烧结负荷 P_D 的测定

P_D 即为烧结负荷，是 4 个钢球烧结在一起时的最小载荷，但有时 4 个钢球没有烧结在一起，而钢球磨痕超过了 4mm 时的载荷也可作为烧结负荷，或者已经做到了机器的极限负荷 800kgf 为止。当烧结发生时，为了防止电机损坏，应及时停机。

以下 4 种情况可作为判断烧结发生的辅助判断依据：

（1）摩擦力记录笔尖出现剧烈的横向运动。

（2）电动机噪声程度增加。

（3）油盒冒烟。

（4）加载杠杆臂突然降低。

若出现上述 4 种情况应及时停机，检查是否已经发生烧结，如果没有，则应该重新试验。在测定烧结负荷时会发生反复现象，这可能主要是由于发生烧结时主轴回转精度受到破坏，出现一定的圆跳动而影响了后续测试。经试验经验表明，测定烧结负荷时把油盒拧紧到扭矩为 8.5kgf 是适宜的，试验中下球不滚动，且可提高 P_D 点的再现性。

5. ZMZ 综合磨损值的确定

ZMZ 综合磨损值是对润滑剂极压抗磨能力的一个评价，是若干次校正负荷的数学平均值，其值的准确性是建立在最大无卡咬负荷、烧结负荷准确测量的基础之上。ZMZ 综合磨损值的计算应在理解四球机实验原理的基础上，严格按照 GB 3142—1982 的规定进行。

思考题

1. 简述影响击穿电压测定结果的因素。
2. 简述破乳化度测定方法测试要点。
3. 简述矿物油含量测定方法及操作要点。

第四篇

油处理技术及设备

第十六章　油处理技术

无论是矿物油或者是合成油，在使用过程中，都会接触到水分、空气（氧）、金属以及外界混入各种杂质。在一定的温度和压力下，这些因素均会使油品中部分稳定性差的成分氧化变质。当变质的成分和杂质数量在油中积累达到一定程度时，油质指标满足不了使用要求，就不得不进行更换，更换下来的油不能继续使用，就变成废油。矿物油中变质的组分只是其中的少部分(占总组分的1%～25%)，其余作为润滑油主要组分的大部分烃类仍然具有良好的性能，如果采用一些简单经济的处理工艺和方法，能将这些变质的成分和外界浸入的杂质除去，恢复油的性能，废油就可以得到再生，实现重复利用。这样既可以节约能源，又可以减少废弃物排放，防止环境污染。所以，废油并不是废物，它只是我国的习惯叫法，国外一般叫做"用过的油"。所谓再生就是用化学与物理方法清除油品中不良的成分和杂质，重新恢复油的性能，使其达到或接近油品原有的性能指标。

废油再生的方法有很多种可以采用，选择再生方法的原则应根据废油的劣化变质程度，所含杂质的情况以及对再生油质量的要求等，选用既能保证再生油质量又经济合理的工艺和设备。

第一节　退出运行的废油的处理

电力行业大量使用的变压器油和汽轮机油都是经过深度精制并添加有抗氧化剂的油品，主要组成成分为烷烃、环烷烃和少量芳香烃，而大型汽轮机组调节控制系统用的磷酸酯抗燃油是一种合成油，虽然其结构组成比较复杂，但都是相同类型的三芳基磷酸酯类化合物。这些油因其使用条件和环境的关系，换下来的废油仍然比较清洁，而且在使用中一般都不会混入其他化学成分，可经过简单的再生处理，恢复油的理化指标后即可重复使用。

鉴于上述特点，各类废油一定要单独按品种分类存放，不要混入其他油品，尤其磷酸酯抗燃油不能混入矿物油，这样就有利于以后的再生处理。

由于矿物油（变压器油、汽轮机油）和抗燃油（三芳基磷酸酯）的结构组成和运行条件的差异，它们在使用中的劣化变质机理不同，其产生的劣化变质物也不同。因此，对其进行再生采用的工艺、设备也有所不同。

矿物油的再生方法可以分为物理方法、化学方法、物理化学方法及联合方法等四类。油再生的工艺流程是由一些单元操作组成的。应根据油的实际状况，选择合适的单元操作，组成一个完整的油再生工艺流程。

一、物理方法

（一）重力沉降法（简称沉降法）

沉降法是利用水分和机械杂质与油品的密度差，在重力作用下，由于其密度比矿物油大，油中的机械杂质和水分从油中自然沉降后进行分离，从而达到除去油中水分和机械杂质的目的。

当油中悬浮的机械杂质的颗粒大小在0.05～10μm时，其沉降速度服从斯托克斯定律，可用式（16-1）表示

$$w=\frac{d^2}{18}(\rho_1-\rho_2)\frac{1}{\eta} \tag{16-1}$$

式中　w——杂质颗粒沉降速度，m/s；

d——杂质颗粒直径，m；

ρ_1——杂质颗粒密度，kg/m^3；

ρ_2——油品密度，kg/m^3；

η——油在沉降温度下的动力黏度，Pa·s。

从式（16-1）可以看出，提高油温，降低油的黏度，可以加快杂质颗粒的沉降速度，但提高油温也会增加油品氧化速度，所以采用重力沉降法只能适当提高油温，如汽轮机油可适当加温至40～50℃。

沉降过程可以在卧式罐或立式罐内进行，见图16-1。沉降罐必须有盖，外壁包以保温材料，罐底设有加温蒸汽盘管。卧式罐安放时宜略倾斜，有排污阀一端置于较低位。立式罐应有锥底，锥底端设排污阀。油在沉降前应先加热至沉降温度，然后停止加热并开始沉降。在沉降过程中，应注意即使温度下降也不宜再次加热，因为中途再次加热产生的热对流将会破坏已取得的沉降效果。

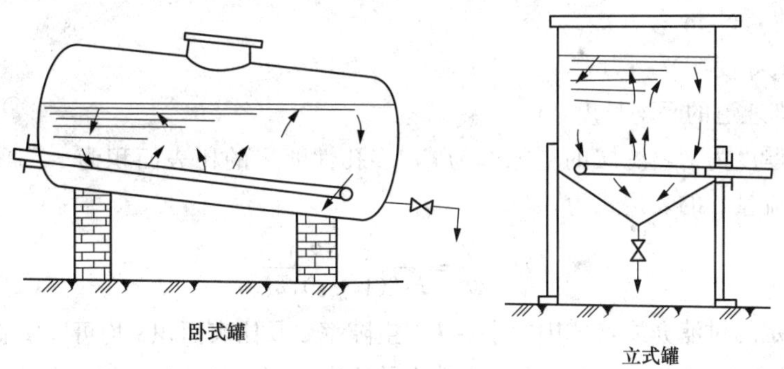

图16-1　沉降罐示意

（二）离心法

离心法是靠高速旋转产生的离心力分离油中的水分和机械杂质，离心力越大，分离的速度越快，分离的效果越好。在离心机旋转时，离心力大小可以按式（16-2）计算

$$F=\frac{9.8Grn^2}{900} \tag{16-2}$$

式中　F——离心力，N；

G——旋转物体的质量，kg；

r——旋转半径（离心机半径），m；

n——旋转速度，r/min。

从式（16-2）可以看出，离心力大小与离心机转速的平方成正比，说明离心机的旋转速度对分离速度和分离效果的影响是很大的。而离心机的半径和离心机转鼓质量与油的质量之和与离

心力大小成正比，但离心机转鼓质量与处理油质量之和越大，消耗的功率也越大，所以在实际应用中，转速一般为3000～40000r/min。

沉降法和离心法所能解决的问题是相同的，都是脱除油中的水分和杂质。但是，离心法消耗功率大，费用也高，其优点是设备小，占地少，分离效果好，效率高。所以在场地狭小的地方宜于采用。而沉降法消耗功率小，费用低，但其缺点占地面积大，沉降时间长。在实际应用中，要从技术上和经济上综合考虑进行选择。

（三）过滤法

过滤法是除去油中固体杂质最有效的方法。有些密度与废油差不多的杂质（如纤维）或颗粒直径很小的杂质，用沉降法或离心法很难完全除去，而采用过滤法只要选择合适的过滤材料，则可以将这些固体杂质过滤去除。

过滤法是利用多孔性过滤介质两边的压力差，使油通过过滤介质中的毛细通道，而将固体杂质阻留下来。在实际过程中，过滤介质不仅包括滤布和滤纸，也包括阻留在滤纸上的沉淀层（即需要除去的固体杂质等），过滤速度与压降的关系服从Poiseuille定律，即

$$U=\frac{d^2\Delta p}{32\mu l} \tag{16-3}$$

式中 U——为油液在滤层毛细通道中平均流速，m/s；

d——毛细通道的当量直径，m；

Δp——压降，N/m^2；

μ——油液黏度，$N\cdot s/m^2$；

l——毛细通道的平均长度，m。

如果滤层的厚度为L，滤层的空隙率为ε，多孔性滤层的比表面积为s，通过相应的推导，过滤速度（体积流量）的表达式为

$$Q=\frac{dV}{dt}=\frac{\varepsilon^3\Delta p}{ks^2(1-\varepsilon)^2\mu L} \tag{16-4}$$

对于性质一定的过滤介质，式中的常数k、空隙率ε及比表面积s均可以实验测定得到。

从式（16-4）可以看出，过滤介质的空隙率及比表面积对过滤速度影响很大，因此应根据废油所含杂质颗粒的大小，选择合适的过滤材料，一般应选择毛细孔径小于杂质颗粒直径的过滤材料。提高过滤温度，降低油的黏度，可以加快过滤速度，一般过滤温度为常温至100℃，即使黏度很大的油，也不宜超过100℃。

电力用油如绝缘油和汽轮机油黏度不大，因此过滤温度一般控制在40～50℃即可，最好不要超过80℃。

二、化学方法

（一）硫酸再生法

用于废油再生的化学方法主要为硫酸再生法。对于劣化程度较深、不能通过简单方法处理的废油，用硫酸再生法可以取得比较满意的再生效果。

1. 原理

硫酸再生法（又称硫酸酸洗法）的原理是基于硫酸对油中某些成分（主要是非理想组分）有相当强的反应能力，将油老化后产生的杂质成分反应后与烃类成分分离去除，从而达到再生油

的目的。硫酸主要起以下几种作用：

(1) 对油中的含氮、硫、氧的化合物，起磺化、氧化、酯化及溶解等作用。

(2) 对油中的胶质及沥青质主要起溶解作用，同时也发生氧化、磺化、缩合等复杂的化学反应。

(3) 对油中的芳香烃起磺化反应。

(4) 对油中悬浮的各种固体杂质起凝聚作用。

(5) 烃类（包括烷烃、环烷烃和芳香烃）都能略溶于硫酸。

2. 再生设备及工艺流程

硫酸再生设备及工艺流程示意见图 16-2。

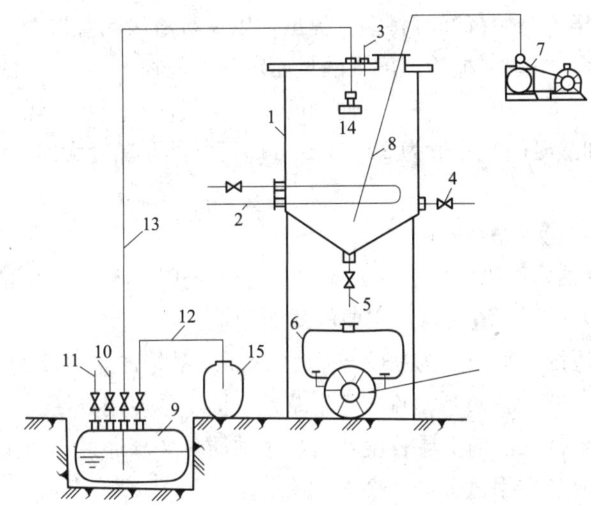

图 16-2 硫酸再生设备及工艺流程示意

1—硫酸再生罐；2—蒸汽加热盘管；3—进油管；4—放油管；5—排酸渣管；6—排酸渣的钢制小车；7—空气压缩机；8—吹空气管；9—酸蛋；10—真空管线；11—压缩空气管线；12—抽酸管；13—压酸管；14—喷头（将管端砸扁而成）；15—酸罐

使用硫酸再生法再生油品时应注意如下事项：

(1) 由于钝化作用，浓硫酸对碳钢的腐蚀性较小，所以，再生设备及管线宜用碳钢材料。

(2) 排放酸渣阀及酸性油管线上的阀门宜用铸铁阀或钢阀，不宜用黄铜阀（易被腐蚀）。排放的酸渣很黏稠，排渣阀选用闸板阀。

(3) 为了缩短沉降时间，酸再生罐不宜太高，为了使搅拌混合的均匀，酸再生罐的直径不宜太大。为了两者兼顾，酸再生罐的圆筒部分的直径与高度之比应为 1∶1，锥底的锥顶角为 120°，罐顶有带人孔的盖，整个罐体保温。

(4) 硫酸储存罐置于地下较为安全。硫酸管线用钢管或塑料管均可，因为 0.05～0.1MPa 的压力就可以把酸压进高位的酸计量罐或再生罐中。

(5) 硫酸必须经喷头分散成小滴状进入油层，以防止硫酸集中造成局部烧油现象。

3. 操作条件

(1) 温度。应根据油品黏度选定酸洗反应的温度和沉降温度，参考温度见表 16-1。

表 16-1　　油品黏度与酸洗温度关系

油品黏度 (40℃) (mm^2/s)	≤15	22～28	35～67	77～115	130～230	250～350
酸洗温度（℃）	10～25	20～25	30～35	40	40～50	55～60

在实际处理中，一般应在略低于表中所列温度范围之下进行。在低温下酸洗并借助于延长搅拌时间和沉降时间既可以达到必要的反应深度，又可以减少氧化之类的有害副反应，油的颜色也会较好。

（2）搅拌方式和搅拌时间。

1）用压缩空气搅拌或机械搅拌均可。用压缩空气搅拌时，将一头砸扁的钢管插入罐底进行鼓气搅拌。搅拌反应完毕，开始沉降时将钢管提出，以免酸渣堵死管口。

2）加酸时搅拌应激烈一些。加酸速度视酸量而定，一般在 5～20min 内完成。如果用空气搅拌，则加完酸后空气量可适当减少一些。所使用的压缩空气应经脱水干燥处理。

3）搅拌时间（含加酸时间）一般为 20～50min 即可。油品黏度大时，时间可稍长一些。

（3）酸洗次数。

1）对不含水废油，一次加酸即可。

2）对含微量水的废油，可以采取二次加酸的方法。先用 0.5%～2%的酸进行脱水预酸洗，搅拌 20～30min，沉降 1～2h 分渣后再加主要的酸洗酸量。

（4）硫酸浓度。常用的硫酸浓度为 93%～98%，效果最好的是浓度为 98%的硫酸，但其凝固点高，冬季使用不便。93%～96%的硫酸效果略差，但冬季使用方便。

（5）硫酸用量。应根据废油的变质程度及对再生油质量要求通过小型试验选定硫酸用量，变压器油和汽轮机油再生时硫酸用量一般为 2%～8%。

（6）助凝剂。酸洗后油分为两层，上部为具有一定酸性的酸性油，下部为非常黏稠的酸渣。起始时酸渣呈微粒状分散悬浮于油中，难于从油中沉降分离出来。为了加速酸渣沉降，可以使用助凝剂来帮助某些很难沉降分离的酸渣微粒凝聚为较大的颗粒而快速沉降下来。变压器油和汽轮机油酸洗时常用的助凝剂为白土。

（7）沉降分渣条件。酸洗后沉降分渣时，不应再继续加热，否则加热产生的热对流将阻碍酸渣的沉降分离。

沉降时间越长，酸渣分离越净。但酸渣是一个不稳定体系，不断在起着复杂的化学变化，在变化中会有一些非理想组分重新进入油中，因此大量酸渣与油长时间接触会影响再生油的质量。所以不应等沉降终了再排渣，而应分次排渣，在沉降 15min 及 1h 之后，各排渣一次，10h 左右排渣一次，沉降终了再排渣一次。

沉降时间视分渣情况而定。变压器油和汽轮机油一般为 4～6h，46 号以上汽轮机油为 10h。

分离酸渣后的酸性油的酸性较强，还要进行碱中和和白土处理，除去油中酸性物，才能得到合格的再生油。

（二）加氢还原法

随着科学技术的发展，某些应用于炼油生产中的油品精制的工艺，如加氢精制工艺，通过研究开发，也在逐步应用于劣化油的再生处理工作中。

矿物油成分的劣化变质主要是其中的易氧化成分被氧化所致，如果在合适的条件下加氢还原，不仅能去除油中的醛、醇、酯和酸类等含氧化合物，而且能除去油中的含氮、硫的化合物。

加氢精制是在催化剂存在下，并在高温高压下，用氢对各种油料进行催化改质的工艺。在加氢过程中，烯烃和芳香烃等不饱和烃发生饱和反应，变成饱和烃，并对非烃化合物如含氧、硫、氮化合物产生置换或转化反应，也变为饱和烃，从而使废油得到精制。加氢精制目前作为炼油工业中溶剂精制等工艺的一个补充手段，又称为加氢补充精制。加氢精制的效果，取决于催化剂活性及精制温度、压力及时间等条件的选择。

据资料报导，这种加氢还原工艺已被开发成一种可移动的用于再生变压器油的再生处理装置，在应用中证明，在使用过程中不会产生大量对环境污染的废弃物，而使变压器油的品质得到明显地改善，延长了变压器油的使用寿命。

所以加氢处理作为一种理想的化学再生方法，在废油的再生处理上，有着广阔的前景，需要进行深入的研究。

三、物理化学方法

矿物油再生所用的物理化学方法主要为吸附法，吸附法适用于劣化程度较轻的废油再生处理。

吸附法是矿物变压器油和汽轮机油常用的再生方法。它不仅能对油进行有效地再生处理，而且能够实现对油的在线连续再生处理。

1. 吸附再生原理

吸附法是利用吸附剂对废油中的酸性组分、树脂、沥青质和水分等有较强的吸附能力的特性，使吸附剂及废油充分接触，将酸性组分、树脂、沥青质和水分吸附，达到除去这些有害物质的目的。

2. 选择性吸附作用

吸附剂的吸附作用是有选择性的。如硅藻土（活性白土）可优先吸附油中的极性含氮、硫、氧的有机化合物，其次是多环芳香烃等氧化产物，对硫酸和磺酸也有较强的吸附能力。

3. 吸附法操作条件

(1) 再生温度。因再生不同油种和使用不同吸附剂，其再生温度也不同。如变压器油和汽轮机油一般为40～50℃，最好不要超过60℃，应通过小型试验确定最佳处理温度。吸附再生过程分为两步：第一步，被吸附物质从油中扩散到吸附剂表面；第二步，吸着在吸附剂表面上。提高温度，使油的黏度下降，分子动能增加，能使分子能更快地从油中扩散到吸附剂表面，有利于提高再生效果。但是，提高温度也加快了油品的氧化速度。

(2) 吸附剂用量。用于油处理的吸附剂用量一般为油量的2%～15%，用量大时虽然处理效果会好些，但是吸附剂消耗大，而且吸附剂还会吸附一些油，增加了处理油的成本。在选择吸附剂用量时，应根据油品变质情况，合理选择吸附剂用量。

(3) 再生时间。吸附处理时间过长，处理效果未见明显提高，所以时间不宜过长。具体的处理时间应通过小型试验确定。

4. 常用吸附剂及其性能

用于油处理的常用吸附剂及其性能见表16-2。

表 16-2　　常用吸附剂及其性能

名称	硅胶	分子筛（沸石）	活性白土	活性氧化铝	复合氧化硅铝吸附剂
型号	粗孔、细孔、变色	A 型（常用）X 型、Y 型		改性氧化铝	
化学成分	$mSiO_2 \cdot xH_2O$ 变色硅胶浸有 $COCl_2$	$M_{2/n}O \cdot Al_2O_3 \cdot xSiO_2 \cdot yH_2O$（M 一般为 K、Na、Ca；n 为金属的价数）	主要成分为 SiO_2，另含少量 Al、Fe、Mg 等金属氧化物	$mAl_2O_3 \cdot xH_2O$	$mSiO_2 \cdot nAl_2O_3$
形状	干燥时呈乳白色无定形块状或球形颗粒	条形或球形颗粒	无定形或结晶状白色粉末或粒状	块状、球状或粉末形的结晶	微球形
孔径（nm）	8～10	0.3～1.0	50～80	2.5～5.5	0.8～0.9
比表面积（m^2/g）	300～400	300～400	100～400	180～370	>530
活化温度（℃）	450～600，变色硅胶为 120℃	450～500	450～600	300	120
最佳工作温度（℃）	30～50	25～150	100～150	50～70	40～60
能吸附的组分	水分、气体及有机酸等氧化产物（细孔硅胶多用于吸水，粗孔硅胶多用于油处理，变色硅胶作吸水指示用）	水、气体、不饱和烃、有机酸等氧化产物（A 型多用于吸水，5A 型可用于油处理，X、Y 型用于油处理）	水分、不饱和烃、树脂及沥青质、有机酸等。可用于油处理	有机酸及其他氧化产物，可用于油处理	酸性组分及其他氧化产物，可用于油处理，除酸效果好

（1）硅胶。硅胶的主要成分是 SiO_2，它用于变压器的呼吸器中，主要作用在于吸收空气中的潮气，防止变压器受潮；硅胶用于变压器的热虹吸器中，其作用是吸附油质劣化产物以达到处理油的目的。在变压器油酸值未明显升高或未产生水溶性酸之前，热虹吸器装入硅胶处理油还是有效的。如果变压器油已经氧化产生一些酸性产物，这些产物能加速油的氧化，使油的酸值进一步升高，则热虹吸器中很少的硅胶就无能为力了。硅胶作为一种人工合成的吸附剂，吸附性虽比硅藻土略强，但其处理油的效果也不令人满意，除了应用装填于变压器热虹吸器外，其他应用很少。

（2）分子筛。是一种人工合成的吸附剂，主要成分是 SiO_2 和 Al_2O_3，其晶体中含有金属离子。A 型分子筛用于吸附水分具有较好的效果，X 型和 Y 型分子筛主要用于处理油。分子筛吸附主要是物理吸附，其吸附力（范德华力）较小，选择性吸附性能较差。A 型、X 型和 Y 型分子筛的区别在于它们的分子中的硅铝比不同。

（3）活性白土。活性白土的主要成分是 SiO_2，它是炼油厂常用的一种吸附剂。在炼油工艺之一的硫酸精制之后进行白土精制，称之为白土补充精制。用于脱除酸性油中酸性组分和残留酸渣。20世纪50年代，在电厂中曾采用过白土处理废油。由于白土处理需要配套繁杂的设备，同时产生大量残渣不易处理而逐渐弃用。白土处理对于降低酸值效果也不很理想。

(4) 活性氧化铝。是一种人工合成的吸附剂，主要成分是含结晶水的 Al_2O_3，它的吸附性能比硅胶稍强，但其缺点是对树脂和油泥类的氧化产物的吸附效果差，而且价格较贵。因此用于处理油方面也未获得广泛应用。

(5) 复合氧化硅铝吸附剂。它是近年来研制的一种人工合成的吸附剂，主要成分为 $SiO_2 \cdot Al_2O_3$ 复合物。经研究和实际使用证明，复合氧化硅铝吸附剂是目前再生油所用的吸附剂中效果较好的吸附剂。它不仅具有更大的比表面积（$>530m^2/g$），利于吸附更多的吸附质分子，而且孔径分布单一均匀，是目前电力用油中使用比较多的一种吸附剂。

表16-3列出几种常用吸附剂脱酸性能的对比结果。

表16-3　几种吸附剂脱酸性能比较

名称	吸附剂用量（质量分数）(%)	酸值（以KOH计）(mg/g)		脱酸率（%）
		再生前	再生后	
复合氧化硅铝吸附剂	8	0.35	0.01	97.14
	2		0.03	91.43
分子筛	8	0.35	0.09	74.29
	2		0.28	20.00
活性白土	8	0.35	0.10	71.43
	2		0.31	11.43
活性氧化铝	8	0.35	0.14	60.00
硅胶	8	0.35	0.29	17.14

从表16-3可以看出，用量为2%的复合氧化硅铝吸附剂即可使废油酸值从0.35mg/g（以KOH计）下降至0.03mg/g（以KOH计），脱酸率达91%以上，明显优于其他吸附剂。

5. 吸附法的分类

吸附法可分为接触法和渗滤法。接触法仅适用于再生从设备内换下来的油；渗滤法既适用于再生退出来的油，也适用于再生运行中的油。

(1) 接触法。废油与吸附剂在搅拌条件下混合，使油与吸附剂充分接触并在一定温度下保持一定的时间，以达到预期的再生效果，这种方法即为接触法。

接触法的工艺过程是：将需要再生的油注入再生容器内并在机械搅拌下将油加热至再生的温度（矿物油一般为40～50℃），然后将一定量的吸附剂倒入再生容器，不间断地搅拌，使油与吸附剂充分混合接触并保持一定时间，然后停止搅拌，静置沉降并分离出吸附剂渣。将上层油进行过滤，即可得到再生合格的油。根据对再生油的颗粒污染度的要求，可以用板框过滤机，或者用高精度的过滤设备过滤直至油的颗粒污染度合格。

接触法的再生效果与接触温度、搅拌时间、吸附剂性能及其用量等因素有关，应根据油质劣化变质程度，通过小型试验确定再生的最佳工艺条件。

接触法使用的吸附剂为粉末状或微球状。所使用的主要设备——接触再生搅拌罐如图16-3所示。

(2) 渗滤法。将吸附剂装入柱形渗滤器内，废油连续地通过渗滤器与吸附剂接触并反复循环，以获得较好的再生效果，这种方法即为渗滤法。

渗滤法使用的吸附剂是颗粒状的。在渗滤法再生过程中，油流动的动力可以依靠液位差自流，也可以是泵送强迫油流动，其系统原理流程见图 16-4 和图 16-5。

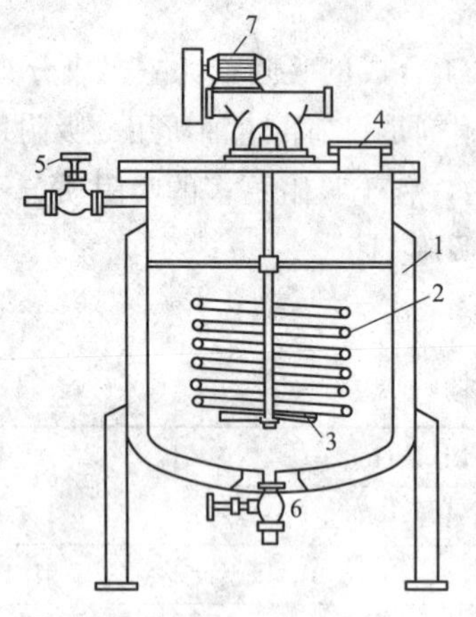

图 16-3 接触再生搅拌罐

1—蒸汽夹套；2—蒸汽盘管；3—搅拌桨；4—吸附剂进料口
5—进油阀；6—油与吸附剂排出阀；7—电动机

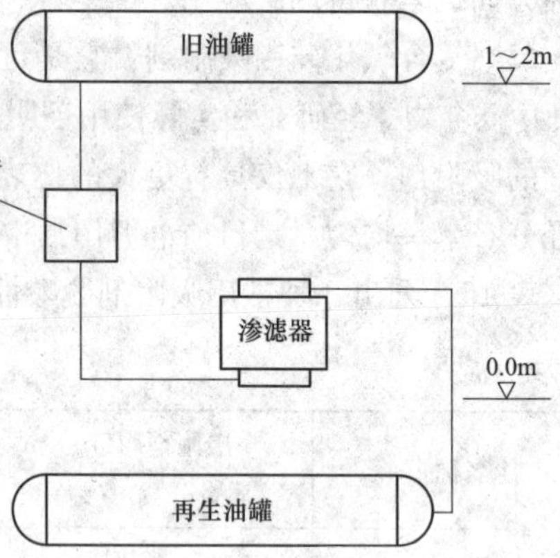

图 16-4 油自流渗滤法再生系统

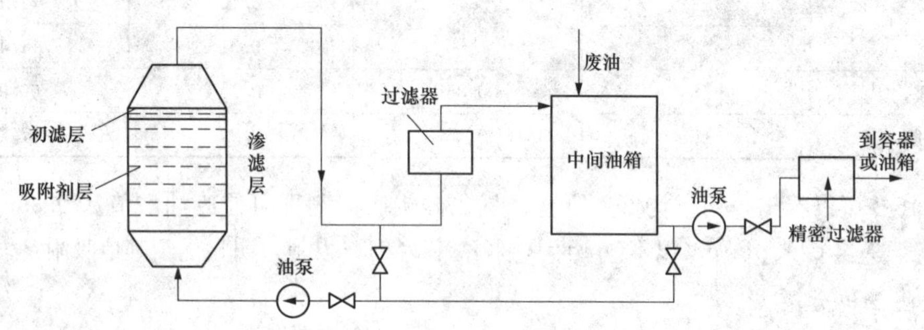

图 16-5 泵送油流渗滤法再生系统

渗滤法的主体设备是渗滤器，吸附剂装入渗滤器中必须充填均匀。渗滤器设计的应高一些，高度与直径之比宜在 4 以上。泵送废油应从渗滤器底部进入，再生后的油从上部或顶部引出，这样才能保证油与吸附剂有足够的接触时间并防止油短路。渗滤器在装入新吸附剂后一段时间内，其再生能力最强，随吸附杂质数量的增多，吸附剂的再生能力下降，至吸附饱和后，就需要更换新吸附剂。

吸附法再生后的油，还需要进行过滤净化，以保证油的机械杂质或颗粒污染度合格。

吸附渗滤法的最大优点在于能够实现对运行中的油进行旁路在线的连续处理。变压器油在变压器中的带电再生处理就是这种方法应用的典型实例，其原理流程见图 16-6。

四、联合处理方法

在油的再生工艺过程中，往往将物理方法、化学方法及物理化学方法采用不同方式组合起来应用，其效果更佳，这就是联合处理方法。对于不同油品，不同的油质状况及对再生油质量的

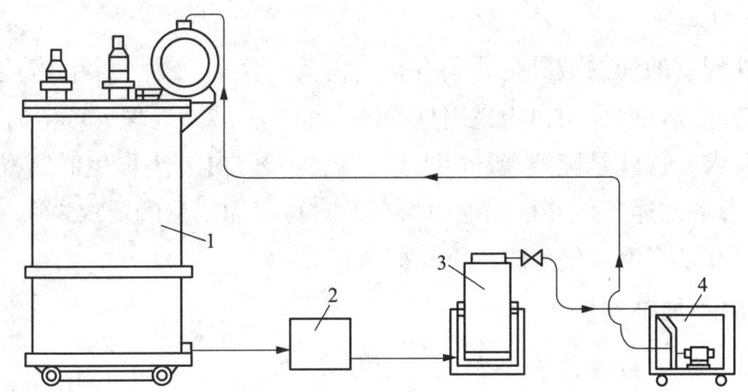

图 16-6 运行变压器油带电再生原理流程

1—变压器；2—电热预热器；3—吸附剂渗滤器；4—过滤机

不同要求，所采用的组合方式也不同，以下介绍几种联合处理方法。

（一）硫酸-白土法

硫酸-白土法（简称酸-白土法）是废矿物油再生经常采用的方法。它主要包括硫酸再生和白土再生两种单元操作，即将硫酸再生后的酸性油直接用白土吸附处理，然后再经过滤即可获得合格的再生油。硫酸-白土法适用于油质劣化变质较严重的情况，尤其适用于高黏度的矿物油。

应用硫酸-白土法再生变压器油和汽轮机油时的温度和药剂用量可以参考表 16-4。

表 16-4　再生温度与药剂用量

油种	硫酸处理		白土处理	
	温度（℃）	用量（%）	温度（℃）	用量（%）
变压器油	20 左右	2～8	50～60	10～12
汽轮机油	30 左右	2～8	60～70	15～20

（二）硫酸-碱中和法

硫酸-碱中和法是将硫酸再生后的酸性油用碱溶液进行中和。

碱中和是利用碱与油中的低分子有机酸，环烷酸等酸性物质反应，生成盐或皂化物，再经水洗后沉降分渣。碱中和是离子反应，所以不宜用固体碱而宜用碱溶液。使用强碱性的氢氧化钠比弱碱性的碳酸钠更有效些。常用碱溶液的浓度为 3%～5%，碱中和温度 70℃左右。碱洗黏度较大的油时，为了防止乳化，可采用较低浓度（1%）的碱液和较高温度（80～90℃）进行碱中和。碱中和的用碱量按式（16-5）计算

$$m = 0.072\frac{m_1 N}{C} \tag{16-5}$$

式中 m——碱溶液用量，kg；

m_1——原料油量，kg；

N——原料油的酸值，mg/g（以 KOH 计）；

C——碱溶液的浓度，%。

碱中和后还要水洗数次，至水溶液不呈碱性为止。

硫酸-碱中和法适用于黏度小，碱中和时不易发生乳化的油，如变压器油等。

（三）硫酸-碱-白土法

为了使经酸碱处理后的油的破乳化时间合格，需要水洗的次数太多，产生较多的含油废水。此时，可以减少水洗次数，而采用白土吸附处理的方法，将酸碱处理后产生的引起油乳化的皂化物吸附去除以达到要求，这就是硫酸-碱-白土法。硫酸-碱-白土法再生时的操作条件（如温度、药剂用量等），可以参考前述条件并根据油质情况及对再生油质量的要求，通过试验选定。

硫酸-碱-白土法可以再生劣化变质严重，酸值很大的油。

五、再生油补加添加剂问题

（一）不同再生方法的再生油中添加剂的消耗情况

（1）硫酸法再生后的油中的T501和T746添加剂大部分被消耗。

（2）吸附法再生后的油中T501的消耗量，取决于吸附剂的种类（性能）及再生条件。如硅藻土处理，在不高的温度下，基本上不消耗T501。而硅胶处理，则会消耗一些T501。各种吸附剂对油中的T746均会消耗一些。因此应通过试验判断它们的消耗量。

（3）以沉降、过滤、离心和碱洗等方法再生后的油中，不消耗T501添加剂。除碱洗外，也基本不消耗T746添加剂。

（二）再生油中添加剂的补加

无论采用何种方法进行再生，由于废油本身在使用过程中已经消耗部分添加剂，尤其是废旧程度较深的油，即劣化变质较严重的油，消耗掉的添加剂更多。因此，再生油一般都要补加添加剂。对于变压器油，补加T501抗氧剂；对于汽轮机油除补加T501抗氧剂外，还需补加T746防锈剂。但是，再生油中是否补加添加剂以及补加量，对于不同的油不完全一样，均需要通过试验确定。

（三）添加剂的补加方法

添加T501抗氧剂或T746防锈剂时，按需要添加的量计算后，取一定量待补加添加剂的油，加热到50～60℃，以提高添加剂在油中的溶解能力，将T501抗氧剂或T746防锈剂加入热油中，充分搅拌配成5%～10%的母液后通过滤油机加入油中，循环混合均匀即可。

（四）不明添加剂时的处理措施

对于不明添加剂的废油，再生后添加T501抗氧剂时需要进行感受性试验，以确定添加的效果，否则需重新筛选合适的抗氧添加剂以改善再生后油的抗氧化性。

六、磷酸酯抗燃油的废油处理

磷酸酯抗燃油是一种人工合成的液体，汽轮机组调节系统常用的抗燃液压油为三芳基磷酸酯。由于磷酸酯抗燃油的结构组成和特性与矿物润滑油不同，因此，其劣化变质的机理和变质过程也与矿物润滑油不同。

磷酸酯抗燃油在使用过程中，不可避免地接触空气（氧气）、水分和金属，在一定的温度（尤其高温）和压力（尤其高压）下，可能会发生苯基上的烃取代基氧化或发生C-O-P键的水解，使抗燃油劣化变质产生酸性产物，这些劣化产物对磷酸酯的变质又有自动催化作用，使其劣化变质进一步加速。

鉴于磷酸酯及其劣化产物的自身特点与矿物油不同，所以用于矿物油再生的技术和方法不能完全适用于再生处理磷酸酯抗燃油。

磷酸酯抗燃油的黏度较大，与水分和颗粒杂质的密度差较小，其中的颗粒杂质尺寸较小，因此重力沉降法和离心法不适合于磷酸酯抗燃油，只能采用过滤法去除。过滤设备的过滤精度必须要高，过滤设备的材料（包括其密封材料）必须与磷酸酯抗燃油相容。

硫酸再生法显然不适用于处理磷酸酯抗燃油，因为在有水存在的情况下，硫酸加入会进一步加速水解降解过程；硫酸有可能使磷酸酯上的芳环磺化，使磷酸酯变质；磷酸酯会溶解于硫酸中，使之无法分离出来。

水分在磷酸酯抗燃油中的溶解度很大，所以聚结分离和沉降法不适合于磷酸酯抗燃油中的水分脱除，一般使用脱水剂吸附或低真空脱水处理磷酸酯抗燃油中的水分。

吸附再生法适合于磷酸酯抗燃油的再生处理，它可以通过选取适宜的吸附剂，通过物理吸附除去油中酸性产物和极性劣化产物，采用间歇式分批次操作，从而达到再生油的目的。

采用吸附法再生废磷酸酯抗燃油时，适用的吸附剂有复合氧化硅铝吸附剂、活性氧化铝以及硅藻土吸附剂。用于再生油的设备为带有加热和搅拌装置的不锈钢罐。

吸附法处理磷酸酯抗燃油可按以下步骤操作：

（1）先将废油泵送入再生罐、启动搅拌并开始加热，加热到50～60℃时保温并开始缓慢加入吸附剂。吸附剂用量根据废油酸值按式（16-6）计算

$$W=\frac{NG}{X} \tag{16-6}$$

式中　W——吸附剂加入量，kg；

N——待处理油的酸值，mg/g（以KOH计）；

G——再生罐中的待处理油量，kg；

X——吸附剂的吸酸量，mgKOH/g。

吸附剂的吸酸量（X），对于不同的吸附剂是不同的，可以通过试验室小型吸附再生试验测定计算得出。

取100g废磷酸酯抗燃油（酸值N_1）于60℃下加入5g吸附剂，搅拌60min后静置澄清，去上层澄清油，测定吸附后油的酸值（N_2），吸附剂的吸酸量（X）按式（16-7）计算

$$X=20(N_1-N_2) \tag{16-7}$$

（2）搅拌约2h，取样化验油的酸值、电阻率，若达到预期效果，停止搅拌。

（3）若待处理油酸值较大（＞0.5mg/g，以KOH计），将总吸附剂量分次加入效果更佳。若吸附剂分两次加入，保持再生温度（50～60℃），先加入一半吸附剂，搅拌30～40min，第二次加入另一半吸附剂后再搅拌1～2h。

（4）停止搅拌后静置沉降。不同吸附剂的沉降分渣时间不同，可以通过观察油层与沉渣层的分离状况确定分渣时间。

（5）抽取上部油层进行过滤至颗粒污染度合格。

间歇式吸附法的再生温度控制恒定，搅拌分散均匀，吸附剂与油接触良好，其再生效果较好。

第二节　运行中油处理

电力系统用的变压器油、汽轮机油、磷酸酯抗燃油的使用环境较好，运行中油质劣化主要是个别指标变差，不符合运行要求，在设备检修中或在运行中采用合适的手段及在线再生处理手

段即可恢复油的性能，满足使用要求。以下按油品种类不同分别介绍运行中电力用油的再生处理。

一、运行变压器油处理

运行中变压器油油质劣化主要包括含水量、杂质、酸值、介损损耗因数、击穿电压等指标变差，运行时间很长的变压器油可能会有油泥析出等现象。

一般适合于停运变压器油在线处理的方法按目的不同分为净化处理和再生处理两类手段。

（一）净化处理

净化处理是指仅用物理方法对引起油质劣化的杂质进行分离的过程，将油中的气体、水分和固体颗粒杂质降低到合格范围内。常用的净化处理方法有机械过滤和真空过滤，具体应根据油质情况以及应达到的指标要求和净化处理方法的特点选择。

1. 机械过滤

机械过滤通常是指基于在压力下油通过滤纸或其他过滤介质除去油中水分、游离碳、油泥、纤维及其他机械杂质等，从而改善油的电气性能的目的。但是过滤处理不能除去油中溶解的杂质，也不能脱除油中的溶解气体，使用时应注意下列事项：

（1）去除水分的能力取决于过滤介质如滤纸的干燥程度及质量，因此过滤介质在使用前应充分干燥。当过滤含有水分的油时，过滤介质吸收油中水分后，过滤介质中的水分含量很快与油中的水分含量达到平衡，而油中的饱和含水量是随温度增加而增大的，因此在较低温度（一般低于45℃）下过滤，有利于脱水效果的提高。

（2）滤油机的工作状况主要靠观察滤油机的油压和测定滤油机出口油的水分含量、击穿电压和颗粒度等指标来监督，当发现滤油机运行压力升高或滤油机出口取样测试油的相关指标如水分、击穿电压、颗粒度不再改善时，应及时采取更换滤纸或滤芯等措施。

（3）由于超高压、特高压、和直流输电变压器对变压器油对于的颗粒度提出了更高的要求，常规机械过滤的滤油机已经不能满足要求，需要选用 $\beta_3 \geqslant 1000$ 甚至精度更高的过滤器。

2. 真空过滤

真空过滤是指在高真空和适当的温度下将油在真空过滤装置中雾化或分散成薄膜，使油中所含的水分、气体、挥发性酸在真空下脱出，再结合过滤器滤除机械杂质的分离净化方法，适合于要求高的变压器油的深度脱水脱气处理。

使用真空过滤处理应注意以下事项：

（1）油中水分和气体的脱除，取决于设备的工作真空度、油的黏度和油温。真空度越高，则水分汽化的温度越低，脱水的效果越好，而油在加热状态下，温度升高，黏度下降，有利于气体和水分的逸出。当然温度过高，不但会使油中少量的轻质馏分蒸发，而且会使油中的T501部分损失，因为真空条件下T501抗氧剂的挥发性比矿物油大，所以真空滤油时，油温一般控制在70℃以下，以防止油质氧化或引起油中的T501和油中的某些轻组分蒸发损失。

（2）对超高压设备用油进行深度脱水脱气时宜采用双级真空滤油机，运行真空度在133Pa以上。

（3）真空滤油时，由于滤油机抽真空与大气相通，应注意设备真空罐内的油位控制是否可靠，并且连续监视，以免发生跑油事故。

（4）在真空滤油过程中，应定期测定滤油机进、出口油的含气量、水分、击穿电压、颗粒度等，以监督滤油机的净化效率。

(5) 需要注意的是目前已经出现变压器带电真空滤油的设备，但由于带电真空滤油不仅会改变油中溶解气体的含量，影响色谱分析得到的信息的可靠性，而且如果滤油的参数或操作选择不当，会使变压器油里面的杂质和气泡运动起来，导致气泡击穿或者杂质放电。所以对变压器在线带电滤油可靠性需要反复研究论证，慎之又慎。

（二）再生处理

再生处理是采用吸附剂吸附的方法将油质老化产生的劣化产物如羧酸、油泥、胶质等有害化学成分等去除的过程。采用吸附再生可以有效改善油的酸值、介损、水溶性酸、界面张力、体积电阻率等指标。吸附再生结合补加油中损失掉的抗氧剂是改善油质、延长油的使用寿命的最佳手段。

吸附再生处理需要和真空脱水脱气过滤相结合使用，在对油再生的同时，一方面去除油中的水分、气体和机械杂质，另一方面可以避免再生时因更换吸附剂或滤芯造成油中的水分和含气量升高。另外，再生后的油也必须经过精密过滤后才能使用，以防吸附剂等杂质残留物带入运行设备中。

用于在线吸附再生的方法为渗滤法。它是用压力强迫油通过装有颗粒吸附剂（如硅胶、活性氧化铝等）的净油器，实现吸附剂与油的不间断接触，将油中的劣化产物吸附到吸附剂上而除去。

对变压器进行油再生时，再生设备及真空滤油机的连接方式见图 16-7。

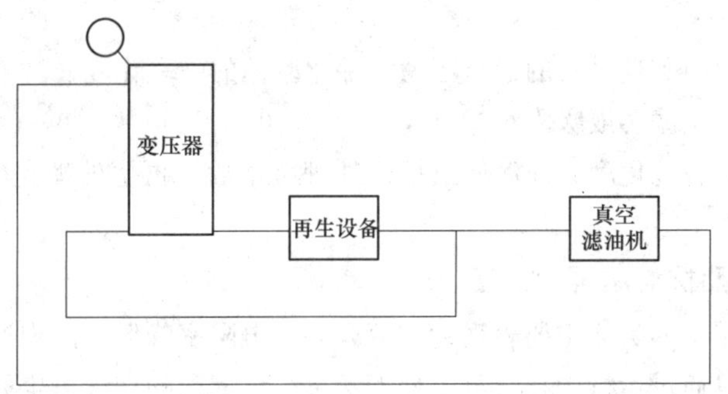

图 16-7　对运行变压器油进行再生处理时设备的连接方式

对变压器油在线再生需要注意：

(1) 选择再生设备和真空滤油机串联使用，再生设备在前、真空滤油机在后，选择的真空滤油机流量比再生设备大 30%左右。采用图 16-7 中所示的连接方式，可确保再生后的油全部被真空处理，由三通对两台设备的流量匹配使两台设备都能正常运行。

(2) 各设备及部件接地良好，油的流速不宜过大，以 0.5～1m/min 为宜，以避免产生油流带电。

(3) 做好防雨防潮措施，以免变压器受潮。

(4) 在正式连接变压器前需要用油对设备及管路进行冲洗，以免设备管路不洁，对变压器造成污染。

(5) 在油吸附再生的过程中，一般选择 40～60℃进行再生，再生过程中需要定期取样化验油的相关指标如酸值、介损、界面张力、水分、击穿电压等，以确定油被再生净化的程度以及是否需要更换吸附剂或滤芯。

(6) 再生处理完毕，需要对抗氧剂含量进行测定，并补加 T501 抗氧剂。

二、运行中汽轮机油再生处理

运行中汽轮机油的劣化主要反映在油的酸值、破乳化度、油泥、抗氧化性等指标变差，这些指标如果劣化不严重，可通过在线再生和补加添加剂解决。

在运行汽轮机油在线再生设备出现前，一般油的酸值、破乳化度指标超标和油中出现油泥，不能通过一般的过滤手段解决，只能采取换油或退出运行进行体外渗滤再生的方法进行处理，否则油质老化产生的这些劣化产物不但会缩短油的寿命，而且严重影响着机组的安全运行。

目前已具有在线吸附再生的设备，通过在线运行，可以彻底去除油中的老化产物和油泥，恢复油的酸值和破乳化度等指标。

对运行汽轮机油进行在线再生时，一般需要注意以下事项：

(1) 在线再生前需要对油质进行全面的油质分析，重点是油的抗氧化性试验，包括旋转氧弹、开口杯老化等，以确定油质劣化的原因。

(2) 进行试验室再生处理试验，对再生处理后的油进行旋转氧弹试验、开口杯老化试验，如果油的抗氧化性能较差，需进行抗氧剂感受性试验。

(3) 如果以上试验结果表明油的抗氧化性能很差，且添加抗氧剂不能得到改善，则需考虑换油；如果再生及添加抗氧剂效果良好，则根据以上试验结果制定在线再生处理方案，进行在线处理。

(4) 在线处理过程中监视设备的运行压力，并化验油的破乳化度、酸值、油泥析出情况，根据油质变化及时更换再生滤芯或吸附剂。

(5) 当油的酸值、破乳化度、油泥析出指标处理合格后，再生处理完毕，补加 T501 抗氧剂和 T746 防锈剂。

三、运行中磷酸酯抗燃油再生处理

运行抗燃油在使用中的劣化主要表现为酸值升高、电阻率降低、出现油泥等问题，大部分情况下，这些指标都可以通过运行中在线再生处理解决。抗燃油的在线再生处理应注意：

(1) 吸附介质的选择。以前用于抗燃油在线旁路再生的介质有硅藻土、树脂和复合氧化硅铝吸附剂，其中硅藻土和复合氧化硅铝再生介质是吸附型再生介质，而树脂是交换型再生介质。

硅藻土是最早用于抗燃油旁路再生的吸附介质，对于降低油的酸值有一定的作用，而且用于滤芯式再生装置，油通过阻力小。由于其吸附速度较慢、吸附量较低，可以用于酸值不高的油的再生，但对于油泥和提高油的电阻率几乎没有作用。目前大部分已被复合氧化硅铝吸附剂和树脂再生介质取代。

复合氧化硅铝吸附剂的吸附速度很快，吸附容量大，无论是对降低酸值还是提高电阻率，其效果很好，而且可吸附去除油泥，对于油的泡沫特性及脱色有一定的改善作用，也是目前使用最多的再生介质。

树脂再生介质对于降低酸值效果较好，对提高电阻率没有明显效果，因其对油再生后可引起油中水分增加，必须与脱水装置联合使用，使其应用受到限制。

在实际使用中应根据现场条件、油质状况、兼顾到处理效果以及经济性、环保性，选择合适的再生介质和设备。

（2）运行抗燃油系统对油的颗粒污染度要求很高，再生设备需要配置高精度的颗粒过滤器，一般用于抗燃油过滤的滤芯精度在 $\beta_3 \geqslant 200$ 以上，才可保证滤出油的颗粒污染度在 SAE AS4059F 6 以内。

（3）由于抗燃油的油箱较小，而再生设备第一次投运时，设备中需要充油，因此投运时要注意油箱的油位，及时对油箱补油。

（4）在设备投运期间每 2～3 天取样化验油的酸值、电阻率指标，如果酸值、电阻率指标不再改善，就需要及时更换滤芯。

（5）由于酸性劣化产物会进一步加速油的劣化，建议在运行中坚持投运再生设备，及时除去油中的劣化产物，始终将油的酸值维持在低的水平，而不是等油质严重劣化后再去处理，这样可以大幅延长油的使用寿命，而且节省滤芯，降低运行维护成本。

（6）由于抗燃油的黏温特性很差，低温时黏度很高，会造成再生设备运行压力急剧升高。因此在冬季投运时由于设备中存有冷油，投运前应将设备中的冷油排出，控制设备的运行压力，待设备中的冷油置换排出后才能正常投入运行。

（7）运行中监视设备运行压力及滤芯的压差，如果滤芯压差超过规定值，应及时更换，以防滤芯压差过高而破损造成堵塞滤料泄漏。

思考题

1. 简述运行汽轮机油在线再生处理可解决的油质问题及注意事项。
2. 简述吸附再生废磷酸酯抗燃油操作步骤。

第十七章　电力用油处理设备

电力用油主要包括变压器油、汽轮机油、磷酸酯抗燃油以及磨煤机、风电机组用的齿轮油等，这些油在使用过程中，不可避免地会发生老化变质，导致油质指标变差，影响到机组的正常运行。如变压器长期运行，伴随有发热和放电现象，变压器油中会出现油泥、气体，油质老化会使酸值、水分升高，介损变大，产生油泥，击穿电压降低等；运行中的汽轮机油由于受温度、空气、杂质、水分及运行工况的影响，老化后其酸值、破乳化度、油泥、颗粒度、颜色等一些指标都会变差；抗燃油在运行中同样容易发生劣化变质，使油的酸值升高、电阻率降低、颜色加深等。

当这些油的油质指标变差，不能满足机组正常运行时，通过对其进行在线过滤、再生、脱水、脱气、补加添加剂等处理，可以部分或全面恢复油品的性能，以保障机组安全运行。

针对油的种类不同、性能要求和使用环境不同，人们研制生产了相应不同的油处理设备，用于油的再生与净化处理。

油的再生就是通过吸附剂吸附将已经劣化变质的油中存在的劣化产物去除，使不合格油的性能指标重新得到恢复或改善的一项技术措施。

油净化主要指采用机械过滤、离心分离、真空过滤和聚结分离过滤等物理净化方式去除油中的机械杂质、水分等的净化油的过程。

电力用油的再生净化应根据油质老化程度，采用不同的方法和不同的净油设备，下面对电力用油常用的油处理设备进行介绍。

第一节　常用的油净化设备

一、真空滤油机

真空滤油机，是利用真空下油和水的沸点不同，使含水含气的油在一定温度和真空下雾化，油中的水分被蒸发成水蒸气，同时油中所含气体逸出，通过真空泵抽走，从而脱去油中的气体和水分的设备。

真空滤油机的脱水脱气效果，取决于真空度和油的温度。真空度越高，油中水分越容易汽化；油温越高，水分达到饱和蒸汽压的真空度越低，也有利于油中气体的逸出。真空度的高低由真空泵或真空泵组决定，而油温可通过加热器加热提升。水的饱和蒸汽压和真空度的关系见图 17-1。

真空滤油机的系统原理如图 17-2 所示，将要处理的油通过油泵或真空吸入，经加热器加热后，进入真空罐内，真空罐内通过真空泵抽气形成一定的真空，真空罐内装有填料，其目的是增大油的成膜面积，提高脱气效果。油进入真空罐后，通过喷头喷下，油被雾化、形成薄层油膜，油中的水分汽化。在真空状态下，汽化后的水分和油中逸出的气体被真空泵抽走排出，脱气脱水后的油从真空罐下部排出，经精过滤器过滤后回到油系统。

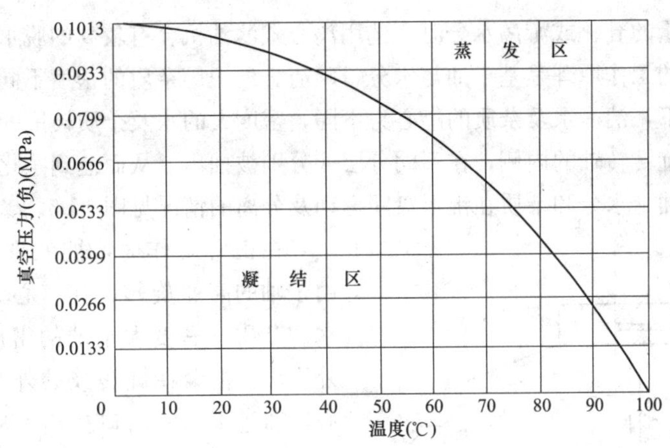

图 17-1　水的饱和蒸汽压和真空压力的关系

真空滤油机根据真空系统选用的真空泵或真空泵组分为单级真空滤油机和双级真空滤油机。

单级真空滤油机的真空系统由一台真空泵组成，一般用旋片泵或液环泵，所能达到的真空度较低，适用于对水分含量要求相对不高的油的真空脱水处理，如汽轮机油和抗燃油。

双级真空滤油机的真空系统一般由旋片泵作为前级泵，罗兹泵作为增压泵组成真空泵组，所能达到的工作真空度较高，适合于含水、含气量要求高的变压器油的真空处理。

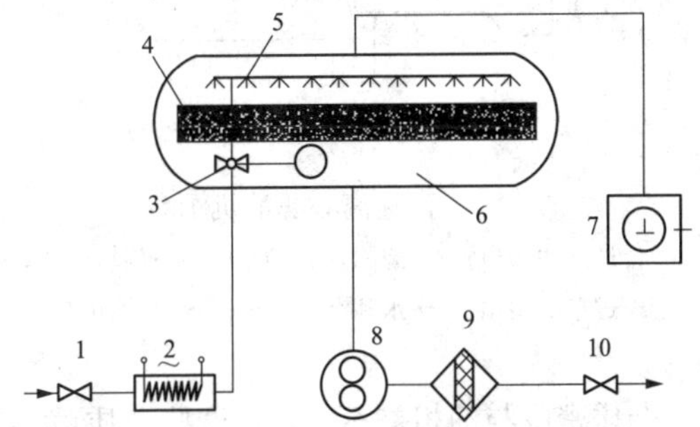

图 17-2　真空滤油机系统原理

1—进油阀；2—加热器；3—浮球阀；4—填料；5—喷淋管；6—真空罐；7—真空泵（组）；8—排油泵；9—颗粒过滤器；10—排油阀

有的真空滤油机只需配排油泵，通过真空系统将油吸入真空罐，由排油泵排出。通过真空罐内浮球液位控制阀控制油位，浮球随真空罐内油位的变动升高或降低，控制液位阀的开度大小，从而使真空罐内油液基本保持在一定高度范围内。

较大的真空滤油机进出油系统由进油泵和排油泵组成，通过真空罐内的液位开关来控制真空罐内的液位。当真空罐内油位到上限时，液位开关控制进油泵停止，排油泵持续运行，真空罐内油位降低后，进油泵又重新启动进油。

真空滤油机配有颗粒过滤器用来过滤油中微粒杂质。

使用真空滤油机时应注意以下事项：

（1）使用真空滤油机，油温较低时，油在真空状态下，容易起泡沫，可能被真空泵抽走，所以在滤油时，油温最好保持在 50℃以上。

（2）真空滤油时一定要加强现场监视和监督，防止真空过高时泡沫太大出现跑油现象。

（3）对超高压设备的变压器油进行深度脱水脱气时，其真空度应保持在 133Pa 以下。

（4）适当提高油温降低黏度，可加速传质过程，提高净化效率。但油温不宜过高，一般控制在 60℃左右，最高不得超过 70℃，以防油质氧化或引起油中抗氧化剂的挥发损耗。

二、离心式滤油机

当油内含有大量的乳化或游离水分时，选用离心式滤油机会有较高的脱水效率。

离心式滤油机的工作原理是基于油与水分、碳渣、油泥等杂质的密度不同，使油在离心式分离机的离心力作用下，油、水及杂质的离心力不同，密度大的水及杂质被甩的越远，在转鼓的外层，密度小的油在旋转转轴的内侧，在不同分层处分别被抽出，从而达到净化油的目的。

在离心机中，油与水分和杂质在锥形盘间运动及分离的情况见图17-3。

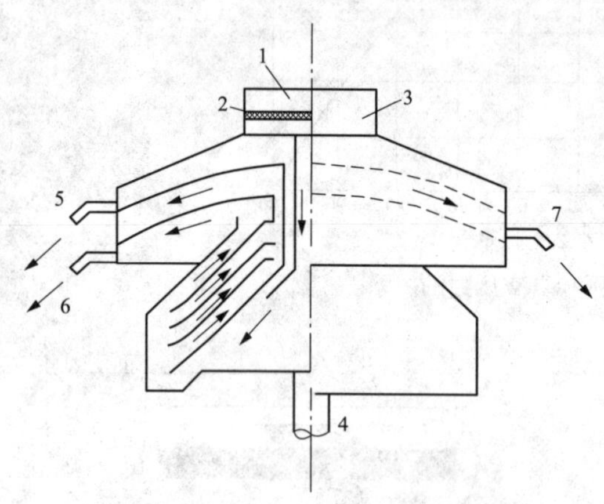

图17-3 高速离心滤油机示意

1—待过滤油入口；2—滤网；3—油盘；4—旋转轴心；5—过量油溢出；6—水和杂质出口；7—净油出口

在正常工作时，被处理油进入离心机内，由于轴的高速旋转，在离心力作用下，油中的水和杂质（密度大于油的密度）与油分离，向外飞出，汇聚在旋转鼓的外层，油液在转轴中心，通过不同的出口排出，从而达到净化油质的目的。

离心分离是借助具有蝶形金属片的转鼓，在高速旋转下产生的离心力，使油和水分、杂质分开而被清除。对油中悬浮杂质，其分离程度与油的黏度、油与杂质的密度差等有关。为了提高分离效果，可以对处理的油进行加热，使黏度降低，同时使油中混合物之间的密度差增大，但是为了防止油质氧化，一般加热温度不超过60℃。

杂质密度与油相差不大时，这些杂质就不容易分离，而且离心式滤油机也不能去除油中的溶解水分。

离心式滤油机适用于油中含水量较大、杂质多的油品。该滤油机主要适用于汽轮机油的脱水过滤处理。

(1) 离心式滤油机的优点。

1) 方法简单，操作方便。

2) 转速较高，分离大量水分时效果快，可以在油中大量进水时很快将水分脱出来。

3) 设备小，占地少，当油中进水量大时，分离效果非常好。

(2) 离心式滤油机的缺点。

1) 需定期进行装置内部零件的检修和蝶形金属片的清洗。

2) 消耗功率大，零件复杂，精度很高，维修费用较高。

三、聚结分离式滤油机

聚结分离式滤油机适用于中含水量较大的矿物油的脱水。

其原理是将含有游离水或乳化水的油通过亲水材料制作的聚结滤芯聚结，再通过憎水材料制作的分离滤芯将油和水分离，从而达到去除油中水分的目的。

聚结和分离滤芯一般安装在同一个脱水器滤壳内，油进入脱水器以后（见图17-4），在聚结滤芯上附有一层亲水性材料，其亲水作用能使油中微小的游离水珠凝聚成较大的水珠，由于其重力作用使水珠沉降到油的底部；分离滤芯表面涂有一层憎水性材料膜，依靠其表面的拒水作用只能使油通过而水不能通过，从而实现油与水的分离。从分离滤芯和聚结滤芯上分离出的水分沉积到脱水器底部后排出。

聚结分离脱水器及工作过程如图 17-4 所示。

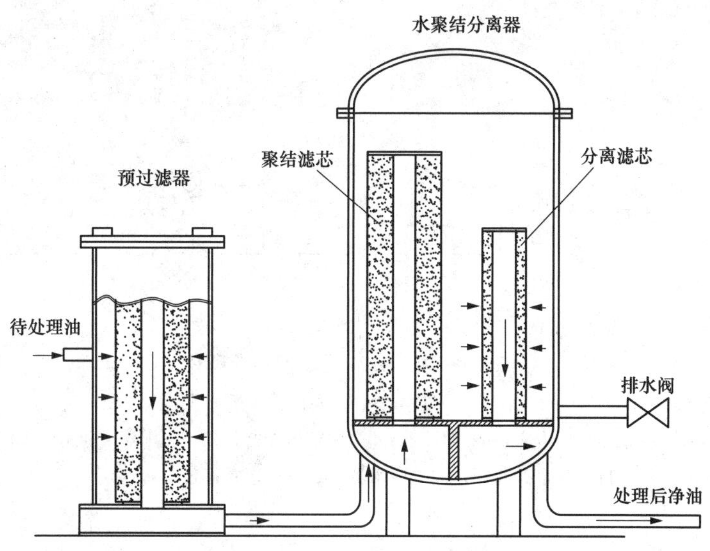

图 17-4　聚结分离式脱水示意

要处理油经预过滤器过滤后进入聚结滤芯，游离或乳化的水横穿聚结滤芯，相互碰撞聚结成水滴，通过聚结滤芯后沉降到分离器底部，部分小水滴随油流进入分离滤芯时在分离滤芯外壁汇聚，由于分离滤芯的憎水阻挡作用，沉降到分离器底部。脱水后的油从分离滤芯内部流出，分离器底部沉积的水需定期放出。

由于聚结和分离滤芯主要靠其表面的亲水和憎水材料来分离水分，该类滤油机只能去除油中的游离水，而不能去除溶解水，同时为了保护滤芯表面的涂层，最好在脱水前先对油进行过滤，以免油中杂质沾到聚结分离滤芯表面，影响脱水效果。

聚结分离过滤的主要优点是对那些因轴封蒸汽泄漏量大或其他原因导致汽轮机油中水分含量较高的油处理效果非常明显。

这种滤油机适合于汽轮机油的在线和离线净化脱水处理，不适用于抗燃油和变压器油处理。

一般聚结分离脱水设备的系统流程如图 17-5 所示。

四、静电净油机

静电滤油机是将被处理的油经过油泵后分成两个对等的支流，流经放电磁场，一路经过正电荷电场，另一路经过负电荷电场，油中的污染颗粒物被分别强制带上正负电荷，然后让两个支流进行充分混流，利用正负相吸引的原理，分别携带正负电荷的颗粒物相互吸附，尺寸增大同时完成大部分电荷的平衡，变大的颗粒物被后面的过滤器收集清除，从而达到净化油品的目的。其工作原理如图 17-6 所示。

静电滤油机的优点是方法简单，操作方便；可以对油中杂质较多的油品进行处理，尤其是油中含有大量微小颗粒物时，因静电吸附作用，微小颗粒物尺寸增大从而更容易地被传统机械式滤芯捕捉和去除。

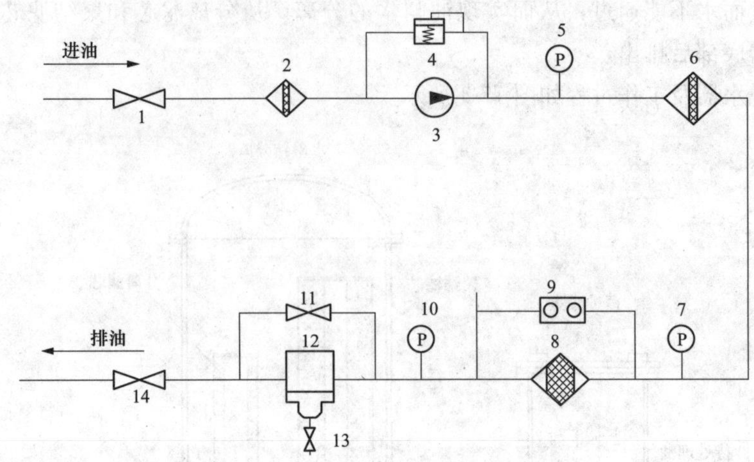

图 17-5　聚结分离式滤油机流程图

1—进油阀；2—吸油滤油器；3—进油泵；4—溢流阀；5—系统压力表；6—粗滤器；7—精滤器前压力表；8—精滤器；9—压差报警器；10—脱水器前压力表；11—脱水旁通阀；12—脱水器；13—放水阀；14—排油阀

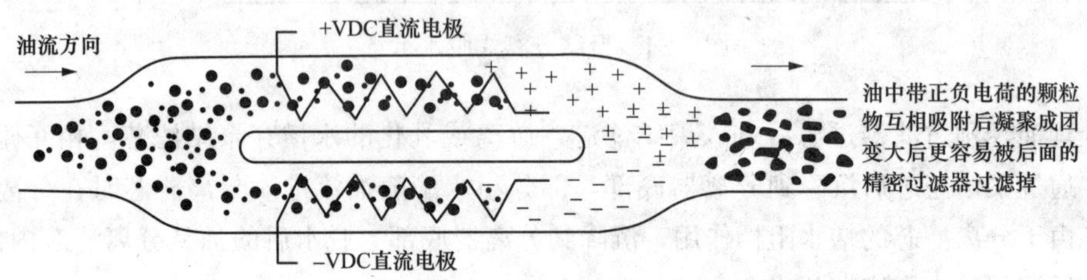

图 17-6　静电滤油原理示意图

其缺点是人为的让油带正、负电荷，由于流体的某些特性及净化的时间长短，带正、负电荷的粒子数不可能正好相等，带正、负电荷的粒子在碰撞中和后，仍有剩余带电的粒子，在油中运动集结形成静电电流，在油系统的滤网等部位易产生静电放电现象，放电时在滤网处会产生放电声响，放电产生的局部高温容易使油发生老化、裂解、碳化，产生油泥、胶质物、积碳等沉淀物，这些沉积物会在油箱底部沉积，可能会影响油品的一些参数。

五、普通滤芯式过滤装置

滤芯式过滤装置是广泛使用的油中机械杂质滤除设备。普通滤芯式过滤装置，主要是通过滤芯的阻拦来滤除油中的颗粒杂质，以满足油品颗粒污染度的要求。

滤芯式过滤装置的截污能力决定于过滤介质的材质及其过滤孔径。金属材质滤材包括筛网、金属粉末烧滤芯等，其截留颗粒的直径为 20～1500μm，其过滤作用是对机械杂质在过滤表面截留。非金属滤材包括滤纸、编织物毛毡、纤维板压制品等，其截留颗粒的最小直径约为 1～50μm，对油中机械杂质的过滤兼有表面和深层截留作用，有的还对水分有一定吸收或吸附作用。但非金属滤元的机械强度不及金属滤元，只能一次性使用，用后废弃换新。

国际上，常用过滤比（β 值）评价过滤器的截污能力。过滤比是滤油器上游油液单位容积中大于某一给定尺寸的污染颗粒数与下游油液单位容积中大于同一尺寸的颗粒数之比，能确切反映滤油器对于不同尺寸颗粒污染物的过滤能力。如 $\beta_3=200$ 表示过滤器对 3μm 以上的颗粒拦截后，过滤器上游与下游单位体积油液中大于 3μm 的颗粒数之比为 200。β 值越高净化效率越好，但 β 值太高时滤芯容易堵塞，而且 β 值越高的滤芯成本也越高。

金属滤网制成的滤芯一般在清洗后可以重复使用，而非金属如滤纸、编织物、纤维等成分制成的滤芯若在运行中拦截颗粒，运行压差超过额定值后，只能更换新的滤芯，不能重复使用。

油系统在安装后或检修后，系统内杂质较多，若过滤装置采用的滤芯精度过高，容易发生滤芯堵塞，导致压力报警，从而频繁更换滤芯。这种情况下，最好先用板框滤油机进行预处理，或者采用纳污量大、精度较低的滤芯先预处理一下，待油系统中较大的杂质颗粒去除后再改用过滤精度高的滤芯进行过滤，以快速提高油的颗粒污染度。

六、板框滤油机

一般油系统设备长期运行后，在油系统内部会由于老化产生油泥、同时外界浸入或设备机械磨损及油系统锈蚀等产生大量的固体颗粒，这些固体颗粒长期混在油中，一是加速油的老化，二是容易影响油系统安全运行。由于这些杂质比较多，直接用滤芯式设备过滤，这些固体杂质极易堵塞滤芯，频繁更换滤芯不仅成本较高而且工作量大，影响滤油效率。在此情况下，一般常会使用板框式滤油机，用来处理油品老化严重、油中杂质较多的油品。其过滤介质采用滤纸，通过加压使被处理油通过滤纸，将杂质过滤到滤纸上，通过不断更换滤纸，将油中大部分固体杂质及部分水分除去，然后再投用过滤精度高的油处理设备，将运行油处理合格。

板框滤油机的过滤材料一般采用滤纸或滤布，电力行业的板框滤油机采用专用滤纸来过滤。其工作原理如图 17-7 所示。

被处理油经油泵输送进入滤框内，在油压作用下使其强制通过滤纸或滤布，将固体杂质阻留到滤纸或滤布上，过滤后的油进入滤板的沟槽内，汇聚于输出通道内排出机外，达到油净化的目的。

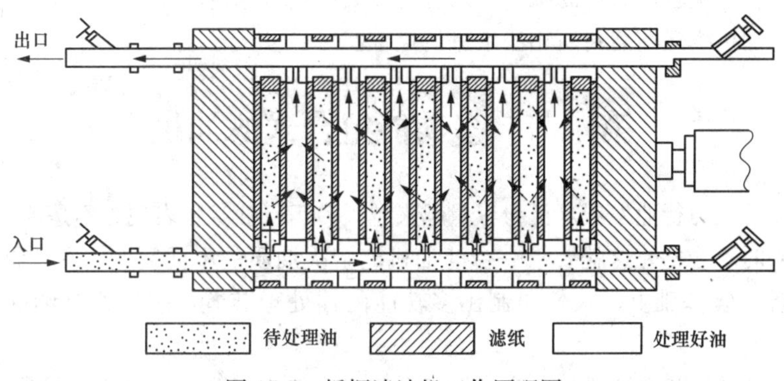

图 17-7 板框滤油机工作原理图

板框滤油机由滤床、油泵、电机、和滤清器等组成，滤板和滤框之间衬有作为过滤介质的滤布或滤纸，凭借手动螺旋压紧装置的压力将滤板和滤框及滤纸固定成一个单独的过滤室，在其中间的滤纸起过滤作用。具体外形构造见图 17-8。

注意事项如下：

(1) 过滤压力。板框滤油机的过滤压力通常为 0.2～0.3MPa，随着滤纸表面的杂质逐渐积累，过滤阻力增加。当阻力增加到一定程度时（0.3～0.5MPa），应及时停止运行，更换滤纸。

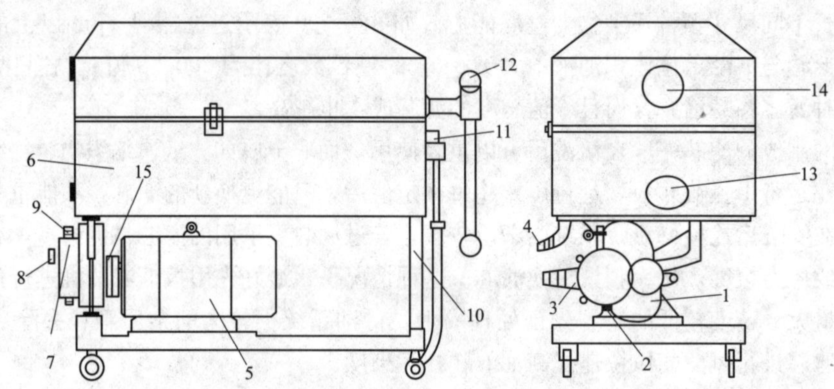

图 17-8　板框滤油机外形结构图

1—油泵；2—残油口；3—进油口；4—出油口；5—电机；6—滤床；7—滤清器；8—安全阀；9—回油阀；10—后支架；11—拉杆；12—后压板控制杆；13—油标；14—观察窗；15—连轴器

油温较低时，黏度增大，阻力会增加，应考虑提高油温，降低黏度。

（2）水分。若油中水分较大时，滤纸吸水后容易被油压击穿，达不到过滤效率，同时纸纤维断裂后可能进入油中，反而增加了油中杂质。滤纸在使用前应烘干，以增强其脱水和过滤效率。

板框滤油机的主要优点为：

（1）可以滤除油中的大量杂质及少量水分。

（2）可以对油中杂质较多的油品进行预处理，以免采用再生或高精度的油处理设备时堵塞滤芯，引起频繁更换，增加成本。

板框滤油机的主要缺点为：

（1）需要频繁更换滤纸，滤油时需派人值守，油处理时工作量较大。

（2）如油中含水量较高时，滤纸吸水后容易破裂影响过滤精度。

（3）板框滤油机投运前需对所用滤纸进行烘干。

第二节　多功能组合式滤油机

近年来，随着电力行业发展，机组容量越来越大，运行油劣化表现为不是单一指标变差，往往有几项指标同时不合格，这就要求一台滤油机能解决油质的不同问题。在总结以往油处理技术、工艺和设备经验基础上，人们研制出多功能的油处理装置，这也将是油处理设备发展的趋势。

目前的多功能滤油机主要是把再生、过滤和脱水功能进行集成，各部分功能通过阀门切换，既可以一起使用，又可以单独使用。典型的系统流程如图 17-9 所示。

典型的再生芯和再生器结构如图 17-10 所示。

油再生采用的吸附剂一般有强极性硅铝吸附剂、硅胶、活性氧化铝、离子交换树脂、硅藻土等。将吸附剂制作成再生芯，装入再生器中，当油通过再生芯时，由于吸附剂的渗滤吸附作用，可将油中老化产物吸附固定到吸附剂的微孔内，降低了老化产物在油中的浓度，达到油再生的目的。

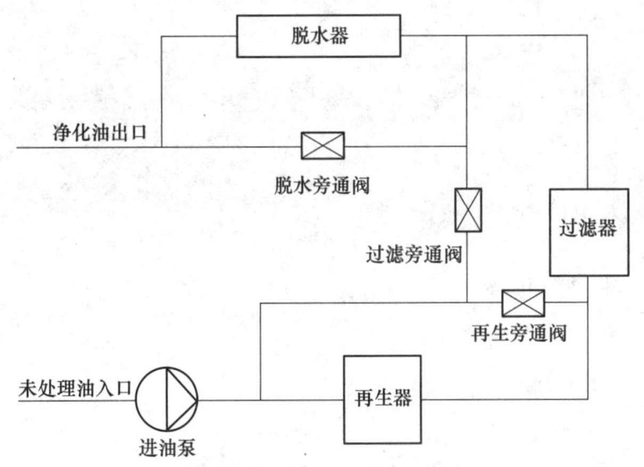

图 17-9　多功能组合式油处理设备系统流程

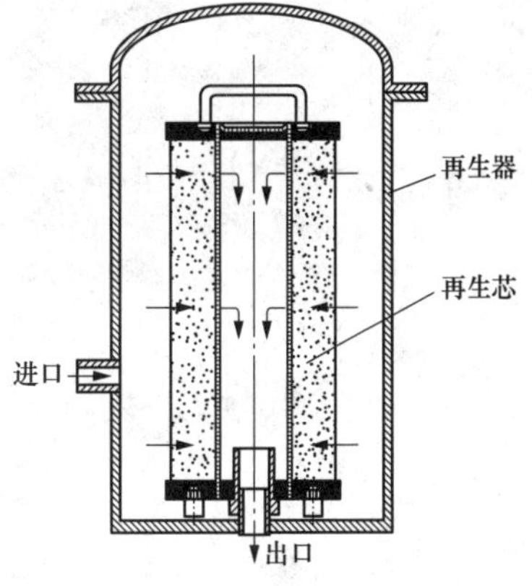

图 17-10　再生芯和再生器结构示意

汽轮机油多功能滤油机组合了汽轮机油再生功能、过滤功能和聚结分离脱水功能，对运行中汽轮机油能够同时进行再生、脱水和净化，即可除去油品老化劣化所产生的酸性物质、胶质、油泥及油中的水分、机械杂质和乳化物质等，使油的破乳化度、含水量、颗粒污染度和酸值等指标得到改善，以满足润滑系统设备安全运行的要求。

运行时，只需在线投入汽轮机油多功能组合式滤油机，就可同时满足再生和脱水净化要求，而且再生后油的破乳化度提高，更有利于聚结分离滤芯脱水。

由于油再生器及高精密度的过滤器在脱水器前，能在脱水前将油中油泥等污染物彻底去除，减少脱水膜的表面污染，延长聚结分离滤芯的寿命，故脱水效果显著提高。

抗燃油多功能滤油机与汽轮机油多功能再生设备的区别是其脱水功能采用吸附式脱水，将吸水滤料做成脱水芯使用。其再生功能可除去油品老化劣化所产生的酸性成分、极性杂质、油泥，使油的酸值、电阻率、泡沫特性得到改善，脱水、过滤后使油的含水量、颗粒污染度等指标得到改善。

变压器油多功能滤油机是将再生过滤和真空脱水进行组合。再生主要是解决油的酸值、介损问题，同时去除油中油泥，改善油的颜色，提高油的界面张力，降低油流带电倾向。变压器油再生时需要与真空脱水和杂质过滤配合使用，以防止油再生时吸潮，同时去除杂质和油中的水分。

多功能滤油机的优点是各种功能即可组合使用也可单独使用，在使用时根据油质情况灵活选用，一台设备可以综合解决油质大部分问题，其缺点是设备体积较大，价格较高。

思考题

1. 常用的油净化设备有哪些？分别解决什么问题？
2. 简述聚结分离脱水设备的原理。
3. 多功能滤油机都有哪些功能模块？